시작된 미래, 비전을 현실로

※ 이 연구의 초고는 서강대학교 육군력연구소에서 개최한 제6회 육군력 포럼 "시작된 미래, 비전을 현실로"(2020.10.29)에서 발표되었습니다.

서강 육군력 총서 6

서강대학교 육군력연구소 기획
이근욱 엮음
김동중 · 김종범 · 라이너 마이어 줌 펠데 · 부형욱 · 박민형 ·
스테판 비들 · 이근욱 · 주광혁 · 차정미 지음

시작된 미래, 비전을 현실로

Future in the Past, From Vision into Reality

한울
아카데미

책을 펴내며

이 책은 2020년 10월 "시작된 미래, 비전을 현실로"라는 제목으로 개최되었던 제6회 육군력 포럼의 발표 논문을 묶은 것이다. 2015년 제1회 육군력 포럼 이후 포럼 자료집은 포럼 다음 해에 단행본으로 출간되었으며, 그 결과 지금까지 다섯 권의 단행본이 출간되었다. 이번에 출간되는 책은 제6회 육군력 포럼의 성과이자 기록물이며, 서강 육군력 총서 6권이 된다.

제6회 포럼에서 집중했던 주제는 군사혁신의 실현이며, 특히 2020년 선포된 "육군비전 2030"을 통해 "한계를 넘어서는 초일류 육군"을 건설하기 위한 방법론이다. 중요한 사항은 비전 2030을 구현하기 위해 필요한 조직과 제도의 변화, 외국 군의 군사혁신 사례 등이며, 기술 변화로 군사적 잠재력을 새롭게 인식하게 된 우주개발 및 국방 우주력 발전을 위한 노력이다. 즉, 이제 수립된 비전을 어떻게 현실화할 것이며, 이를 통해 개념적인 미래에 압도되지 않고 이를 "시작된 미래"로 적극 활용할 것인가이다.

미래에 대한 모든 비전은 화려하고, 군사혁신의 비전은 더욱 화려하다. 화려한 비전은 사람들과 조직을 압도하며, 압도된 사람들과 조직은 비전 자체를 실현시키는 데 실패했다. 1916년 9월에 등장한 탱크는 지상전투의 새로운 비전을 제공했고, 1917년 11월 영국군은 그 비전을 당시 기술 수준에서 부분적으로 실현했다. 그 화려한 비전은 영국과 프랑스 육군을 압도했고, 1940년 5월 영국과 프랑스는 — 탱크 만능주의에 사로잡혔던 영국과 프랑스 육군은 — 패배했다. 반면 독일은 탱크가 제시한 화려한 비전에 사로잡히지 않았고, 오히려 기존 조직을 중심으로 새로운 기술을 냉정하게 평가했다. 성공을 위해서는 — 군사혁신에 성공하기 위해서는 — 바로 이렇게 냉정하고 차분한 대응이 중요하며, 화려한 비전 자체에 압도되지 않아야 한다.

이와 같은 측면에서, 군사혁신의 문제점은 "너무나도 화려한 군사혁신의 비전"이며, 이러한 문제점을 극복하려면 새로운 환경을 — 군사기술 및 정치 환경을 — 정확하게 파악하고 이를 조직 차원에서 구현하도록 노력하는 조직 전체의 제도화된 리더십이 중요하다. 군사혁신의 "비전을 현실로" 만들기 위해서는 군사조직 전체를 설득하고 조직 전체의 체계적인 움직임을 유도해야 한다. 즉, 문제는 군사혁신의 방법론이며, 혁신의 방향성을 설정하고 조직을 이끌고 나아가면서 혁신의 비전에 압도되지 않는 조직 전체의 제도적 역량이 필수적이다. 이를 통해 "혁신 자체를 위한 혁신"을 지양하고 "혁신을 수단으로 사용해 조직의 목표를 달성한다"는 명확한 목적의식이 필요하다.

그렇다면 "너무나도 화려한 군사혁신의 비전"에 압도되지 않기 위해서는 무엇이 필요한가? 첫째, 비전은 쉽게 변경되어서는 안 된다. 비전은 안정적으로 유지되어야 하며, 계속 변화하는 비전은 비전으로의 역할을 수행하지 못한다. 비전은, 특히 군사혁신에서의 비전은, 명확한 방향성과 군사조직의 지향점을 지속적으로 제시해야 한다. 군사혁신을 통해 군사조직이 도달하려는 군사적 효율성의 증강 목표와 방향성을 설정하고, 이를 통해 군사조직의 변화와 새로운 기술 도입을 위해 노력하고, 무엇보다 새로운 군사기술을 기존 군사기술과 융합하여 그 효율성을 극대화하기 위해 노력해야 한다. 이 과정에서 혁신의 비전은 흔들리지 않고 안정적으로 유지되어야 한다.

둘째, 군사혁신의 비전은 단순히 비전이며, 혁신을 달성하기 위한 수단이다. 따라서 비전이 교조화(敎條化)되지 않도록 그리고 비전 자체를 물신화(物神化)하지 않도록 주의해야 한다. 어떤 비전이든 교조화되고 물신화되는 순간, 그 자체의 생명력을 가지고 비전 그 자체의 생존을 연장하게 된다. 군사혁신의 비전은 군사혁신을 보다 효율적으로 수행하기 위한 수단이며, 개념적 도구이다. 따라서 비전은 변화될 수 있으며, 외부의 정치환경 및 기술환경의 변화에 따라서 변화되어야 한다. 하나로 고정된 비전 또는 외부 환경의 변화에도 불구하고 변화하지 않는 교조화되고 물신화된 비전은 무의미하며 위험하다.

셋째, 교조화된 혁신은 그 자체로 역동성을 가지고 "혁신 자체를 위한 혁신"이 반복된다. 이 과정에서 군사혁신의 비전과 목표가 사라질 수 있다. 현실의 경쟁과 군사혁신이 "붉은 여왕의 저주"와 같이 끝없이 진행되는 것이지만, 이를 위해 새로운 기술을 도입하는 성과 자체에만 집중하면서 경쟁과 군사혁신의 기본 목표를 상실하는 것이 흔하다. "같은 곳에 있으려면 쉬지 않고 최선을 다해 힘껏 달려야 해. 만약 어디 다른 곳으로 가고 싶다면, 적어도 그보다 2배는 빨리 달려야" 한다는 붉은 여왕의 저주는 우리가 상황을 개선시키기 위해서는 방향성을 유지하면서 달려야 한다는 사실을 역설적으로 보여 준다. 군사혁신이 교조화된다면 그리고 이 과정에서 우리가 방향성을 상실한다면, 현실이 빠르게 변화하는 상황에서 혁신 노력은 "혁신을 위한 혁신"으로 전락하여 역효과를 초래한다.

때문에 혁신은 쉽지 않으며, 특히 군사혁신을 어떻게 수행할 것인가를 지속적으로 고민해야만 한다. 이것이 군사혁신의 방법론이다. 즉, 어떻게 군사혁신의 방향성을 유지하고, 어떻게 군사혁신의 화려한 비전에 압도되지 않으면서 방향성을 상실하지 않고, 어떻게 끝없이 변화하는 현실에서 "쉬지 않고 최선을 다해 빨리 달리는가"의 방법론이다. 단순히 맹목적으로 처음 설정된 방향을 향해 "쉬지 않고 최선을 다해 빨리 달리는 것"을 넘어서, 변화하는 세계에 주목하고 그 변화에 맞춰 새로운 군사기술을 적절하게 선택하고 이것을 기존 기술과 잘 융합시키면서, 조직의 효율성을 제고해야 한다.

이 문제에 어떤 마법의 해결책은 존재하지 않는다. 비전에 압도되지 않고, 방향성을 유지하고, 주변 환경의 변화에 주목하면서, "쉬지 않고 최선을 다해 빨리 달리는 것"은 매우 어렵다. 이와 같은 사항들을 적절하게 고려하는 황금 비율은 선험적으로는 제시될 수 없다. 개별 사안에 따라서, 개별 군사혁신에 따라서 조금씩 다른 역동성이 작동하며 이에 따라 조금씩 다른 배합으로 여러 사항들을 고려해야 한다. 군사혁신은 어렵고, 많은 군사혁신 노력이 성공하지 못하며 기대했던 결과를 가져오지 못한다.

때문에 리더십이 중요하다. 군사혁신을 성공시키기 위해서는 여러 사항들을 적절하게 고려하여, 방향성과 속도 그리고 주변 환경의 변화 등을 적절하게 살펴봐야 한다. 이것은 고통스러운 임무이며 도전이다. 하지만 이것은 리더십의 핵심 자질이며, 리더의 의무이다. 그리고 이렇게 고통스러운 도전에 응전하는 것이 리더의 특권이다.

이전과 마찬가지로, 주변 많은 사람들의 도움이 없었더라면 서강 육군력 총서 6권은 불가능했을 것이다. 우선 남영신 육군참모총장님께 감사드린다. 남영신 대장님의 지원이 없었더라면, 2020년 10월의 제6회 육군력 포럼 및 이번 총서 6권의 발간은 가능하지 않았을 것이다. 또한 포럼에 대한 지원을 아끼지 않았던 육군 정책실장 정진팔 장군님께도 감사드린다. 무엇보다 실무를 담당했던 신동조 중령님께 특히 감사하며, 중령님의 도움이 없었더라면 코로나 상황에서 제6회 육군력 포럼은 실행되지 못했을 것이다.

서강대학교에서도 많은 분들이 도와주셨다. 코로나 상황에서 학내외 바쁜 일정의 압박에 시달리는 와중에, 박종구 서강대학교 총장님은 행사에 직접 참석해 축사를 해 주셨다. 서강대학교 정치외교학과 동료 교수님들 또한 익숙하지 않은 육군력 포럼에도 불구하고 많은 도움을 주셨으며, 동시에 포럼에서 발표와 토론을 맡아 주셨던 여러 선생님들께도 감사드린다. 포럼 운영에서 실무를 해 주었던 여러 대학원생들께도 감사드린다. 김창준, 노경현, 노진국, 박주형, 변석언, 윤해영, 이연주, 표선경 씨 등의 노력이 없었더라면 업무 진행은 불가능했을 것이다. 감사드린다. 무엇보다 행사 진행의 실무를 맡아 준 서강대학교 정치외교학과 대학원 위탁교육생 김동현 대위님께 감사드린다.

차례

머리말

이번에 출판되는 서강 육군력 총서 6권은 2020년 10월 29일 드래곤 시티 호텔에서 개최된 제6회 육군력 포럼에서 발표된 원고를 수정 편집한 단행본이다. 포럼의 주제는 “시작된 미래, 비전을 현실로” 였으며, 이에 기초하여 총 3개의 세션이 진행되었다. 제1세션의 제목은 “무엇이 혁신을 가능하게 하는가”였으며, 제2세션은 “미리 보는 육군의 2030년, 무엇을 할 것인가” 그리고 제3세션은 “2030년, 육군은 국방 우주력 발전에 어떻게 기여할 것인가”라는 제목으로 진행했다. 한국과 독일 연구자가 참여하여 총 8개의 논문이 발표되었으며, 특히 우주기술에 대한 논의가 진행되었다.

기조연설은 미국 컬럼비아대학교의 스테판 비들(Stephen Biddle) 교수가 담당했다. 본래 계획은 비들 교수가 한국을 방문하여 “군사혁신의 명암: 결정요인과 장애물, 그리고 한계(The Light and Shade of Military Innovation: Determinants, Obstacles, and Limitations)”라는 제목의 기조연설을 행사장에서 직접 하는 것이었다. 하지만 코로나-19로 인해 국가 간 이동이 사실상 중단되면서, 기조연설은 녹화 영상을 사용하여 화상으로 진행되었다. 기조연설에서 비들 교수는 군사혁신에 대한 급진적 혁명론자와 점진적 진화론자를 대비하면서, 어떠한 접근이 경험적으로 더 효과적이었나를 — 즉, 어떠한 접근이 군사혁신을 더욱 성공적으로 수행했는가를 — 설명했다.

제6회 육군력 포럼의 핵심은 군사혁신의 방법론이다. 이는 육군비전 2030의 형태로 제시된 한국 육군의 군사혁신 비전을 어떻게 실행할 수 있는가의 문제이다. 최근 진행되는 기술혁신은 현실적으로 부정할 수 없으며, 따라서 모든 군사조직은 — 한국 육군을 포함하는 모든 군사조직은 — 새롭게 등장하는 기술을 수용하고 그 군사적 잠재력을 극대화해야 한다. 이것은 군사혁신의 비전이자 당위성이며, 이에 대해서는 어느 누구도 부정할 수 없다. 하지만 이와 같은 군사혁신의 비전과 당위성을 어떻게 실현할 수 있는가에 대해서는 많은 의견이 존재할 수 있다. 즉, 최종 목표에 대해서는 모두가 합의하지만, 그 목표를 어떻게 달성하는가에 대해서는 이견이 존재한다. 비들 교수는 기조연설에서 군사혁신을 위해 가능한 한 새로운 기술을 도입하고 이전까지 사용되었던 전투 방식을 혁명적으로 바꿔야 한다는 급진적 혁명론자와 새로운 기술을 도입하면서 점진적으로 그리고 기존 조직 및 군사기술과 조합하는 방식을 선호하는 점진적 진화론자를 대비시켰다.

이와 같이 군사혁신은 영원한 화두(話頭)이며, 이는 한국 육군을 비롯한 모든 군사조직의 숙명이다. 끝없이 변화하는 상황에서 — 기술적 환경과 정치적 환경이 변화하는 상황에서 — 군사조직은 적응하고 변화하고 도전에 응전해야 한다. 하지만 여기서는 두 가지 문제가 발생한다. 첫째, 변화를 어떻게 파악할 것인가? 즉, 기술환경의 변화와 정치환경의 변화를 어떻게 인식할 것인가의 문제이다. 특히 2030년 시점에 도달하는 과정에서 — 육군비전 2030을 실현시키기까지의 과정에서 — 한국 육군이 고려해야 하는 상황은 무엇인가? 둘째, 변화에 적응하고 응전하는 과정에서 – 육군비전 2030을 실현하기 위해 노력하면서 – 어떻게 그 비전을 유지하고 방향성을 상실하지 않도록 노력하는가의 문제이다. 즉, 군사혁신의 기술적 도전요인에 매몰되어 군사혁신의 필요성과 당위성을 망각하지 않고, 그 비전 자체를 계속 상기해야 할 필요성의 문제이다.

이러한 관점에서 군사혁신의 비전은 매우 중요하다. 하지만 군사혁신이 교조화되어서는 안 된다. 군사혁신은 군사력을 강화하기 위한 수단이며, 따라서 군사혁신을 추구하는 과정에서 새로운 기술이 등장한다면, 그 내용은 얼마든지 수정될 수 있다. 특히 그 새로운 기술이 가진 잠재력이 압도적으로 중요하다면, 기존의 군사혁신 계획과 내용은 마땅히 수정될 수 있으며 수정되어야 한다.

다시 강조하지만, 군사혁신은 어려운 작업이다. 그렇기 때문에 계속 관심을 가져야 하며 군사혁신을 실현하기 위해서 계속 노력해야 한다. 무엇보다 군사조직은 쉽게 변화하지 않도록 설계되었으며, 이러한 군사조직의 경직성 자체는 매우 합당한 근거를 가진다. 그렇다면 의도적으로 변화에 저항하고 쉽게 바뀌지 않도록 설계된 군사조직을 기술 및 정치 환경의 변화에 따라 어떻게 변화하도록 유도할 것인가? 이것은 이율배반(二律背反)적 문제이지만, 모든 군사조직이 태생적으로 가지고 있는 그리고 근원적으로 직면한 문제이다. 그리고 한국 육군 또한 이와 같은 근원적 문제에서 자유로울 수 없다.

I. 대주제: 시작된 미래, 비전을 현실로

제6회 육군력 포럼의 핵심 주제는 "시작된 미래, 비전을 현실로"이다. 끝없이 변화하는 현실에서, 모든 군사혁신은 끝없이 이뤄져야 하며 이에 맞춰서 모든 군사조직은 계속 변화하고 적응해야 한다. 당위론적 관점에서 군사혁신의 필요성 자체에는 모두가 동의하며, 이를 부정할 수 있는 논리는 생각할 수 없다. 문제는 당위적 차원에서 인정하는 군사혁신의 필요성이 아니라 방법론적 차원에서 군사혁신을 어떻게 실현할 수 있는가이다. 즉, "시작된 미래"에서 "군사혁신의 비전을 현실로" 만드는 방법에 대한 논의가 필요하며, 군사혁신을 위해 기존의 군사조직을 혁신이 가능하도록 만드는 것이 중요하다고 한다. 이러한 방법론적 주장에는 한 가지 논리적 문제가 있다. 군사조직은 – 한국 육군에 국한되는 것이 아니라 모든 군사조직은 – 기본적으로 변화에 저항하고 쉽게 변화하지 않도록 의도적으로 설계되었다는 사실이다.

현실에 존재하는 모든 조직은 변화에 저항하도록 만들어졌다. 조직의 기본 임무는 외부의 불확실성을 통제하고 사람들 사이의 정보비용/거래비용을 감소시킴으로써, 그 효율성을 극대화하는 것이다. 로널드 H. 코즈(Ronald H. Coase)는 그리고 올리버 E. 윌리엄슨(Oliver E. Williamson) 등은 기업에 대한 개념적 분석을 통해 생산을 하는 과정에서 불가피하게 직면하는 불활실성과 내부 의사결정에서의 정보비용/거래비용 때문에, 모든 기업/생산조직은 수평적으로 협력하지 않고 수직적이고 위계적으로 생산과정을 통합한다고 지적했다.[1] 이런 통찰력은 이른바 제도주의 경제학(institutional economics)의 출발점이자 1991년 코즈와 2009년 윌리엄슨이 각각 노벨경제학상을 수상했던 업적이며, 군사혁신이 가지는 논리적 문제점을 암시

1 해당 분야에 대해서는 다음과 같은 연구가 있다. Oliver E. Williamson, *The Economic Institutions of Capitalism: Firms, Markets, Relational Contracting* (New York: Free, 1985).

한다. 모든 조직이 — 그 조직이 기업이든 아니면 군사조직이든 — 불확실성을 통제하고 정보비용과 거래비용을 감소시키기 위해 만들어졌다면, 외부 환경이 변화했다고 그 조직을 변화시키는 것은 효과적이지 않다. 조직의 핵심은 영속성이며, 외부 환경의 변화에 저항하면서 — 원자재 가격 또는 생산품 가격 변화에도 불구하고 — 생산이 꾸준히 이뤄질 수 있도록 내부 구성원을 적절하게 유지한다.

특히 군사조직은 이러한 영속성이 더욱 중요하다. 군사 관료조직은 전쟁이라는 그 특유의 임무 때문에 혁신되지 않도록 — 구성원이 변경되어도 동일한 임무를 지속적으로 수행할 수 있도록 — 공고하게 설계되어 있다.[2] 군사조직의 핵심은 전투 및 전쟁 수행이며, 이 과정에서 구성원의 일부는 물리적으로 소멸한다. 조직화된 병력이 가지는 장점은 전투에서 사상자가 발생한다고 해도 지속적으로 전투를 수행한다는 것이며, 조직화되지 않은 병력은 전투 사상자가 발생하면 쉽게 무너진다. 군사조직은 군사조직의 핵심 임무인 전투를 수행하면서 구성원이 사망한다고 해도 무너지지 않도록 설계되었으며, 따라서 "구성원이 소멸"할 정도의 충격과 변화에도 그 조직력이 변화하지 않도록 의도적으로 구축되었다. 독일의 사회학자 막스 베버(Max Weber)가 강조했듯이, 관료조직의 핵심은 동일한 업무를 반복(routine)하는 것이며 따라서 관료조직은 혁신하지 않도록 설계되어 있다. 이러한 군사조직의 공고함 덕분에 — 특히 유럽 군사조직의 공고함 덕분에 — 서부 유럽 및 북미 지역의 국가는 세계 전체를 통제하게 되었다.

그렇다면 이렇게 공고한 조직을 — 구성원이 "물리적으로 소멸"하는

2 Stephen Peter Rosen, *Winning the Next War: Innovation and the Modern Military* (Ithaca, NY: Cornell University Press, 1991), pp. 1~8.

경우에도 충격을 받지 않도록 의도적으로 설계된 조직을 — 어떻게 외부 환경의 변화에 맞추어 혁신할 것인가? 군사혁신 방법론은 바로 여기서 논리적 문제에 봉착한다. 즉, 외부의 충격에도 쉽게 무너지지 않도록 만들어진 조직에서, 어떻게 변화를 유도하고 혁신을 실현하는가? 혁신을 유지하면서 군사조직의 가장 중요한 특성이라고 할 수 있는 조직의 공고함을 어떻게 유지할 수 있는가? 군사혁신이라는 목표와 군사조직의 안정성이라는 특성 사이에서 어떻게 균형을 유지할 것인가? 때문에, 변화에 저항하도록 설계된 군사조직에서 군사혁신을 실현하기 위한 비전은 화려하며, 군사혁신의 화려한 비전은 군사혁신 자체를 압도하는 경향이 있다. 그리고 군사혁신의 비전이 군사혁신 자체를 압도하는 경우에는 "군사혁신을 위한 군사혁신"이 등장하며, 군사혁신의 기술적 측면을 강조하는 근본주의 성향이 나타날 수 있다. 이것은 적절하지 않다.

새로운 군사기술의 도입은 중요하지만, 이것이 군사혁신을 결정하는 유일한 사항은 아니다. 군사혁신은 복잡하다. 우리의 군사혁신에 상대방이 반응하고 우리는 상대방의 반응에 맞춰서 우리의 군사혁신을 또다시 수정해야 한다. 군사혁신은 군사적 효율성을 증진하기 위한 노력의 일환이며, 따라서 군사력 증강에 종속되는 사안이다. 그리고 군사력 증강은 한 국가가 사용할 수 있는 다양한 정책 수단 가운데 하나인 군사력의 양을 증가시키는 행동이다. 군사혁신은 그 자체로 중요하지만, 그 자체로 의미를 가지지는 않는다. 군사혁신은 수단이며, 국가 정책 및 목표 달성에 사용되어야 하는 — 그래서 종속되어야 하는 — 도구이다. 군사혁신의 비전이 지속적으로 방향성을 제시해야 하며, "군사혁신 자체를 위한 군사혁신"을 지양하고 국가 전체의 전략과 부합되어야 한다. 이것은 쉽지 않다. 그래서 군사혁신은 더욱 복잡하다.

II. 소주제 1: 무엇이 혁신을 가능하게 하는가?

첫 번째 소주제는 "무엇이 혁신을 가능하게 하는가"라는 질문이며, 이에 대해 군사혁신의 다양한 결정요인을 다루고 있다. 앞에서 강조했듯이, 군사혁신은 기본적으로 이율배반적 측면이 있으며, 따라서 적절한 비전이 중요하다. "외부 충격에 무너지지 않도록 의도적으로 공고하게 설계된 군사조직"이 새로운 기술을 도입하고 이를 적절하게 사용할 수 있도록 조직 자체를 "혁명적으로 변화"시키는 것은 모순적이다. 하지만 이와 같은 이율배반적/모순적 상황을 극복해야만 군사혁신을 실현할 수 있으며, 동일한 인력과 예산으로 5~10배나 많은 군사력을 창출할 수 있다. 그렇다면 육군의 군사혁신 비전인 육군비전 2030이 가지는 문제점은 무엇인가? 육군의 군사혁신에서 방향성을 제시할 비전은 군사혁신의 이율배반/모순 때문에 매우 중요하다. 그렇다면 육군비전 2030의 한계는 무엇인가? 이것은 뼈아픈 질문이지만, 군사혁신에서 성공하기 위해서는 반드시 검토해야 하는 사항이다.

핵심적인 사항은 과연 육군비전 2030이 국가 전체의 전략과 부합하는가의 문제이며, 이러한 국가전략의 추진에서 오직 육군만이 수행할 수 있는 부분은 무엇이며, 이러한 기여를 통해 육군이 한국 민주주의의 수호자로 자리매김할 수 있는가이다. 국가 전체의 전략과 유리되고 한국 민주주의 방어에 대한 소명의식을 강조하지 않는 "군사혁신 자체를 위한 군사혁신"은 전략적으로 무의미하며 정치적으로 외면당하게 된다. 이와 같은 문제점은 2021년 한국 해군이 추진하고 있는 경함모 계획이 정치적으로 난관에 봉착한 상황에서 잘 드러난다. 즉, "육군비전 2030이 한국의 국가전략과 어떻게 부합되는가" 등의 문제는 "경항모가 한국의 국가전략과 어떻게 부합되는가"의 문제와 논리적으로 동일하다. 육군의 군사혁신이 중요하다는 사실 자체를 부정할 수 없지만, 이를 어떻게 추진하는가에 대해서는 많은 의견이 존재할 수 있다. 특히 육군의 군사혁신에 대한 정치적 지지를 확보하기 위해서는, 정치적/전략적 차원에서 타군을 설득하고 국회를 납득시키고 무엇보다 국민의 지지를 얻어야 한다. 단순히 군사적 효율성과 전투능력의 증강과 같은 군사적 관점에 논의를 한정해서는 안 된다. 군사혁신의 세부사항 자체는 군사적으로 접근해야 하지만, 군사혁신의 비전은 군사적 문제에 국한되지 않는다.

또 다른 사항은 군사혁신을 보다 수월하게 하는 조직 개혁이다. 기본적으로 군사혁신은 이전과는 다른 기술을 도입하는 것이며, 따라서 잠재적으로 존재하는 많은 군사기술 가운데 무엇을 도입할 것인가의 문제이다. 하지만 군사적 잠재력을 정확하게 파악하는 것은 쉽지 않으며, 따라서 가능한 한 많은 기술을 검증하고 잠재력이 현실화되지 않는 기술은 가능한 한 빨리 기각하는 것이 필요하다. 이른바 "빠르고 안전한 실패(fail fast and safe)"를 가능하게 하는 조직 및 제도적 변화는 기술발전의 속도가 빠른 현실에서는 불가피하다. 하지만 군사조직은 그 기본 생리에서 실패를 용납하지 않으며 실패 가능성이 존재하는 기술은 가능한 한 채택하지 않는다. 그 대신 효율적이지는 않지만 확실히 작동하여 신뢰할 수 있는 기술이 채택되며, 이것은 조직 구성원의 생명을 담보로 하는 군사조직의 입장에서는 지극히 당연하다. 문제는 이러한 "보수적인 태도"가 군사혁신의 장애물로 작용한다는 사실이며, 이를 극복하는 방안을 찾아내는 것이 군사혁신을 성공시킬 수 있는 핵심 변수로 작용한다.

많은 기술이 존재하는 과정에서 중요한 사항 가운데 하나는 기술 발전에 대한 방향성을 대략적이나마 파악하는 것이다. 2020/21년 현재 4차 산업혁명의 화려한 수사는 미래 전략환경에 대한 환상적인 전망을 가져오고 있다. 그렇다면 이러한 미래지향적 전망은 실현될 수 있는가? 현실에서 개발된 그리고 개발되고 있는 기술들이 이러한 전망을 실현시킬 수 있는가? 기술발전의 방향성을 살펴보는 경우에, 미래지향적 전망은 몇 가지 한계에 봉착한다. 특히 정보통신기술(ICT)의 혁명적 발전과 그 밖의 다른 기술의 제한적 발전 때문에, 2030년 시점의 군사기술은 비대칭적으로 구성될 가능성이 크다. 때문에 기술적 비대칭성이 가져올 결과에 대해 본격적으로 생각하고, 그 함의를 적절하게 분석할 필요가 있다. "군사혁신을 위한 군사혁신"을 추구하면서 새로운 기술의 도입에만 집중하지 않고, 기술발전의 전체적 방향성을 파악하고 해당 방향성이 가져오는 결과를 분석해야 한다.

III. 소주제 2: 미리 보는 육군의 2030년, 무엇을 할 것인가?

두 번째 소주제는 "미리 보는 육군의 2030년, 무엇을 할 것인가?"이며, 여기서 핵심 사안은 육군비전 2030이 완성된 상황에서 한국 육군이 직면할 상황이다. 군사혁신은 그 자체로는 무의미하며, 오히려 특정한 전략환경에서 해당 국가가 사용할 수 있는 군사력의 양을 비약적으로 — 5배에서 10배 정도로 — 증가시켜 주기 때문에 중요하다. 그렇다면 여기서 "전략환경"이란 무엇이며, 그 전략환경에서 군사혁신은 어떠한 방식으로 작동하는가?

전략환경은 개별 국가가 처한 군사기술적 환경과 정치외교적 환경의 총합이다. 전략환경을 구성하는 첫 번째 요소는 특정 국가 및 그 주변 국가가 사용하는 군사기술의 수준과 특성이며, 군사혁신은 이러한 군사기술적 환경을 빠른 속도로 변화시킨다는 측면에서 중요하다. 전략환경의 두 번째 요소는 특정 국가가 처한 정치외교적 환경으로, 주로 어떤 국가와 대결하고 어떤 국가와 연합하는가의 문제이다. 군사혁신은 이러한 전략환경의 두 번째 측면에서는 큰 의미를 가지지 않지만, 군사력이 사용되는 정치적 맥락을 — 정치외교적 환경을 — 무시한 상태에서 군사혁신을 논의하는 것은 쉽지 않다.[3]

대표적인 사례가 바로 1990년 이후 독일과 미국의 경우이다. 통일 이후 독일은 냉전 시기와는 전혀 다른 정치외교적 환경에 직면했지만, 군사기술적 측면에서는 이전과 많은 부분에서 연속성을 유지할 수 있었다. 이에 독일은 정치외교적 상황에 적응하면서 그에 필요한 군사혁신의 원동력을 최소한으로만 유지했다. 그 결과 2000년 중반 이후 러시아가 대외적으로 팽창하고 공격적으로 행동하면서, 독일은 자신의 군사력을 재건하는 데 많은 어려움을 겪었다. 반면 미국은 군사혁신에 지속적으로 집중했고, 냉전 종식으로 소련이 사라졌지만 군사적 우월성을 유지하려고 많은 노력을 기울였다. 하지만 2001년 9/11 테러공격이 발생하고 미국이 아프가니스탄과 이라크를 침공하면서, 탈레반 정권과 사담 후세인 정권의 군사력을 완벽하게 제압했다. 하지만 이와 같은 군사기술적 우위에도 불구하고, 미국은 아프가니스탄과 이라크 전쟁 특유의 정치외교적 환경 때문에 전쟁의

---

3 전략환경에 대한 논의는 "미래의 전쟁"과 "전쟁의 미래" 개념을 구분하는 다음 연구의 연속선상에 있다고 볼 수 있다. 이근욱, "전쟁과 군사력, 그리고 과거와 미래", 이근욱 엮음, 『미래 전쟁과 육군력』(한울아카데미, 2017), 18~39쪽.

기본 목표를 달성하지 못했다.

그렇다면 2030년 시점에서 한국이 직면할 전략환경은 어떠할 것인가? 2020/21년 시점에서 북한은 한국 안보에 위협요인이며, 앞으로도 상당 기간 위협으로 작용할 가능성이 높다. 하지만 2030년 시점에서 더욱 위협적인 대상은 중국일 수 있다. 현시점에서 2030년 중국의 군사적 위협을 평가하는 것은 쉽지 않지만, 일단 중국의 군사혁신 노력 자체에 대해서는 충분히 관심을 가질 수 있으며 동시에 필요하다. 군사혁신 자체가 주요 강대국에 의해 진행되기 때문에 주변 강대국의 군사혁신 노력은 그 자체로서 중요하며, 참고해야 하는 사례이다. 특히 해당 강대국이 우리에게는 잠재적 위협요인이라면, 그 강대국의 군사혁신 노력은 더욱 중요한 사안이며 연구 대상이다. 즉, 2030년 중국이 한국에게 위협이 되지 않는다면 중국의 군사혁신 노력은 "군사혁신 노력"이기 때문에 중요하며, 2030년 중국이 한국에 위협으로 작용하는 경우에 중국의 군사혁신 노력은 "중국의" 군사혁신 노력이기 때문에 중요하다. 어떠한 경우에서도 중국의 군사혁신 노력은 중요하다.

그렇다면 미래 전략환경에 대한 예측은 정확한가? 아쉽게도 전략환경에 대한 예측은 많은 경우 오류였으며, 정확하게 미래의 전략환경을 예측한 사례는 많지 않다. 그렇다고 해서 전략환경의 예측을 포기하는 것은 너무나 위험하다. 군사혁신의 비전이 미래의 전략환경 분석에서 출발해야 하기 때문에, 군사혁신을 성공적으로 실현하기 위해서는 미래 전략환경을 예측하려고 노력하는 것이 필수적이다. 그렇다면 2030년 동아시아의 전략환경은 어떻게 될 것인가? 2030년 시점에서 동아시아 국가들이 사용할 군사기술은 어느 정도이며, 2030년 동아시아의 정치외교적 환경은 어떠한가? 이러한 질문과 그에 대한 답변은 군사혁신에 방향성을 부과해 주며, "군사혁신을 위한 군사혁신"으로 빠져서 군사기술 근본주의로 전락하는 것을 예방하는 논리적 장치로 작동할 것이다.

IV. 소주제 3: 2030년, 육군은 국방 우주력 발전에 어떻게 기여할 것인가?

군사혁신에서는 비전이 중요하다. 하지만 그 비전은 교조화되어 절대로 변경되어서 안 되는 사항은 아니다. 군사혁신의 비전은 변경될 수 있으며, 그 내용이 추가될 수 있고 경우에 따라서는 추가되어야 한다. 그렇다면 육군비전 2030에서 추가되어야 하는 내용은 무엇인가? 이것은 우주기술에 대한 부분이다. 우주기술의 중요성 자체는 육군비전 2030에서도 강조되었지만, 이것을 국방 우주력의 개념으로 육군 군사혁신의 핵심으로 삼지는 않았다. 인공위성과 우주영역에 대한 논의 자체는 존재했지만, 이를 충분히 강조한 것은 아니었다.

우주의 군사적 이용 자체는 금지되어 있지만, 우주기술을 군사적으로 사용하는 것은 충분히 가능하다. 그렇다면 어떠한 방식으로 우주기술을 사용할 수 있는가? 그리고 육군이 국방 우주력 구축에 어떻게 기여하고 동시에 육군이 국방 우주력을 어떻게 활용할 수 있는가? 해당 기술들의 대부분이 아직 구상 및 기획 단계이기 때문에, 한국 육군은 – 그리고 한국 공군과 해군 모두 – 우주기술에 대해서 많은 노출이 필요하고 여러 사안들을 연구하고 분석해야 한다.

군사혁신은 어떤 목표로 질주하는 단거리 경주가 아니라 끝없이 이어지는 "저주받은 경주"의 과정일 뿐이다. 이러한 관점에서 육군비전 2030은 단거리 목표의 달성이지만, 동시에 또 다른 경주에서의 출발점이자 많은 이정표 가운데 하나이다. 육군비전 2030은 그 자체로의 의미를 가지지만, 육군비전 2050을 위한 준비 단계일 수 있다. 그리고 이 과정에서 육군의 군사혁신 비전은 진화하고 내용은 추가될 것이다. 우주기술과 인공위성의 활용은 바로 이런 관점에서 바라보아야 한다. 즉, 우주기술과 인공위성은 2020/21년 현재 시점이 아니라 2050년 또는 그 이상의 미래 한국 육군의 능력을 배가시켜 줄 중요한 기술자원이며, 따라서 2020/21년 현재 시점에서는 해당 기술을 어떻게 기획하고 자원을 배분하는가의 문제가 더욱 중요하다.

제1부

무엇이 혁신을 가능하게 하는가

What Makes Innovation Possible

군사혁신의 중요성을 부정하는 사람은 없다. 군사혁신은 기존 군사력 균형을 바꾸며 그 결과 세력 균형까지 변화시키고, 국제정치의 구조를 변경한다. 하지만, 군사혁신에 대한 많은 연구는 그 결과와 영향에 집중되어 있으며, 어떻게 군사혁신을 추진할 수 있는가에 대해서는 논의가 부족하다. 즉, 우리는 군사혁신의 방법론에 대해서는 체계적으로 알지 못하며, 해당 주제를 분석하고 그 결과를 실제 군사혁신에 통합하는 데 익숙하지 않다. 그렇다면 혁신을 어떻게 가능하게 만들 수 있는가? 즉, 군사혁신의 방법론은 무엇인가? 이것이 제1부의 핵심 사항이다.

특히 제1부에서 다루는 질문은 다음 세 가지이다. 첫째, 현재 한국 육군이 제시한 육군비전 2030에 대한 비판적 평가이다. 육군은 2030년 시점에 달성해야 할 목표 및 최종 상태를 정리하여 육군비전 2030으로 제시하고 있다. 그렇다면 육군비전 2030은 완벽한가? 육군비전 2030이 제시한 육군의 군사혁신 비전이 가지고 있는 문제점과 한계는 무엇인가? 특히 왜 육군이 군사혁신을 주도해야 하는가? 육군이 직면한 안보환경이 특별히 불확실한 이유는 무엇인가? 육군이 전장 상황에 대한 인식과 기술 변화의 영향을 이해하는 방식에서 문제는 없는가? 한국 육군이 가지는 정치사회적 가치는 무엇인가? 이와 같은 비판적 질문은 육군으로는 뼈아픈 평가이지만, 육군비전 2030을 넘어 그 이상의 군사혁신을 추구하는 그리고 추구해야 하는 상황에서는 매우 소중한 반론이다. 이것은 단순한 비난이 아니라 건설적인 비판이며, 이와 같은 질문에 논리적으로 답변하려는 노력은 한국 육군의 발전을 담보하는 원동력이다.

둘째, 혁신을 촉진하기 위해서는 어떻게 행동해야 하는가? 앞의 질문이 한국 육군 군사혁신의 비전에 대한 평가라면, 두 번째 질문은 보다 구체적인 혁신의 조직 방법론에 대한 것이다. 현재 다양한 군사기술이 존재하며, "4차 산업혁명"의 결과 다양한 기술이 — 특히 정보통신기술의 폭발적 발전이 — 잠재적 군사혁신의 기술적 기반으로 작용하고 있다. 문제는 군사적 잠재력을 가진 기술이 부족해서가 아니라 너무나 많으며, 모든 기술의 군사혁신적 잠재력이 동일하지 않다는 것이다. 일부 기술은 다른 기술들에 비해 군사적 잠재력이 월등하며, 따라서 비효율적인 기술은 가능한 한 빨리 기각해야 한다. 그렇다면 이러한 4차 산업혁명 기술의 군사혁신에 대한 잠재력을 어떻게 평가할 것인가? 그리고 어떠한 방식으로 가능한 한 많은 기술을 검증하고 평가해서 실제 전력화되어야 하는 효율적인 — 군사적 잠재력이 가장 많은 — 기술을 채택할 것인가? 이를 위해서는 어떠한 방향으로 조직 및 제도를 변화시켜야 하는가?

셋째, 최근 4차 산업혁명 기술이 빠른 속도록 발전하고 있으며, 한국 육군을 비롯한 거의 모든 군사조직은 4차 산업혁명 기술을 효율적으로 사용하기 위해 엄청난 노력을 기울이고 있다. 2030년 시점에 실현될 군사기술은 지금과는 큰 차이가 있으며, 무인체계가 집중적으로 배치되고 전장 투명성이 혁명적 수준으로 달성한 전장 상황이 실현될 것이라고 한다. 그렇다면 현재의 기술발전은 2030년 군사력 구조에서 어떤 영향을 줄 것인가? 4차 산업혁명이 정보통신기술을 중심으로 진행되고 있지만, 군사력 구축의 다른 부분에서도 이러한 혁명적 변화가 지속될 것인가? 이와 같은 기술 변화의 불균형이 2030년 시점에서 군사력 구축에 어떻게 작용하는가? 이에 대한 논의는 군사혁신을 분석하는 데 핵심요소이다.

제1장

육군비전 2030의 비판적 평가

김동중

오늘날 동북아시아의 안보환경은 상당히 불확실하다. 한국 역시 강대국 관계의 변화, 남북한 관계의 변화, 기술 변화 등이 이어지는 가운데 새로운 도전과 함께 기회를 마주할 것으로 보인다. 우리의 안보를 확보하는 데 있어 주도적인 역할을 수행해 온 육군 또한 예외는 아니다. 다행히 육군은 현재 진행 중이거나 근미래에 나타날 극적인 변화들에 적극적으로 대응하기 위한 노력을 지속해서 진행하고 있는 것으로 보인다. 육군비전 2030은 이러한 노력들을 잘 요약하고 있다고 볼 수 있다. 육군의 지향점에 따르면, 우리 육군은 네트워크 및 정보기술의 발전을 적극적으로 수용한 첨단과학기술군으로 재탄생하여, 초불확실성의 시대를 헤쳐 나가는 데 주도적인 역할을 수행할 것이다. 또한 육군은 변화하는 여러 사회적 가치를 수용하는 한편 시민사회와의 상호작용 및 관계 구축에 적극적으로 임할 것임을 밝히고 있다.

이러한 육군의 노력은 긍정적인 것으로 평가할 수 있고, 우리 육군조직을 신뢰할 수 있는 이유를 제시하는 것으로 볼 수 있다. 불확실성의 시대에 육군이라는 거대한 조직이 구성원들의 생각을 적극적으로 수렴하며 일사분란하게 혁신의 노력을 기울이는 것은 매우 큰 의미가 있다. 그러나 한편으로 육군비전에서는 육군 내외의 딜레마들, 특히 군사적 탈육군화, 한반도의 전략환경 변화, 사회의 탈권위화와 같은 변화 추세들을 아직까지 충분히 다루지 못하고 있는 모습을 보인다. 오늘날을 변화의 시대라고 인식하면서도 육군 주도의 군사혁신(Revolution in Military Affairs)과 육군조직 중심의 신기술에 대한 접근을 취하는 점 역시 문제가 있다. 또한 기술발전의 긍정적 영향에 대한 맹목적 기대가 나타나는 한편, 육군과 관련된 미래 안보환경에 대한 불필요한 전망이 육군비전에서 관찰된다. 이에 더해 민주국가에서 육군의 정치사회적 가치가 무엇인지를 명확히 하려는 노력이 부족한 측면이 있다. 이 문제들을 적극적으로 다루기 위한 육군의 고민과 노력이 필요하다.

이 글은 먼저 육군비전 2030에 나타난 현재 육군에서 추구하는 초일류 육군의 모습을 간단히 요약한다. 다음으로는 육군비전에서 제시된 목표들이 어떠한 측면에서 문제가 있는지 밝힌다. 마지막으로 이 문제들을 극복하기 위해 현재 주의해야 할 사항들은 무엇인지 분석하며 글을 마무리한다.

1. 육군비전 2030의 주요 목표

육군비전 2030은 한국 인구구조의 변화, 복무기간 축소, 주변국과 전력차이 극복, 한반도 주변 전략환경의 불확실성 등 오늘날 육군이 직면한 도전들을 명확하게 인식한다. 또한 이 비전에서는 이러한 도전들을 여러 분야에서 도약적 변혁을 달성할 수 있는 계기로 받아들이고 적극적인 대응과 준비를 통해 미래의 불확실성을 극복할 수 있다고 밝힌다. 이를 위한 구체적인 정책과제의 내용은 다음과 같이 정리해 볼 수 있다.[1]

1) 조직적 도약

육군은 매우 빠르고 포괄적인 사회의 과학기술 발전 속도에 기존의 육군조직이 충분히 대응하지 못하고 있다고 인식한다. 특히 육군은 주도적인 미래 기획을 위한 인적·물적 인프라가 육군조직 내에 부족하다는 점을 인정한다. 그러나 경쟁우위를 확보하기 위해서는 변화를 따라가기보다는 앞에서 이끄는 선도자로 발돋움하는 것이 중요하다는 것을 육군비전은 강조한다. 따라서 민간조직, 정부기관, 산업체, 학교, 연구소 등과의 관계를 새롭게 정립하여 체계적인 미래전략환경평가 능력을 구비하고자 한다. 이 미래전담조직 능력의 보강 및 외연 확장은 미래혁신연구센터와 여타 육군 예하 연구조직을 연결하는 것에서 시작하여 군 밖과의 상호교류, 공동연구, 연구평가 등으로 확대되어 육군 중심의 협력 생태계 구축을 지향할 것이다. 이 과정에서 육군은 담론 형성을 활성화하고 주도할 뿐 아니라 인재를 육성함으로써 변혁을 적극적이며 지속적으로 이끌어 나갈 수 있을

1 이 절에서의 모든 인용은 대한민국 육군, 「육군 2030년을 향하여! 한계를 넘어서는 초일류 육군」, 육군본부(2019년 8월 9일) 및 대한민국 육군, 「육군비전 2030: 국방일보 연재 모음」, 육군본부(2019년 5월 31일)를 참고했다.

것으로 기대한다. 요컨대, 열린 마음으로 외부 기관 및 행위자들과 융합하는 것이 급속히 변화하는 오늘날의 사회기술적 상황에서 육군이 추구하는 조직구조 및 운영 개선의 방향이다.

2) 군사적 도약

육군비전 2030의 가장 중요한 부분은 백두산 호랑이 체계로 대표되는 첨단과학기술군으로의 발전과 이를 뒷받침하는 과학화 교육훈련 체계, 스마트 안전관리 체계, 미래 군수지원 체계, 예비전력 구축으로 볼 수 있다. 육군의 본연의 역할과 가장 맞닿아 있는 부분이기 때문이다.

육군비전에서는 아직까지 우리 육군의 구성에서 낡고 노후된 2.5세대 전력이 주를 이룬다고 인식한다. 이는 초불확실성으로 특징되는 미래전장 환경에 불충분할 뿐만 아니라, 미래 합동전력을 구축하기 위해 필수적인 해군, 공군, 미군과의 협력 역시 저해한다. 또한 현재 우리 육군의 구성은 주변국과의 경쟁에서도 큰 한계를 보이게 될 것으로 인식된다. 이에 더해 인구절벽과 복무기간 단축에 따른 병력 획득의 한계는 육군의 전투능력을 심각하게 위협한다.

따라서 육군비전 2030에서는 이러한 변화에 대응하는 첨단과학기술군으로의 변화가 필수적임을 강조한다. 특히 육군비전에 따르면 육군이 추진하는 백두산 호랑이 체계는 "기동화, 네트워크화, 지능화를 기반으로 최적의 탐지·결심·타격 기능을 갖춘 고효율의 치명적 미래 전투체계"를 의미하는 것으로, 차륜형 장갑차, 소형 전술차량, 드론 활용을 통한 보병의 기동화, 다계층 통신체계를 통한 전투 플랫폼의 초연결 네트워크화, 통합 데이터베이스와 인공지능을 활용한

지능화를 핵심 특징으로 한다. 현재 육군의 전력 발전은 이러한 부분들의 개선 및 진전을 중심으로 추진되고 있다. 또한 현재 추진되고 있는 초연결과 초지능화는 앞으로도 더욱 심화·발전시켜 나가야 할 육군의 과제로 제시된다. 이를 통해 육군은 숫자 중심의 재래식 병력이라는 오명을 벗고 미래전장의 주도자로서의 역할을 공고히 하고자 한다.

물론 이러한 기술적 변화를 적극적으로 수용하는 것은 전력 개선에만 국한된 것이 아니다. 네트워크 및 데이터화 기술을 적극적으로 활용하여 과학화 교육훈련 체계를 구축하고 보다 실전적인 훈련 요건을 조성하는 것 역시 육군의 중요한 과제이다. 또한 군내 안전사고가 계속해서 이어지는 상황을 극복하기 위해 스마트 안전관리 체계를 구축하고자 한다. 한편, 작전 반경이 확대되고 작전 진행속도가 증가될 미래전장에서 새로운 기술을 적극적으로 활용한 군수지원 체계 또한 구축될 것이다. 이에 더해 다양화된 안보위협에 대응하고 4차 산업혁명 기술을 적극적으로 활용하여 예비전력의 정예화, 운용규모 및 편성 최적화, 동원체제 효율화, 예비군 훈련체계의 통합화 및 과학화가 육군의 중요한 목표로 상정되어 있다.

3) 가치의 도약

육군비전 2030에서는 육군의 핵심가치를 정립하고 공고화할 것을 강조한다. 특히 민주화와 시민사회의 발전에 발맞추는 동시에 육군의 존재 목적과 정체성이라는 특수성을 담보하기 위해 육군은 3대 핵심가치로 위국헌신, 책임완수, 상호존중을 추구한다. 이러한 가치는 육군 내외의 연구 및 교육 기관과의 협력을 통해 교육 프로그램으로 발전되고 중요한 판단 기준으로 활용될 뿐만 아니라 군내외의 담론 형성에 있어 큰 틀로 기능할 것이다.

이러한 가치에 기반한 육군은 전통적인 군사적 위협뿐만 아니라 폭넓은 위협에 대응하고 국민안전을 보장하는 역할을 수행할 것이다. 먼저, 육군은 기술혁신을 통해 초국가적·비군사적 위협에 대응하는 데 있어 보다 적극적인 역할을 수행할 수 있을 것으로 기대한다. 또한 다영역·전천후 재난관리 체계를 구축하여 국민의 재산과 생명 보호에 적극적으로 나설 것이다. 이에 더해 기후변화, 환경오염 등 환경안보 문제가 대두되는 상황에서 육군이 환경관리의 적극적인 행위자로 발전할 것으로 보인다.

4) 인재관리 및 복지 도약

향후 육군의 발전에 있어 중요한 부분으로 인재관리 및 복지 상황의 개선 역시 강조된다. 특히 안보환경의 불확실성, 4차 산업혁명의 발생, 군에 대한 국민과 사회의 생각 변화 등은 인재관리에 대한 비전, 철학, 제도, 운영 개선 없이는 육군이 위기에 봉착할 수밖에 없다는 점을 여실히 드러낸다. 따라서 육군은 제도와 운영 개선을 통한 효율적인 인재관리 체계를 구축하고, 군의 인재가 국가 및 세계적 경쟁력을 가질 수 있도록 노력하고자 한다. 또한 직업의 안정성, 복지·보훈 시스템의 향상, 교육 프로그램 개발, 장병예우 확대를 통해 보다 경쟁력 있는 인재를 끌어들이고 복무 중인 장병들이 미래를 준비하는 데도 도움을 주고자 한다.

2. 육군비전 2030의 문제

육군비전은 육군 지휘부가 오늘날 군과 관련된 기술적·사회적 변화가 매우 빠르고 포괄적으로 일어나고 있다는 것을 인식하고 있음을 보여 준다. 또한 육군비전은 육군이 변화의 압박에 직면한 조직의 관점에서 단순하게 정부 및 사회적 요구를 맹목적으로 따르거나(loyalty) 반대(exit)하는 것이 아니라 생산적이고 활발한 의견 개진(voice)을 하고 있는 것으로 볼 수 있고, 이는 변화에 적극적으로 대응하는 노력을 반영하는 것이라는 점에서 고무적이다.[2] 그러나 육군비전 2030은 육군이라는 조직에 의해 작성된 글이라는 측면에서 정치적 논쟁거리가 될 수 있는 부분들을 의도적으로 회피할 수밖에 없고, 따라서 태생적 한계가 있다. 또한 이러한 한계를 감안하더라도 완성된 논리 체계가 되기 위해서는 육군비전 2030이 고려해야 할 중요한 부분들이 있다.

1) 왜 육군이 변화를 주도해야 하는가?

육군비전 2030은 오늘날 육군이 군사혁신의 시대에 직면해 있고, 그에 따른 기술 변화와 전장 상황의 변화로 큰 도전에 직면해 있다는 것을 확실히 인식하고 있다. 흔히 군사혁신은 "새로운 기술의 혁신적 적용과 군사 교리 및 작전·조직 개념의 결정적인 변화를 결합하여 전쟁의 성격에 근본적인 변화를 가져오는 것"으로 정의되고, "군사작

---

2 Albert O. Hirschman, *Exit, Voice, and Loyalty: Responses to Decline in Firms, Organizations, and States* (Cambridge, MA: Harvard University Press, 1970).

전의 성격과 실행에 있어 근본적인 변화를 촉발한다"고 받아들여진다.[3] 육군이 작성한 여러 자료들에서도 쉽게 확인되듯이, 군사혁신을 달성한 군대는 그렇지 못한 군대와 싸웠을 때 쉽고 결정적인 승리를 거둘 가능성이 높다. 역사적으로 여러 군사혁신의 사례가 있었지만, 근래에 목격된 군사혁신의 결과물은 1990년 이라크를 상대로 한 걸프전에서 미군의 놀라운 승리와 2001년 아프가니스탄에서 특수전 병력, 항공전력, 현지 동맹을 결합한, 이른바 "아프간 모델"의 성공에서 찾아볼 수 있다.[4] 그리고 이러한 군사혁신이 현실화된 모습들은 왜 국가들이 경쟁적으로 새로운 군사기술에 관심을 기울이고 뒤처지지 않기 위해 노력하는지, 그리고 열세인 국가들은 적대국의 군사혁신을 극복할 수 있는 방안을 끊임없이 모색하는지를 설명해 준다.[5]

오늘날 여러 나라에서, 그리고 한국 육군이 인식하고 있는 군사혁신은 1990년대 초부터 실체화되기 시작했다고 볼 수 있는데, 이 군사혁신에서의 핵심적이고 일관된 추세는 첨단기술에 대한 의존도 증가와 탈병과화, 탈육군화, 합동화에 있다.[6] 예를 들어 육군 중심의

---

3 Barry R. Schneider and Lawrence E. Grinter eds., *Battlefield of the Future: 21st Century Warfare Issues* (Maxwell Air Force Base: Air University Press, 1998); Elinor C. Sloan, *Revolution in Military Affairs* (Montreal: McGill University Press, 2002).

4 Richard B. Andres, Craig Wills, and Thomas Griffith, Jr., "Winning with Allies: The Strategic Value of the Afghan Model," *International Security*, Vol. 30, No. 3 (Winter 2005/06), pp. 124~160.

5 Michael Horowitz, *The Diffusion of Military Power: Causes and Consequences for International Politics* (Princeton: Princeton University Press, 2010).

6 Eliot Cohen, "A Revolution in Warfare," *Foreign Affairs*, Vol. 75, No. 2 (March/April, 1996), pp. 37~54; Andrew F. Krepinevich, "Calvary to Computer: The Pattern of Military Revolutions," *The National Interest*, No. 37

합동참모본부와 수직적으로 체계화된 거대한 야전군 조직 주도로 대규모의 육군병력을 동원하여 적대국의 대규모 육군과 충돌하여 승리를 거두고 정치적 목표를 달성하는 것은 더 이상 주요 국가들에게 효과적인 군사력 사용의 방식이 아닐뿐더러, 미래 안보환경에서의 생존을 위해서는 적극적으로 타파되어야 할 대상에 가깝다. 오늘날 강조되고 있는 컴퓨터·네트워크 기술의 혁신에 입각한 군사 조직 및 작전의 변화는 이러한 인식을 더욱 적극적으로 반영하고 있고, 이는 전략 변화부터 무기체계 개발에까지 영향을 미치고 있다. 특히 이러한 21세기 군사혁신은 우리 국군이 많은 부분에서 모델로 삼고 있는 미군에서 매우 두드러지는 측면이다. 최근 한국의 전력증강 방향에도 육군 중심의 조직 개선과 함께 군 간의 경계를 허물고 있으며, 해·공군에 대한 투자가 증가하고 있다.

이러한 군사혁신 상황에도 불구하고, 육군비전에는 왜 육군이 아직도 미래전장에서 중심적인 역할을 수행하는가, 그리고 왜 육군이 개혁에 있어 주도적인 역할을 수행해야 하는가를 설명하기 위한 노력이 부족하다. 육군에 따르면 매우 불확실한 안보 상황에서는 미래의 다양한 위협에 대응하는 것이 중요하고, 이를 위해서는 현재 진행 중인 군사혁신을 한국이 주도해야 한다. 이 점에 있어서는 이론의 여지가 없다. 그러나 문제는 오늘날 군사혁신의 핵심 중 하나는 탈육군화에 있다는 점이다. 즉, 육군 중심의 경직된 조직구조를 해체하고 상황에 따라 유기적인 군사력의 조합과 운용을 가능하게 하는 것이 오늘날 군사혁신의 핵심과제 중 하나인데, 이러한 상황에서 육군의 중심적인 역할을 정립하려 하는 것은 문제가 있다. 개혁의 대상이 개

(Fall, 1994), pp. 30~42.

혁을 주도하겠다는 입장에는 문제가 있고, 한국의 육군조직은 아직까지 거대하고 경직된 관료조직에 가깝다고 볼 수 있기 때문이다. 오늘날 군사혁신의 이상적인 방향성을 고려할 때, 육군비전 2030에 담겨 있는 육군 주도의 미래 안보대비 전략은 정치권과 시민사회에서 부처 이기주의, 기득권 보호 방안, 시대착오적 사고 등으로 비판받기 쉽다.

비슷한 맥락에서, 육군은 미래 대비를 위해 시민사회·정부·연구기관들과의 관계를 확대하겠다고 밝히는데 왜 이 과정을 육군이 주도하고 육군조직이 중심이 되어서 실행하는지를 설득력 있게 설명하지 못한다. 특히 육군비전에서 인정하듯이 군은 사회기술적 발전을 따라가는 입장에 있는데, 이러한 현실 인식과는 반대로 육군의 미래 연구조직에 대한 비전에서는 군이 여전히 주도권을 행사하려 하고 있다. 육군이 구상하는 미래 대비조직 계획에서도 기업을 비롯한 여러 민간영역에서 사회기술적 발전을 주도하는 세력과 협력할 것을 천명하나, 실질적인 상호작용에 있어서는 이들을 군 주변에 수직적으로 조직화하는 방향으로 움직일 것으로 보인다. 그러나 육군이 스스로 인식하듯이 사회기술적 발전의 추종자라면 스스로의 위치를 비판적으로 바라볼 필요가 있다.

요컨대, 육군비전 2030에서 기술한 군사혁신의 시대에 있어 체계적이고 지속적인 존재 증명을 위한 노력이 이어지지 않는다면 육군은 창조적 파괴의 주체보다는 그 대상에 가깝다. 무엇보다 오늘날 군사혁신의 방향이 육군의 근본적인 변화, 심지어 해체를 향해 나아가고 있기 때문이다. 물론 "왜 육군인가?"에 답하는 것은 상당히 정치적인 질문일 수 있다. 그러나 정치적 성격 때문에 이 질문에 답하는 것을 회피하는 것은 바람직하지 못하다. 이 질문에 답하는 체계적 논리 구조를 개발하는 것은 육군의 시급한 과제이다. 물론 이는 상당한 시간이 걸릴 것이고, 변화의 방향성도 늘 확실한 것만은 아니다. 그러나 이 질문에 대한 답을 찾는 동안 육군은 변화를 주도하기보다는 "우리 안보를 위해서는 모든 것을 내려놓을 준비가 되어 있는 육군"이라는 입장을 명확히 밝히는 것이 필요하다. 이를 통해 육군이 변화의 요구를 심각히 받아들이고 있고 변할 준비가 되어 있다는 것을 국민들에게 지속적으로 알릴 필요가 있다.

2) 왜 육군에게 안보환경이 초불확실한가?

육군비전 2030에서는 한국이 초불확실한 안보환경에 노출되어 있다고 지적한다. 오늘날 동북아시아의 국제관계가 정치적 측면에서 불확실성이 높다는 것은 명확하다. 중국의 경제적 부상 이후 나타난 군사력 증강은 미국 및 주변 국가들에게 새로운 도전을 제기하고 있다. 특히 중국의 경제·군사적 부상은 미국 중심의 탈냉전기 세계질서에 직접적인 도전을 제기하고 있는 것으로 흔히 인식된다. 중국의 관점에서 볼 때 자신의 성장하는 물적 권력에 입각해 기존 질서를 자신의 이익과 부합하는 방향으로 재정의하는 것은 매우 자연스러운 선택이기 때문이다. 반대로 미국은 자신의 이익 및 가치와 일치하는 기존 체제를 유지하고자 할 것이다.[7] 이 과정에서 나타나는 미국과 중국의 대립 및 경쟁은 국제관계의 제반 측면들에 영향을 미칠 것이 확실하다. 향후 이 강대국 경쟁의 결과가 확실해지면 국제체제는 안

---

7 John J. Mearsheimer, "The Gathering Storm: China's Challenge to U.S. Power in Asia," *Chinese Journal of International Politics*, Vol. 3, No. 4 (Winter 2010), pp. 381~396.

정기에 들어설 수 있을 것이다.[8] 미중 간 경쟁이 이어지는 양극체제가 등장하더라도 미소 냉전의 경험에 비추어 볼 때 강대국 간 관계의 안정성과 그에 따른 동북아시아 국제체제의 전반적인 안정성은 상당히 높을 것으로 보인다.[9] 그러나 문제는 기존의 미국 중심의 단극체제에서 다른 형태의 국제체제로 변화하는 과정에는 많은 위험이 도사리고 있다는 것이다. 많은 학자들은 국제체제의 주도국가가 부상하는 국가에게 자신의 위치를 위협받을 때 대규모 전쟁의 가능성이 높다는 분석을 내놓았다.[10]

한편 한반도에서도 안보환경에서 많은 변화 혹은 불확실성이 나타나고 있다는 것 역시 명확하다. 북한의 핵무기 및 미사일 개발은 새로운 안보환경을 등장시켰다. 특히 오바마 행정부까지 "전략적 인내(strategic patience)"를 기조로 진행되던 미국의 대북 전략은 북한이 미국 본토를 공격할 능력을 획득함에 따라 큰 변화에 직면하게 되었다. 또한 남북관계 개선 노력은 여기에 더 복잡한 고려 사항들을 발생시켰다. 이에 더해 정보통신기술로 대표되는 새로운 군 관련 기술들의 부상은 기존의 전력, 전략전술, 조직 구성 등을 재검토해야 하도록 만들었다. 한국 사회의 급격한 인구구성 변화 역시 사회경제적 활동뿐만 아니라 군이 할 수 있는 것과 없는 것을 재정의하도록 요구하고 있다. 따라서 과거 국군이 미국과 협력하여 북한을 재래식 전쟁

---

8 Robert Gilpin, *War and Change in World Politics* (New York: Cambridge University Press, 1981).

9 Kenneth N. Waltz, *Theory of International Politics* (New York: McGraw Hill, 1979).

10 Graham T. Allison, *Destined for War: Can American and China Escape Thucydides Trap?* (Boston: Houghton Mifflin Harcourt, 2017).

과 국지전에서 상대하는 것에 집중할 수 있었다면, 오늘날에는 북한에 대한 대응을 다양한 측면에서 고려하고 동아시아에서 군의 역할을 생각해 봐야 하는 상황에 있다. 요컨대, 육군비전에서 지적하듯이 오늘날 한국의 주변 안보환경은 상당 부분에서 불확실한 점이 많다고 할 수 있다.

그러나 이러한 국제정치적 변화들이 육군에게 있어 안보환경을 불확실하게 만든다고 보기는 어렵다. 오히려 한반도에서 지상전을 수행한다는 점에 집중해서 보면 육군의 역할은 제한적이고 명확하다. 간단히 말해 육군은 대한민국의 본토에 대한 직접적인 위협들을 억지하고 대응하는 역할을 수행한다. 따라서 육군이 주도적인 역할을 수행하는 것은 우리 본토의 영토적 일체성을 보호하고 그를 통해 국민의 생명과 재산을 수호하는 것이다. 주변국의 행동을 강제하거나 억지하는 것, 우리의 해양영토 및 부속도서를 지키는 것, 우리 경제의 안정성을 위해 자원 및 시장에 대한 접근권을 확보하는 것 등이 오늘날 안보환경의 불확실성과 관련해 주목을 받는 안건들인데, 이는 대부분 외교의 역할이거나 제한된 수준에서 해군 및 공군의 역할이다. 물론 육군이 일정한 역할을 수행할 수 있을 것이라 기대하고 다양한 구상을 해 볼 수 있겠지만, 동아시아의 지리적 특성을 고려할 때 육군은 한반도 밖에서는 보조적 역할에 머물 수밖에 없다.

이러한 측면에서 육군비전 2030의 첫 모토인 "한계를 넘어서는 초일류 육군"에는 문제가 있다. 육군에 따르면 "'한계를 넘어서는'은 시야를 한반도 너머로 확대하고, 경험과 신념에 기인한 근시안적이고 고착된 사고로부터 과감히 탈피하는 것을 의미한다". 한 국가안보 수호집단의 전반적인 모토로 볼 때 진취적인 표현으로 받아들여질 수 있다. 그러나 육군의 실질적인 대목표로 한반도 너머를 바라보는 것에는 문제가 있다. 일단 이는 정치적 과제이지 군이나 육군의 과제가 아니다. 또한 이 목표를 구체화하기 위해서는 군사력의 투사능력이 중요한데 이는 육군이 아니라 해군과 공군의 역할이 핵심을 이룬다. 물론 육군력이 해·공군과 협력하여 필요한 경우 해외로 투사될 필요가 있다고 생각할 수 있으나, 그런 능력을 충분히 지닌 국가는 세계에서 미국밖에 없다.[11] 또한 유사시 특수전 병력을 해외에 파견하여 임무수행을 할 필요가 있다고 하더라도 이 경우 육군이 주도권을 행사해야 할 이유는 없다. 간단히 말해서 한반도 너머의 안보 상황을 주시하는 것은 좋으나 육군이 그것에 구체적으로 대응하는 데는 문제와 한계가 있다.

즉, 육군은 상당히 명확하고 확실한 안보과제를 다루는 집단이다. 이는 변하지 않는 구조적 조건에 기인한 바가 크다. 우리의 생존이라는 질문은 결국 한반도에서의 안전을 보장하는 것이 가장 핵심적일 수밖에 없는데, 이러한 측면에서 안보 이슈에서 가장 근본적인 생존의 문제는 육군이 보장하는 것이라고 생각할 수 있다. 물론 거시적인 관점에서 사고하고 다양한 불확실성의 존재를 인식하는 것은 의미가 있다. 그러나 오늘날 한반도를 넘어서 우리의 중·장기적 안보전략을 추구하는 데 있어서 육군의 역할과 할 수 있는 것은 분명히 제한적이다. 육군의 본질적인 목적과 부합하지 않는 것을 대목표로 상정하는 것은 실질적인 행동 방향과 정책 도출에 있어 문제를 발생시킬 수 있을 뿐만 아니라, 쉽게 비판과 논쟁의 대상이 될 수 있는 약점을 지닌다.

---

11 Barry Buzan, *The United States and the Great Powers* (Cambridge: Polity Press, 2004).

3) 어떠한 전장 상황을 상정하는가?

육군비전 2030은 기본적으로 한반도에서 발생한 전면전 상황을 상정하고 있는 것으로 보인다. 이에 대응하고 한국의 사회경제기술적 변화를 반영하여 네트워크화된 소수정예 병력을 육성한다는 것이다. 대규모의 조직된 적대세력을 상대하는 데 있어서 백두산 호랑이 체계와 같은 육군의 현재 및 미래 체계들은 상당히 효과적일 것으로 보인다. 특히 이 상대방이 기술혁신을 이루지 못한, 한 세대 이상 뒤처지는 군사력을 지닐 경우 우리의 군사적 우위는 확고해질 것으로 볼 수 있다.

그러나 이러한 기술적 발전이 모든 주요 전장 시나리오에서 효과적일지는 의문이다. 대표적인 예로 미국의 경우 한국보다 앞서 2008년부터 체계적으로 초연결·초지능화를 추진하고 있다고 육군비전에서는 밝힌다. 이는 2001년 이후 미국이 지속적으로 전쟁을 수행해오며 축적한 경험과 교훈들을 반영하고 있는 것으로 볼 수 있다. 그러나 잘 알려졌듯이 미군은 이라크 전쟁에서 사담 후세인의 정규군을 상대하는 데는 큰 우위를 보였으나, 이후 이라크 및 아프가니스탄 등지에서 게릴라전을 펼치는 반란세력들을 상대하고 퇴치하는 데 있어서 큰 어려움을 겪었다. 오히려 미국의 불충분한 준비와 역할은 중동에 이슬람 국가(IS)라는 무장집단의 등장을 촉진시키는 결과를 낳았다. 그리고 오늘날 확인되듯이 미국은 이라크와 아프가니스탄 모두에서 본래 추구한 정치적 목표인 기능하는 민주국가와 시장경제 확립에 실패하고 군사력 철수를 결정했다. 즉, 군사력의 사용은 어디까지나 정치적 목표 달성을 위한 것인데, 기술적으로 매우 발달한 미군은 미국의 정책을 효과적으로 수행하지 못한 것이다.

좀 더 구체적으로 기술발전에 기반해 달성한 대규모의 조직된 적대세력을 상대하는 데 있어서의 우위가 여러 전장 상황들에서 첨단화된 군의 우월적인 위치를 확보해 주지는 않는다는 것을 인식할 필요가 있다.[12] 예를 들어 집결한 정규군이 아닌 민간인 사이에 숨어서 게릴라전을 수행하는 반란집단들을 상대하는 데 있어서는 첨단화·기동화된 병력보다는 현지인들 사이에 들어가 활동하는 구식 보병병력이 효과적일 수 있다.[13] 지난 10여 년간 각광을 받은 드론을 사용한 대반란전(COIN: Counterinsurgency Warfare) 전술 및 작전 역시 제한된 조건에서 효과적임이 확인된다.[14] 또한 제2차 세계대전 이후의 여러 전쟁에서 보다 강력하고 첨단화된 국가들이 승리를 거두어 온 것도 아니다. 여러 연구들에 따르면 오히려 더 강하고 발전된 국가들이 전쟁에서 패배한 경우가 더 많다.[15]

이러한 측면에서 볼 때 오늘날 육군이 추구하는 기술적 발전 방향이 한반도에서 주요 군사갈등 시나리오 모두에 적합할지 주의를 기울일 필요가 있다. 예를 들어 북한과의 충돌을 상정할 때 대규모의

---

12 Peter D. Feaver, "Blowback: Information Warfare and the Dynamics of Coercion," *Security Studies*, Vol. 7, No. 4 (Summer 1998), pp. 88~120.

13 Jason Lyall and Isiah Wilson, "Rage Against the Machines: Explaining Outcomes in Counterinsurgency Wars," *International Organization*, Vol. 63, No. 1 (January 2009), pp. 67~106.

14 Asfandyar Mir, "What Explains Counterterrorism Effectiveness? Evidence from the U.S. Drone War in Pakistan," *International Security*, Vol. 43, No. 2 (Fall 2018), pp. 45~83.

15 Andrew Mack, "Why Big Nations Lose Small Wars: The Politics of Asymmetric Conflict," *World Politics*, Vol. 27, No. 2 (January 1975), pp. 175~200; Ivan M. Arreguin-Toft, "How the Weak Win Wars: A Theory of Asymmetric Conflict," *International Security*, Vol. 26, No. 1 (Summer 2001), pp. 93~128.

집결한 병력 간 전투에서는 기술적으로 뛰어난 한국군이 확고한 우위를 획득하겠지만, 이후 잔존 군사세력 및 적대집단과의 게릴라전에서 효과적인 대응이 가능할지는 불확실하다. 물론 한반도 상황에서 적대세력의 지도부를 제거하고 야전군의 지휘체계를 마비시키면 손쉬운 승리가 달성 가능하다는 시각이 있을 수 있다. 그러나 문제는 바로 이러한 관점이 미국이 2002년 이라크 전쟁을 결정할 때 가졌던 시각으로, 추후에 판단 착오였던 것으로 확인된 바 있다. 간단히 말해 네트워크화된 소수정예 병력이 한반도에서 결정적이고 손쉬운 승리를 가져올 것이라는 시각은 희망적 사고에 불과할 수 있는 것이다. 북한에서 지휘체계가 와해되더라도 게릴라화된 병력들이 한국군에 지속적으로 저항할 경우 우리는 막대한 인적 피해를 입을 수 있고, 첨단화된 육군이 이러한 위협들에 손쉽게 대응할 수 있을지는 의문이다. 참고로 지난 70여 년간 미군은 COIN을 수행하는 데 있어서 매우 큰 어려움을 겪었고, 현지인들의 마음과 생각을 얻는다(winning hearts and minds)는 원칙 외에는 결과적으로 확고한 승리의 방안을 정립하는 데 있어 한계를 보여 왔다.

따라서 현재 육군이 진행하고 있고 추구하려 하는 기술발전의 의미는 좀 더 조심스럽게 해석되고 적용되어야 한다. 이는 특히 큰 정치적 함의를 가지기에 매우 중요하다. 군사력의 사용이 정치적 결정에 따라 이뤄진다는 것에는 이론의 여지가 없다. 그런데 이러한 정치적 판단에 있어 군이 제시하는 승리의 전망은 매우 중요한 역할을 수행한다. 예를 들어 군에서 기술적 우위에 입각해 결정적이고 신속한 승리가 가능하다는 입장을 표출하고, 정치 지도자가 이를 수용할 경우, 심각한 위기가 발생했을 때 대화보다는 군사력 사용이라는 옵션을 선택할 수 있기 때문이다. 이에 더해 기술에 기반한 확고한 군사력 우위가 존재한다고 믿을 경우 한 국가의 전반적인 대외 행동이 공격적으로 변화할 수도 있다. 반면 적국에게 커다란 군사적 승리를 거둔 이후에도 장기간에 걸쳐 어렵고 피해가 막심한 게릴라전이 이어질 것임을 군이 충분히 설명할 경우, 군사력 사용과 관련한 정치적 결정은 좀 더 신중하게 내려질 것이다. 이러한 점들을 고려할 때, 네트워크화된 소수정예 병력으로 달성 가능한 미래의 전망을 정책 결정자들에게 제시할 때 그 한계점 또한 설명하는 것도 중요하다 할 수 있다.

이에 더해 전력 개선을 진행하는 데 있어서 군사력은 상대적 개념이라는 것을 인식할 필요가 있다. 육군이 추구하는 초연결·초지능화는 전반적인 방향으로써 옳은 것임이 확실하다. 그러나 어떠한 군사기술이건 중요한 것은 상대방과의 전투에서 승리하는 데 결정적으로 기여하고 나아가 전쟁목표 달성을 손쉽게 하는 것이다. 따라서 군사력 발전 방향을 설정하고 추진하는 데 있어서는 잠재적 적대세력과의 비교가 이뤄져야 한다. 극단적인 경우 만약 우리가 적대세력과의 첨단화 경쟁에서 뒤처질 것이 확실하다면, 다른 방향으로의 발전을 추구해야 한다. 예를 들어 강대국과의 첨단 군사력 경쟁에서 우리가 이기기 어려울 것으로 보인다면, 비대칭전력의 육성에 집중해야 할 것이다.

육군비전은 현재 추구하는 기술적 발전 방향이 단순 우위가 아니라 여러 상황에서 비교 우위를 확보해 준다는 것을 보여 주지 않고 있다. 물론 구체적이고 체계적인 현재 및 미래의 전력 분석은 다른 문건들에서 충분히 이뤄지고 있을 것으로 기대된다. 그리고 이러한 분석들은 그 민감성 때문에 육군비전 2030과 같은 대중적인 공개 문서에서는 다루지 못할 것이다. 그러나 이러한 한계를 감안하더라도,

육군비전의 전반적인 논조에서 단순히 기술발전을 통해 우위를 획득한다는 것이 아니라, 상대적인 우위를 가능하게 한다는 것이 강조될 필요가 있다.

4) 기술 변화의 실체와 영향을 어떻게 이해하는가?

육군비전 2030 전반에 걸쳐 4차 산업혁명, 빅데이터, 초연결 등 정보통신 분야에서 사회기술 발전과 그 영향을 강조하는 모습이 관찰된다. 그리고 육군은 이러한 기술적 변화를 적극적으로 수용하여 발전해 나갈 것을 천명한다. 그러나 이러한 새로운 기술의 개념과 그 영향력을 육군에 맞춰 해석하는 데 있어서는 보다 주의 깊은 접근이 필요하다.

먼저, 육군비전에서는 오늘날에는 과거와 달리 군이 민간영역에서의 기술발전을 따라간다고 언급하나, 육군에서 언급하는 것과 같은 사회기술 발전의 실체는 민간의 관점에서 볼 때 아직 명확하지 않다. 군 밖에서는 4차 산업혁명이나 빅데이터 같은 새로운 기술이 구체적으로 무엇을 의미하고 어떠한 대응을 필요로 하는지 이해하기 위한 노력이 아직 진행 중이다. 그리고 이러한 기술발전을 더 잘 이해하고 활용하기 위한 교육 및 훈련체계를 갖춰 가고 있는 실정이다. 예를 들어 초연결 사회에서 빅데이터가 발생하고 이를 활용한 여러 정책과 활동이 나올 수 있는 것은 확실하다. 그러나 빅데이터가 단순한 대량의 데이터와 어떻게 다른지, 이를 관리하기 위해서는 어떠한 조직과 체계가 필요한지, 도출된 교훈을 어떻게 적용할지 등에 대한 것은 아직 사회적으로 학습 중이다. 즉, 이처럼 아직 학습 단계에 있는 불명확한 실체를 육군 발전의 방향이자 수단으로 삼게 되면 내용이 부실한 미래계획이 나오게 된다. 예를 들어 육군에서 운영하는 과학화훈련장의 경우 매년 수십 억에서 수백 억 건의 데이터가 나오는 빅데이터의 산실이다. 그런데 육군은 이를 활용할 수 있는 기술적·인적·지적 기반이 있는가? 요컨대 한 시대의 캐치프레이즈를 수용하는 것은 좋으나 그 내용에 대한 이해가 부족한 상황이면 쉽게 비판에 직면할 수 있다.

더 중요한 문제로 이러한 기술 변화의 내용과 영향을 이해하는 데 있어서의 한계는 군의 조직 및 교리 변화에 문제를 제기할 수 있다. 정보기술에 입각한 군사혁신이 육군이 추구하는 방향인 것이 명확한데, 군사혁신은 기술 변화(technological change), 체제 발전(systems development), 작전 혁신(operational innovation), 조직 적응(organizational adaptation)이 모두 이뤄져야 상당 부분 진척된 것으로 볼 수 있다.[16] 이러한 맥락에서 오늘날의 기술발전을 반영한 초연결·초네트워크화된 육군을 운용하기 위해서는 신기술을 반영한 무기 및 장비 개발만이 아니라, 그것들을 운용하기 위한 체계 및 교리 변화 역시 이뤄져야 하는 것이 명확하다. 또한 효과적인 신 교리 적용을 위해서는 지휘체계 및 육군조직의 변화가 이뤄져야 하고, 새로운 조직구조 및 구성원이 육군이 상정하는 미래전장 상황에 있어 실제로 효과적인지를 체계적으로 검증해야 한다.

그러나 현재 진행되고 있는 커다란 기술적 변화의 의미가 민간영역에서도 아직 명확하지 않은 상황 아래, 육군비전 2030에서 교리 및 조직의 변화에 대한 설명은 그 중요성에도 불구하고 부족할 수밖

---

16 Cohen, "A Revolution in Warfare"; Krepinevich, "Calvary to Computer: The Pattern of Military Revolutions".

에 없다. 아직 그 실체가 불명확하기 때문이다. 문제는 교리 및 조직 변화가 완성되지 않고서 육군이 제창하는 군사혁신의 달성 여부를 논하기는 어렵다는 데 있다. 따라서 오늘날같이 아직 변화의 본질이 불명확한 상황에서, 그러한 변화를 막연하게 실체화된 것으로 내세우기보다는 좀 더 차분하게 기술발전의 의미에 접근하는 것이 필요하다.

5) 무엇이 육군의 정치사회적 가치인가?

징병제 아래에서 모든 육군 구성원이 공유하는 가치의 확립은 매우 어려운 문제임이 틀림없다. 또한 군의 가치를 확립하는 것은 육군에 국한된 과제로 보기에는 어려운 점이 있다. 그럼에도 불구하고 우리 국방에서 육군이 가장 거대한 역할을 수행한다는 점에서 육군은 끊임없이 국민이 동의할 수 있는 가치를 창출하고 공유해야 한다.

육군비전 2030에서는 육군 구성원이 하나의 전사집단을 구성한다는 것을 강조한다. 이는 특정한 정치사회적 의미를 지니는 것이 아닌, 전문적이고 기술적인 목표를 추구하는 집단으로 자리매김하기 위한 육군의 노력을 반영하는 것으로 보인다. 한국 정치사회사에서 육군의 불행했던 과거를 생각해 볼 때 이는 어쩔 수 없는 선택으로 볼 수도 있다. 그러나 이러한 기술적인 측면에 천착하는 가치는 국민이 육군의 의미를 쉽게 받아들이고 지지하도록 만드는 데 있어 한계가 있다. 전사집단이라 함은 사회와 직접적인 관련이 없는 싸움을 대비하는 집단 정도로 인식될 수 있기 때문이다. 또한 징집된 병이 육군의 과반수를 구성하는 상황에서 이 전사집단은 자발적으로 형성된 것이 아닌 반강제적인 것임을 간과해서는 안 된다. 그리고 육군비전에서 육군은 많은 국민이 육군으로 복무한 경험을 활용한다고 하는데, 그 기억이 꼭 좋은 것이라고 보기는 어렵다. 이러한 어려움에도 불구하고, 원칙적으로 모든 자원들의 동원 및 사용 여부가 국민의 대표자들을 통해 결정되고 허가를 받는 한국에서 사회적으로 쉽게 공유될 수 있는 가치의 개발은 모든 정부조직에 있어 필수적인 과제이다. 따라서 육군은 스스로의 정치사회적 가치를 제창할 필요가 있다.

민주주의 국가에서 군의 핵심 역할은 민주적 정치 과정이 외부적 요인에 의해 제한되지 않도록 보호하는 데 있다. 한국의 민주주의는 지난 30여 년간 상당한 제도화를 이루었는데, 제도화된 민주주의는 세 요소가 존재는 정치체제로 정의된다. 첫째, 대안적 정책이나 지도자들에 대한 효과적인 선호를 시민들이 표출할 수 있는 제도 및 과정이 존재한다. 둘째, 행정부에 의한 권력 사용에 대한 제도적 제약이 존재한다. 셋째, 시민들의 일상생활과 정치적 참여에 있어 시민적 자유가 모든 이들에게 보장된다.[17] 이처럼 제도화된 민주주의에 대한 도전은 여러 측면에서 제기될 수 있지만, 전통적으로 가장 큰 위협 중 하나는 외부의 적으로부터 기인한다. 즉, 외부의 적이 강력한 위협을 가할 경우 시민적 자유와 선호 표출과정의 많은 중요 측면들이 제한될 수 있을 뿐만 아니라, 행정부에 대한 제약 역시 약해질 수 있는 것이다. 일례로 미국의 경우 9/11 이후 새롭게 위협으로 인식된 테러에 대한 전쟁을 수행하며 애국법(Patriot Act) 등을 비롯해 민주주의의 원칙을 크게 침해하는 법안 및 제도들이 나타났다.[18] 따라서 강

---

17 Monty G. Marshall and Keith Jaggers, POLITY IV Project Data User's Manual, p. 13. (https://home.bi.no/a0110709/PolityIV_manual.pdf)

18 Jeremi Suri, "How 9/11 Triggered Democracy's Decline," *The Washington Post*, September 11, 2017.

력한 국방을 통해 적대국의 공격행위를 막는 것은 활발하고 효과적으로 기능하는 민주주의를 위해 필수적이라고 할 수 있다. 간단히 말해 군은 외부 위협을 차단함으로써 국내에서 활발한 의사 개진 및 제도화된 갈등과 충돌을 가능케 해 주는 역할을 수행한다.

이러한 측면에서 "민주주의의 수호자"를 육군의 핵심 정치사회적 가치로 생각해 볼 수 있다. 군이 독자적인 정치적 실체로 존재해야 한다는 입장은 비판받아 마땅하다. 그러나 민주주의의 보호자라는 것은 육군이 가질 수 있는 온당한 정치사회적 실체이다. 한국의 근간이 되는 정치적 틀, 즉 민주주의라는 대원칙이 작동하는 데 있어 우리 스스로의 의지가 아닌 외적 안보요인으로 인해 심각한 문제가 발생하는 것을 막는 역할이 그 핵심에 있기 때문이다. 육군은 그동안 민주주의에 대한 이해와 접근에 있어 부족한 모습을 보여 왔다. 이를 사회적으로 논쟁거리가 되는 진보와 보수의 문제라 보고 조심한다고 할 수도 있을 것이다. 그런데 민주주의는 특정한 이슈에 대한 정파적 입장이 아니라 상당 부분에서 가치중립적인 제도 및 규범이다. 또한 흔히 민주주의를 "갈등의 제도화"라고 부르는데, 다양한 입장 간 충돌과 그에 따른 혼란은 민주주의의 핵심 특징이다. 육군에게 중요한 것은 그러한 논쟁이 자유롭게 진행될 수 있는 외적 조건을 만드는 데 기여하는 것에 있다.

육군의 정치사회적 의미를 정의하는 과정을 통해 육군은 국민의 안전을 위해 봉사하는 다른 정부기관과 비견되는 기준을 마련할 수 있다. 예를 들어 소방관이 일상의 안전을 보장하고 경찰관이 공공안전을 책임진다고 한다면, 육군은 민주주의를 외부의 위협으로부터 보호하는 역할을 수행한다고 명확하게 밝힐 수 있을 것이다. 또한 국방이라는 공공재를 확보하기 위해 개개인이 희생하는 것이 자유민주주의 국가에서 기본적인 국방의 의무를 정당화하는 논리인데, 핵심적인 공공재 중 하나가 헌법에 의해 성립된 민주주의라는 제도이고, 이를 보호하는 것이 육군의 목적이라 할 수 있다. 이 핵심가치로부터 시작해서 육군이 이른바 국민군으로서 가지는 의미를 밝히고 공론화할 필요가 있다.

이에 더하여 간부들의 경우 사회를 위해 희생하는, "이름 없는 영웅(unsung hero)"으로 자리매김하는 것을 지향해야 한다. 아직까지 육군 간부, 전역자 단체, 주변 기구들은 한국 사회의 보수적인 입장을 대변하는 이익집단으로 인식되는 경우가 많다. 이러한 현실은 육군이 어떠한 가치를 추진하건 간에 대중이 부정적으로 인식하고 간부들의 복지를 위한 노력들을 정파적인 것으로 보거나 불필요한 세금 지출로 받아들이게 만든다. 따라서 직업군인이 소방관 같은 사회봉사자라는 것을 가치화하고 알려야 한다. 이러한 과정이 없다면 육군 간부들을 위한 복지개선 노력은 특권 확보나 기득권 보호로 비춰지고 반대에 직면할 수 있다.

3. 현재의 과제

육군비전 2030은 육군이 전략환경, 사회경제 구조, 기술발전에 적극적으로 대응하고 있다는 것을 보여 준다. 또한 이 비전은 상당히 명확한 발전 방향을 제시하고 있다는 점에서 큰 의미가 있다. 그러나 위에서 살펴본 육군비전 2030의 문제점들에 비추어 볼 때, 육군은 특정한 부분들에서 자신의 미래 방향성을 좀 더 고민해 볼 필요가 있다. 그 부분들은 다음과 같이 요약할 수 있다.

첫째, 육군은 왜 육군이 미래의 국방에서 주도적인 역할을 수행해야 하는지 설명하는 노력을 기울여야 한다. 물론 이는 탈육군화라는 세계적인 군 조직 구성의 변화 추세에 비추어 볼 때 어려울 것임이 확실하나, 회피할 수 없는 작업이라 할 수 있다. 위에서 언급했듯이, 만약 육군의 주도적 역할을 설득력 있게 제창할 수 있는 논리가 없다면, 오히려 모든 것을 내려놓을 것임을 천명하는 것도 의미가 있다. 육군이 자신의 조직 이해관계를 추구하지 않고 외부 조건과 기술 발전에 비추어 볼 때 우리 안보에 있어 가장 좋은 선택에 항상 열려 있다는 입장, 상황에 따라서는 기존 조직을 해체하고 재정의함으로써 스스로를 창조적으로 파괴하겠다는 약속은 육군이 자신의 본질적인 목적을 잊지 않는다는 것을 보여 줌으로써 많은 국민들과 정책 결정자들에게 긍정적이고 생산적인 것으로 받아들여질 것이다. 물론 이러한 입장은 육군만이 아니라 다른 군 조직들에게도 권장할 방향일 수 있다.

둘째, 미래 대비에 있어 육군조직이 중심적인 역할을 하겠다는 생각을 버려야 한다. 육군비전 2030에서 명확히 인정하듯이 육군은 사회기술적 변화를 따라가는 추종자이지 주도자가 아니다. 따라서 기술적 변화에 대한 대응을 민·관·학·연과 함께한다고 하면 그 네트워크의 중심이 되어 다른 행위자를 주도하겠다는 생각을 버려야 한다. 그러할 능력이 없기 때문이고 오늘날 기술발전의 특징과도 부합하지 않기 때문이다. 따라서 미래 대비를 위한 네트워크에서 육군과 다른 기관과의 관계는 수평적인 것으로 추구되어야 한다. 여기에서 육군의 역할은 촉진자(facilitator)로 국한될 필요가 있다. 육군은 여러 집단들 간의 상호작용을 용이하게 하고 여기에서 나온 교훈을 받아들이는 입장에 서야지, 사회기술적 변화의 의미를 명확히 이해하지 못하면서 주도권을 행사하려 하면 올바르지 못한 방향으로 상호작용을 몰아가는 결과를 낳을 수 있다.

또한 한국의 기술 변화를 이끌어 가는 기업 및 이공계열 학계와 적극적으로 상호 작용하고 이들에게 육군의 방향성을 컨설팅하거나 때로는 "아웃소싱"하는 것이 필요하다. 다행히 한국은 정보기술 발전에 뒤처진 나라가 아닐뿐더러 기술혁신을 주도하는 유수의 기업 및 연구기관을 보유하고 있다. 이들은 오늘날 급속도로 진행되고 있는 기술 변화의 의미를 가장 잘 이해하고 있는 집단일 가능성이 높고, 경우에 따라서는 그 방향성을 설정하는 것으로도 볼 수 있다. 이러한 사회기술 변화의 주도집단에게 미래 육군의 방향성을 문의할 수 있는 것은 한국이기에 가능한 이점이라 할 수 있다. 육군은 이 이점을 살리기 위해 여러 첨단기업 및 관련 학계에서 도움을 구할 필요가 있다. 예를 들어 첨단기업 사장단에게 육군 미래계획 방향을 자문하는 방안을 생각해 볼 수 있다.

셋째, 변하지 않는 한국의 구조적 조건에 입각한 육군의 고유 영역을 정의하는 것이 필요하다. 예를 들어 우리의 안전을 확보하는 데 있어서 군의 역할은 결국에는 한반도의 안전 보장을 핵심으로 할 수밖에 없는데, 여기에 있어서는 육군이 중심적인 역할을 하는 것이 당위성이 있고, 따라서 그 역할을 더 잘 수행할 수 있도록 육군의 첨단화 추진이 이뤄져야 한다는 것과 같은 체계적인 논리 개발이 필요하다. 특히 근래 해·공군력에 대한 투자를 통해 한반도 너머 다양한 위협에 대한 대응을 준비해야 한다는 목소리가 커지고 있다. 그러나 이러한 방향으로 치우친 군사력 발전은 주의 깊게 이뤄져야 한다. 원거리에서 해·공군력을 통한 안전 확보는 미국, 영국, 일본 등 지상에서의 위협이 상대적으로 적은 나라들이 추진하는 전략일 수 있기 때문이다. 또한 멀리 떨어진 지역에 군사력을 투사하는 것을 강조하다 보면 외교의 중요성을 상대적으로 간과하게 되는 결과를 낳을 수도 있다. 이러한 문제점들을 고려하고 반도의 특성을 인식할 때 한국은 육군의 역할을 버릴 수 없고 해양 및 공중 일변도의 방어전략으로 가는 데 있어 큰 위험이 있다는 점을 강조할 필요가 있다.

넷째, 기동화·네트워크화·지능화에 집중하는 첨단과학기술군으로의 발전이 모든 전장 상황에 유용하지 않을 가능성을 인식해야 한다. 역사적으로 군사혁신을 이룬 국가들은 이를 성취하지 못한 다른 국가들의 대규모 정규군을 상대하는 데 있어 큰 우위를 보여 왔다. 반면 첨단기술에 입각한 군의 재편이 특정한 영토를 점령하고 이후에 발생하는 저항세력과의 게릴라전에서는 오히려 걸림돌이 된 경우가 여러 전쟁 사례에서 확인된다. 특히 게릴라를 상대하는 데 있어 첨단화·기동화된 군은 매우 취약했고, 큰 피해를 입어 왔다. 따라서 우리 육군은 첨단기술군으로 일방적인 전력 발전방향만을 설정하기보다는, 한반도에서 발생할 수 있는 다양한 지상전 시나리오에 효과적으로 대응하는 전력 구축을 추구해야 한다. 특히 오랜 기간에 걸쳐 진행되는 적대세력이 불명확한 게릴라전에 대한 대비 역시 철저히 할 필요가 있다. 그렇지 않으면 영토 점령 및 저항세력과의 전투 과정에서 미군이 베트남과 이라크에서 경험한 것과 같은 심각한 문제에 직면할 수 있고, 우리 병력과 현지에 거주하는 민간인들이 엄청난 피해를 입을 수 있다.

다섯째, 이미 육군이 상당한 노력을 기울이고 있기는 하지만 육군의 가치 형성을 위한 노력을 지속해야 한다. 한국의 안보상황 변화, 사회경제적 조건 변화, 인구구성 변화 등은 육군의 의미에 대한 끊임없는 문제 제기를 가져올 것이다. 따라서 현재의 육군은 다양한 논리를 개발하고 이를 검토하는 노력을 기울여야 한다. 또한 민주주의 국가에서 세금의 지출은 끊임없이 비판적으로 재검토되고 정당화되는 과정을 거친다. 따라서 국민이 왜 육군의 발전, 군 복지 개선을 위해 비용을 지출해야 하는지를 지속적으로 설명할 준비를 해야 한다. 이는 위에서 언급했듯이 육군의 정치사회적 존재 의미를 정의함으로써 촉진될 수 있을 것이다. 민주주의의 수호자로서 육군은 그 예라 할 수 있다. 이와 함께 국민이 안심하고 군 복무를 할 수 있도록 투명성, 개방성을 계속해서 재고해야 한다.

마지막으로 육군은 위의 모든 요소들과 다른 중요한 측면들을 국민, 국회, 정부기관, 교육기관 등에 끊임없이 "세일즈"해야 한다. 한국에서 모든 정책은 시민사회와의 관계 속에서 형성되고 실행될 수밖에 없다. 이는 어떤 정권이 들어서고 어떠한 정치적 의제를 추구하는 것과 관계없이 지속될 모든 주요 정부조직에 해당하는 조건이라 할 수 있다. 간단히 말해 육군의 미래계획이 무엇이건 간에 국민으로부터 지지를 얻지 못하면 이는 비판에 직면하거나 심지어 좌초될 것이다. 특정 외부위협에 대한 대응의 필요성으로 육군의 중심적 역할을 정당화하던 관행은 국제 정세 및 한반도 정세의 변화만이 아니라 한국의 발전과 군의 전력 개선이 이어지게 되면 지속되기 어려울 수밖에 없다. 따라서 육군은 시민사회 및 그 대표자들과의 원활한 관계 형성을 조직으로서 육군의 생존 문제와 직결되어 있다 생각하고 집중할 필요가 있다.

제2장

육군 혁신을 위한 조직과 제도의 변화

페일-패스트(Fail-fast) 전략을 중심으로

부형욱

1. 서론

전략환경과 국방 여건이 빠르게 변화하면서 육군에게도 혁신이 요구되고 있다. 육군에 부과되는 변화 요구가 하루 이틀의 일이 아니지만 최근에 요구되는 수준은 과거와 성격이 다르다고 하겠다. 과거와는 달리 혁신에서도 '속도'가 점점 더 중요해지고 있다. 제기되는 도전은 전방위적이며 대응의 속도는 빠를 것이 요구된다. 육군이 상정했던 장기적인 계획과 체계적인 여건 조성을 바탕으로 '완벽'한 변화를 준비할 수 있는 여건은 더 이상 허용되지 않는다는 것이다.

몇 가지 예를 들어 보자. 북핵이 고도화되면서 육군은 이에 대한 재래식 억제를 준비해야 하며, 이 과정에서 우발전쟁이 발생하지 않도록 군사적 압력을 감소시키는 군비통제 조치에 부응해야 한다. 육군은 인구절벽으로 인한 병력 감축에 대비해야 하는 한편, 이를 상쇄하기 위해 로봇, 인공지능 등을 전격적으로 도입하여 전투력 보존에도 신경을 써야 한다. 이 외에도 육군은 기존 임무에 부가되는 새로운 임무에 적응해야 할 필요가 생겼다. 코로나-19와 같은 국가적 재난, 기후변화, 사이버, 인도적 지원 등 신 안보 영역에 대한 대응 등이 그것이다.

이와 같이 육군은 기존의 임무 영역에서 급격히 변화하는 여건을 수용하여 적응적이며, 기민한 대응을 해야 하는 한편, 새롭게 제기되는 도전에도 부응해야 하는 상황에 처했다. 이 모든 것에 새로운 기술과 아이디어가 적용될 필요가 있으며, 이 과정은 대단히 실험적인 것이 되어야 한다. 이런 상황은 육군으로 하여금 창의적인 문제해결 방법을 검토해야 할 필요성을 제기하고 있다. 또한 이를 제도적·조직적으로 뒷받침하는 문제에 대해 심도 있는 논의도 요구되고 있다.

이 글은 그동안 육군이 '일하는 방법'으로 채택해 온 전략기획(strategic planning)을 4차 산업혁명 시대에도 적용하려는 것은 점점 무모한 일이 되어 가고 있음을 감안하고, 새로운 문제해결 방법을 논의하기 위해 작성되었다. 서니즈 길스(Sunnies Giles)는 미래를 예측하고 통제하려 하며, 변이를 제거하려는 기존의 방법으로는 디지털 혁명 시대를 살아갈 수 없다고 주장하고 있다.[1] 길스는 디지털 혁명 시대 전방위적 도전에 직면한 조직은 페일-패스트(Fail-fast) 접근을 취해야 한다고 주장한다. 이 글은 전략기획을 대체하거나 보완적으로 활용할 수 있는 문제해결 방법으로 육군이 페일-패스트 접근을 취할 것을 권고하면서, 이를 제도적·조직적으로 구현할 수 있는 방안

---

1 Sunnies Giles, *The New Science of Radical Innovation* (Benbella Books; Dallas TX, 2018).

에 대해 논의하고 있다. 이 글은 우선 육군에 부과되는 제 도전을 살펴보고, 전략기획의 문제점과 이를 대체 또는 보완할 새로운 혁신 방법으로 페일-패스트 전략을 검토한다. 그다음으로 이를 제도적·조직적으로 구현하기 위한 여건과 방안에 대해서 살펴볼 것이다.

2. 육군에 부과되는 도전과 새로운 혁신전략의 필요성

1) 육군에 부과되는 제 도전

육군은 새로워진 전통적 안보위협에 대처하면서 글로벌화된 비전통 안보위협에도 대응해야 하는 다중적인 임무·역할 수행 상황에 놓여 있다. 전통적 안보위협에 대응하는 전통적인 육군 역량의 확충은 물론이고, 비전통적 안보위협에 대한 효과적인 대응도 동시에 요구되고 있다는 것이다. 외부로부터 요구되는 이러한 상황적 필요를 두고 육군은 다양한 스펙트럼의 경우에 대응하기 위하여 다재성(versatility)을 강조해야 한다는 주장이 있다. J. 버크(J. Burke)가 대표적이다. 그는 이미 20여 년 전에 포스트모던 시대의 군대는 기본적으로 다양한 임무 상황에 놓여 있기 때문에 적응군(adaptive military)을 지향해야 한다고 주장했다.[2]

육군은 자신에게 부여된 이러한 시대적 소명을『육군비전 2050』에 잘 적시해 놓았다.『육군비전 2050』에서 향후 육군은 첫째, 북한

---

2 James Burk (ed.), *Adaptive Military: Armed Forces in a Turbulent World* (New Brunswick, NJ: Transaction, 1998).

및 주변국의 군사위협으로부터 국가를 보호하고, 둘째, 다양한 비군사적 위협으로부터 국민을 보호하며, 셋째, 적극적인 국제평화활동 참여로 세계평화에 기여하고, 넷째, 민군융합의 개방형 육군 운영으로 국익 창출에 기여하려 한다고 했다. 문제는 이를 구현할 수 있는 제반 여건이 육군에 우호적이지 않고, 환경은 급변하고 있다는 점이다. 현상 타개를 위한 새로운 전략이 필요한 이유가 여기에 있다. 즉, 예산 제약과 병력 감소 등을 극복하기 위해서는 4차 산업혁명 기술을 신속하게 활용해야 하고, 이를 위해서는 혁신적 관리 기법을 모색할 필요가 있으며, 이들 변수를 활용한 다양한 조합 중에서 최적의 것을 빠른 시간에 시험할 필요가 있는 것이다.

4차 산업혁명이 빠르게 진행되고 있으며, 이를 국방에 적용하려는 노력도 다양하게 추진되고 있다. 로봇, 인공지능, 빅데이터, 나노기술, 사물인터넷(IoT: Internet of Things), 3D 프린팅, 자율주행차, 증강·가상 현실 등 다양한 분야의 경계가 허물어지는 '기술융합' 현상이 나타나면서 무인화·소형화·지능화가 급속도로 진행되고 있다는 것이다. 4차 산업혁명은 기존 기술의 연장선을 넘어서며, 여러 분야의 경계를 허무는 특징을 가지고 있다. 4차 산업혁명은 국방분야에도 적용되어 선진국에서는 무기체계의 무인화·스마트화·첨단화 추세가 급속도로 진행되고 있고, 군사분야에서도 '초연결성' 및 '초지능화'의 개념이 적용되면서 이제 4차 산업혁명기의 군사혁신 논의가 본격적으로 진행되고 있다.

과거의 패러다임인 단일 무기체계의 개량에 집중하는 기존의 군사력 건설 기조로는 4차 산업혁명기의 군사혁신을 담보할 수 없을 것으로 예상된다. 그래서 4차 산업혁명기에 걸맞는 '일하는 방법'을 모색할 필요성이 제기되고 있다. 향후 군사력 건설의 방향은 무기체계들이 유기적으로 결합된 '초연결성'이 달성되어야 하며, 이를 위해서는 빅데이터, 인공지능, 사물인터넷 등을 활용할 것이 요구된다. 육군은 이러한 혁신 요구를 수용하여 AICBM(AI, IoT, Cloud, Big Data, Mobile)을 활용한 전투부대의 기동화와 네트워크화를 지향하는 움직임을 보이고 있다. 백두산 호랑이 체계(Army TIGER system 4.0) 등의 사업을 추진하고 있는 것이다. 그러나 이러한 육군의 움직임이 육군에 요구되는 변화의 속도와 질을 충족시키고 있는 것이라 할 수 있을까? 현재 진행되고 있는 육군의 움직임은 4차 산업혁명 기술의 단순 적용에 불과한 것이라고 비판받을 여지가 있는 것은 아닌가? 이와 같이 육군에 부과된 여러 방면의 도전이 제기하는 근본적인 질문에 한걸음 더 다가가면 핵심은 창의적인 문제해결 방안을 찾아내는 것이냐 여부에 대한 질문이라 할 수 있다. '왜 창의성 논의가 중요한가?'에 대해 좀 더 살펴보자.

2) 혁신적 기술과 창의적인 적용에 대한 요구[3]

밀란 베고(Milan Vego)는 전시나 평시에 창의적인 지휘관과 부하, 더 나아가 국방 자체에서 창의성을 이야기하지 않고 성공적인 전쟁과 군대를 논의하기는 어렵다고 했다.[4] 베고에 의하면 전쟁의 역사를 살펴볼 때 혁신적 과학기술이 전쟁의 양상을 바꾸는 것처럼 보이

---

3 기술의 수용과 창의적인 활용 논의는 박근혜 정부 시기의 창조국방 논의에서 일부 진행되었다. 자세한 것은 필자의 논문[부형욱, 「창조국방과 북한 핵·미사일 대응」, ≪항공우주력연구≫, 제3집 (2015)]을 참고하면 된다.

4 Milan Vego, "On Military Creativity," *Joint Force Quarterly*, Iss. 70 (2013). pp. 83~84.

지만 과학기술 자체만으로는 부족한 측면이 있었다. 그에 의하면 새로운 과학기술을 창의적으로 활용하고, 이것이 새로운 군사력 운용 개념과 결합될 때 비로소 패러다임의 전환이 일어나며 군사적 성공이 담보되어 왔다. 베고는 창의성(creativity)은 독창성(originality)과 특이성(uniqueness)을 지녀야 한다고 보았는데, 급변하는 안보환경에서 육군의 임무와 역할을 수행함에 있어 창의성이 강조되는 것은 당연한 일이라 하겠다. 그렇다면 육군에서 창의성은 구체적으로 어떤 방식으로 구현될 수 있을까?

육군이 당면한 문제에 대한 창의적 해결을 위해서는 파괴적 혁신(disruptive innovation)에 주목해야 한다. 혁신은 개선(improvement)이 아닌 돌파(breakthrough)이며 변화에 대응(react)하기보다는 스스로 변화 그 자체가 되어야 한다는 의미에서 파괴적 혁신은 새로운 시각을 제공한다. 전문가들은 국방분야에서 파괴적 혁신을 적용해야 하는 분야로 ① 전쟁개념 창조, ② 전술개념 창조, ③ 무기체계 개념 창조, ④ 비무기체계 개념 창조, ⑤ 사이버전 개념 창조, ⑥ 국방경영·서비스 디자인을 제시했다.

육군에게 요구되는 것은 단순히 4차 산업혁명 기술을 적용하는 것을 넘어 창의적 군사력 운용까지 염두에 두어야 한다는 것이다. 베고는 이런 예로 제1차 세계대전과 제2차 세계대전 사이의 시기에 소련의 붉은군대 리더들이 발전시킨 종심전투(deep battle) 개념과 1934년 미 해병대가 '상륙작전의 잠정 매뉴얼(Tentative Manual for Landing Operation)'에서 구체화한 혁신적인 상륙작전 개념 등을 들고 있다. 이 외에도 1930년대 독일군이 발전시킨 팬저(Panzer) 전력을 활용한 공지전투 개념도 이러한 예에 속한다고 한다.

군에서 창의성을 강조하면 일견 창의적 군사력 건설만 떠올리기 쉽지만 창의적 전략개념과 작전개념에 부합되는 군 구조의 발전도 고려해야 한다. 이를 위해서 전투원, 무기·장비, 정보체계, 자원관리가 정보통신기술 또는 사물인터넷으로 연결되는 유비쿼터스 전장환경에 적합한 군 구조로의 변화도 고려해야 할 것이다. 이러한 군 구조는 전투발전의 제 요소인 DOTMILPF(교리, 조직, 교육훈련, 무기·장비, 리더십, 인적자원, 시설)에서 탁월성을 유지하며, 다차원 전장 영역에서 동시·통합 전략을 구현할 수 있도록 설계되어야 할 것이다.

이 외에도 육군 전반의 경영 및 부대관리에서도 창의성이 요구된다. 자원관리와 부대관리를 혁신함에 있어 4차 산업혁명의 기술, 예를 들어, 사물인터넷, 드론, 인공지능, 로봇 등을 활용하는 것이다. 이를 통하여 장비, 물자, 시설관리를 효율화하는 한편, 여기서 더 나아가 빅데이터, 생체신호 인식기술을 활용하여 장병의 심리를 분석하고 병영 내 사고를 예방할 수 있는 조치를 강구하는 것도 생각해 볼 수 있다는 것이다.

3) 혁신을 추동하기 위한 새로운 방법론 모색의 필요성

앞서 우리는 4차 산업혁명 기술을 활용하여 군사력 건설과 운용 그리고 부대관리 등에서 혁신을 추동해야 하는 시대적 요구가 점점 더 거세지고 있음을 알게 되었다. 그런데 이러한 시대적 요구가 현장에서 제대로 구현되고 있을까? 4차 산업혁명 기술을 활용한 육군의 혁신 노력에 의문을 제기하는 이유는 육군의 '일하는 방식'에 근본적인 변화가 없었기 때문이다. 육군의 엘리트들은 1960년대에 당시에는 가장 혁신적이었던 '일하는 방식'인 전략기획을 군에 도입했고, 궁극적으로 정부가 일하는 방식도 바꾸어 놓았다. 그런데 4차 산업혁명기의 사회에서도 과거의 일하는 방식이 지속되고 있다는 것은 문제이다. 많은 육군의 엘리트들이 전략기획 과정에 매몰되어 문서와 씨름하며 노력과 시간을 허비하고 있는 것은 아닌가? 전략기획이 효용성을 다했다고 평가되는 현시점에서 이러한 육군의 일하는 방식은 많은 우려를 낳고 있다. 이에 대해 좀 더 자세히 살펴보자.

(1) 군이 일하는 방식으로서 '전략기획'의 효용성 의문[5]

전략기획은 기본적으로 사기업 경영에 적용하는 것을 목표로 발전된 이론이다. 전략기획에 관한 논의의 시작은 1920년대로 거슬러 올라가며, 경영학의 한 연구분야였다. 1950년대 후반에 이르면 미국에서 전략기획은 이론적인 논의가 거의 완성된 것으로 간주되었다. 더 이상의 발전이 없을 것으로 여겨질 만큼 논의될 수 있는 것은 다 논의되었다는 평가가 지배적이었다. 그런데 이러한 전략기획 프로세스가 공공부문, 특히 국방분야에 도입되면서 새로운 국면이 열린다. 전략기획이 공공부문에 도입된 데는 현대 정부가 처한 사회적 압력이 크게 작용했다. 즉, 공공부문의 비효율성을 타개하고자 할 때 사기업에서 효과적으로 운영되었던 제도들을 공공부문 및 정부부처에도 적용할 것을 요구하는 사회적 분위기가 있었던 것이다. 공공부문과 정부부처 가운데 이러한 사회적 압력에 제일 먼저 부응하는 분야 중 하나가 국방부문이었다. 그런데 사기업에서 적용되었던 전략기획 모델을 국방부문에 적용하는 것에 무리는 없었을까? 쉽게 예상할 수 있었듯이 전략기획은 과도한 정보 요구, 문서주의, 전략과 집행의 괴

---

5 이 부분의 논의는 필자의 논문[부형욱, 「전략기획의 이론적 논의와 실무적 효용성 논의 간의 부정합에 관한 고찰」, ≪국방정책연구≫, 제27권 제2호 (2011)] 내용을 바탕으로 재구성했다.

리, 느린 반응 등의 문제를 양산했다.

이렇게 군과 공공부문의 전략기획을 도입한 결과가 만족스럽지 못했던 데는 전략기획이 근거하고 있는 기본 가정에 문제가 있었다는 해석이 뒤따랐다. 헨리 민츠버그(Henry Mintzberg)에 의하면 전략기획은 공식화(formalization), 분리성(detachment), 정량화(quantification), 사전결정(pre-determination)의 가정에 근거하고 있다. 이들 가정에 기반한 전략기획의 모습을 간단히 요약하면 첫째, 전략은 사전에 결정되어야 한다. 둘째, 전략가는 일상적인 업무와 분리되는 전략적 사고에 전념해야 한다. 셋째, 전략 형성과정은 제도화될 수 있다. 넷째, 전략 형성은 정량적 데이터에 기반해야 한다는 것이다.

그런데 이러한 전략기획의 제 가정에 문제가 있었기 때문에 실제 적용에 있어 여러 가지 문제가 발생할 수밖에 없었다는 주장이다. 먼저, 전략기획은 '전략'이 사전 결정되는 것을 상정하고 있는데 이것이 잘못된 것임을 지적한다. 즉, 이러한 전제는 세계가 안정적이며, 추세가 우호적인 상황에서나 가능한 주장이라는 것이다. 외부 세계를 우리의 의도대로 통제하지 못하는 경우, 변화가 과거 추세의 연장을 벗어나는 경우에 사전결정에 대한 가정은 일종의 환상에 불과하다는 것이다. 둘째, 분리성의 가정에 의하면 제대로 된 전략기획을 위해서는 일상 업무와 절연될 필요가 있음을 강조하고 있으나 이는 잘못된 논리라는 것이다. 즉, "전략기획을 일상 업무에서 분리시키고 충분한 시간과 노력을 투입하면 당면한 문제해결의 '전략'이 나오는 것인가?"에 대해 의문이 제기되었기 때문이다. 또한 분리성의 명제에 의하면 '전략적 사고자(strategic thinker) 혹은 기획가(planner)는 나무가 아닌 숲을 봐야 한다'는 것인데, 사실 나무와 숲을 동시에 보는 것(Seeing the forest and the trees)이 맞는다는 비판도 제기된다. 여기에 전략기획을 실행하다 보면 일상 업무가 기획 기능을 구축(Daily routine drives out planning)하는 그레샴의 법칙(Gresham's Law of planning)이 작용된다는 문제도 발생했다.

공식화와 정량화의 오류는 다음과 같이 지적한다. 전략 형성과정이 공식화될 수 있다는 가정, 다시 말해, "혁신은 제도화될 수 있다(innovation can be institutionalized)"는 가정의 기저에는 시스템이 이를 가능하게 한다는 믿음이 있다. 그런데 이 가정과는 다른 실패 사례들이 상당히 많이 목격되고 있다. 무엇보다 공식적 기획 과정이 창조성을 저해하고 있다는 것이다. 이는 어쩌면 당연한 것으로, 사람은 창조적일 수 있으나 시스템은 그렇지 못할 것이기 때문이다. 전략기획에 기초하여 일을 하다 보면 단순한 기획 절차로 인해 효과를 보지 못한 것에 대한 대응으로, 세부적인 사항까지 세세히 규율된 기획 절차를 마련하는 일이 다반사이다. 그런데 대부분의 경우, 이러한 대응조치는 종종 더 큰 실패를 초래하게 된다.

또 전략기획은 정량화된 자료를 중시하지만 이들 자료는 현실에 내포된 다양한 상황과 의미, 그리고 맥락을 결여한 경우가 많다. 정량화된 자료는 비경제적인 요소 및 정성적인 요인에 대한 정보를 결여하고 있는 경우가 많기 때문이다. 게다가 정량화된 자료를 강조하다 보면 적시성이 떨어지는 자료가 이용되는 경우가 많고, 이는 신뢰성의 문제로 연결되기도 한다. 결국 정량화된 자료와 공식화된 절차에 의존하는 전략기획은 오류로 귀결될 가능성이 매우 높아진다는 것이다.

(2) 복잡계로서의 육군과 전략기획

과거 개발연대에 군 엘리트들은 선진 관리기법을 가장 먼저 군에 적용해 보고, 이를 국가 시스템에 적용하는 데 앞장섰다. 근대화라는 목표를 추구하는 데 있어 이러한 시도는 큰 성공을 거뒀다. 그러나 사회가 복잡해지고 다양한 가치가 추구되면서 개발연대에 적용되었던 관리기법의 부작용이 나타나기 시작했다. 전략기획이 대표적인 사례이다. 앞서 논의한 바와 같이 전략기획은 이론적 측면에서 적실성이 떨어지는 가정에 기반하고 있고, 이 때문에 과도한 정보 요구, 문서주의, 전략과 집행의 괴리, 느린 반응 등의 문제를 양산했다. 여기에 추가할 것이 있는데, 그것은 전략기획이 복잡성을 과소평가하고, 전략기획이 대상으로 하는 조직과 체계의 복잡계적 특성을 간과하고 있었다는 점이다.

복잡계는 용어 자체에서 알 수 있듯이, 조직 혹은 어떤 시스템이 '복잡'하다는 것을 전제로 한다. 즉, 다양하고, 다수의 행위자 및 요소들이 상호 연결되어 있는 시스템을 상정하며, 하나의 시스템은 경험 혹은 과거의 결과로부터 학습을 통해 스스로 변화해 나가는 특성을 지닌다고 보고 있다. 복잡계는 주식시장을 분석하거나, 군집생활을 하는 곤충(예: 개미군락 연구), 뇌과학, 면역학을 연구하는 프레임워크로 사용된다. 복잡계를 연구함에 있어서 중요한 개념은 '출현(emergence)'과 '자기조직화(self-organization)'이다.

조직 과정에 대한 합리적인 접근(rationalist's approach)을 취하는 이들에게 전략기획은 좋은 도구였다. 이들에게 전략기획의 제 가정은 합리적이고 효율적인 것들이었다. 그러나 조직, 더구나 육군과 같이 큰 조직을 다른 각도에서 바라보는 이들에게 전략기획은 어느 정도 예정된 '방식'이었다. 특히 조직 과정을 복잡계(complex system)로 보는 입장에서는 더욱 그러했다. 복잡계 이론가들은 합리주의자적 접근에서 볼 때 비합리적이라고 보는 것이 중요하다고 여기는 경우가 많으며, 원인과 결과가 선형적으로 연결되지 않는, 이른바 비선형성(non-linearity)을 오히려 일반적인 현상으로 보는 경우도 많다.

육군은 조직의 규모 측면에서 당연히 복잡계적 특성을 강하게 가지고 있다. 그런데 이러한 현실과 괴리된 가정에 입각한 일하는 방법으로서의 전략기획을 적용함으로써 문제가 발생했던 것은 어쩌면 당연한 일이었다. 육군과 같은 조직에서는 사기업처럼 기민하고 신속하게 환경에 대응하는 사례를 기대하기 어렵기 때문이다. 육군은 이윤이라는 단일의 가치를 추구하는 기업과 달리 고도의 정치성을 내포하는 환경에 처해 있다. 병과별 이익도 첨예하고 이로부터 파생되는 이해관계자도 상당하다. 이러한 복잡계적 특성을 외면하고 전략기획을 운용했기 때문에 육군의 전략기획 체계는 보다 경직되고, 변화에 비탄력적인 특징을 보여 주었다. 이러한 문제점을 안고 있는 육군의 일하는 방식으로서의 전략기획은 육군의 미래 역할을 완수하는데 제한적일 수밖에 없을 것으로 보인다. 새로운 방법론이 필요하다는 이야기이다.

3. 새로운 '일하는 방법'으로서의 페일-패스트 전략

1) 페일-패스트 전략 개관

페일-패스트 전략은 복잡하고 급변하는 비즈니스 환경에서 생존하기 위해 사기업이 빠른 시간 안에 시장이 원하는 제품을 낮은 개발 비용을 지불하고 생산하기 위해 고안된 일종의 경영 전략이다. 페일-패스트 전략은 완벽한 제품을 만들기 위해 충분한 시간을 사용하고 시장에 나가면 이미 시장의 선호는 다른 쪽에 가 있는 경우가 많기 때문에 시장의 요구에 적정 수준으로 부응하는 제품을 빠르게 출시하는 것이 타당하다는 입장을 취한다. 즉, 완벽(perfection)보다는 굿-이너프(good enough) 수준의 제품을 빠른 시간 내에 시장에 내보내고 피드백을 받는 것이다. 페일-패스트 전략은 이러한 과정을 빠르게 반복(iteration)하다 보면 시장의 요구와 동조화될 수 있다고 본다.[6]

제약업계에서는 페일-패스트 전략을 퀵-킬(Quick-kill) 모델로 부르면서 신약 개발에 적용하고 있다.[7] 퀵-킬 모델은 신약 개발의 제 단계에서 진행-중지(go/no go) 의사결정을 하게 되는데 시행착오를 줄이기 위한 방안을 찾으려 한다. 퀵-킬 모델에 의하면 신약 개발은 결

[그림 2-1] 퀵-킬 모델

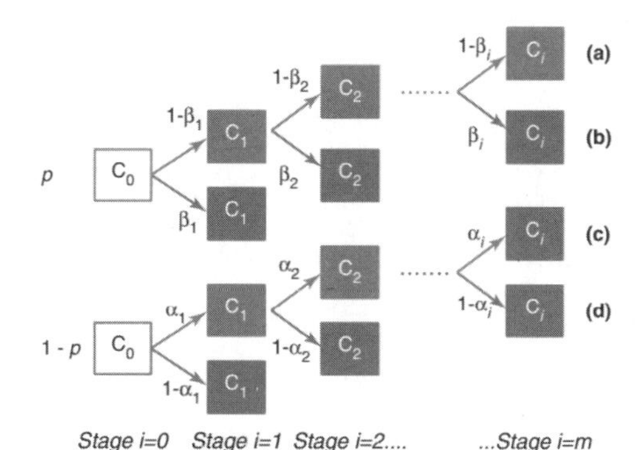

주 1: p는 새로운 약품이 시장 출시될 수 있는 확률.
주 2: α는 허위음성(false-negative), β는 허위양성(false-positive) 확률.
자료: Lendrem(2013).

6 Giles, 앞의 책.

7 Dennis W. Lendrem, "Torching the Haystack: Modelling fas-fail strategies in drug development," *Drug Discovery Today*, Vol. 18 (2013), pp. 331~336.

과적으로 [그림 2-1]과 같은 네 가지 경우(a~d)에 처하는데, a는 개발 성공(hit), b는 오류(miss), c는 종말단계 실패(late stage failure), d는 성공적 중지 결정(quick-kill)이 된다. 퀵-킬 모델은 대안 a 혹은 d에 빨리 도달할 수 있도록 하는 것을 목표로 하고 대안 b와 c로 이르는 길을 조기에 차단할 수 있게 하려 한다.

퀵-킬 모델은 가급적이면 초기 단계에서 진행-중지 의사결정을 내리는 것이 바람직하다고 보고 있다. 그리하여 신약 후보물질을 동물 실험을 하고, 50~200명의 환자를 대상으로 하는 임상실험 진행 단계[8]의 효과성 판단을 중시한다. 이 단계에서 안전기준에 맞는지, 신약 개발목적에 부합한지, 결과의 통계적 유의성이 있는지, 시험이 복제 가능성이 있는지 여부를 집중적으로 평가하는 것이다. 제약업계에서는 신약 후보물질의 90%가 개발 단계에서 탈락한다는 사실을 고려할 때, 초기에 진행-중지 의사결정이 내려진다면 전체적인 프로젝트의 위험도를 낮추는 것이라고 보고 있다. 결국 페일-패스트 전략의 현실 적용에서 중요한 목표는 '빨리 실패하기(fail-early)'에 있다.

이러한 페일-패스트 또는 퀵-킬 모델은 육군에 많은 시사점을 주고 있다. 즉, 다양한 대안의 조합 중 기준에 맞지 않는 대안은 조기에 중지함으로써 예산과 노력의 낭비를 방지하고, 이 과정을 빠르게 반복함으로써 안보환경에 기민하게 적응할 수 있도록 해야 할 것이다. 장기 기획에 엄청난 자원과 노력을 쏟아부었지만 결과적으로 안보환경에 맞지 않는 결과물을 도출한 경우가 얼마나 많았던가를 생각해 보면 페일-패스트 전략이 육군에 주는 함의가 어떤 것인지 짐작할 수 있을 것이다.

---

8 이를 제약업계에서는 phase II-a 단계라고 부른다.

2) 페일-패스트 전략 추진 시 전제되어야 할 사항

(1) 굿-이너프 지향과 반복의 강조

페일-패스트 전략에서 중요한 것은 '완벽'을 추구하는 것이 아니라 '굿 이너프'를 추구하면서 피드백을 통해 문제해결에 도달하는 과정을 '반복'하는 것이다. 이러한 '반복'은 결과적으로 긍정적인 자기 촉매적 피드백 루프(autocatalytic feedback loop)를 구현하고 속도감 있게 문제해결에 근접해 갈 수 있는 기제를 만들어 낸다. 페일-패스트 전략의 요체는 속도에 있고, 속도가 '질'로 전환되는 상태를 만들어 낼 수 있다는 전제를 하고 있는 것이다.

페일-패스트 전략은 시스템을 복잡계로 전제하고 있으며, 체계 내의 작은 변화가 긍정적이고 자기 촉매적 피드백 루프를 통해 강화되어 궁극적으로 체계 전반의 혁신을 도출할 수 있다고 본다. 또한 페일-패스트 전략은 새로운 기술이 원래 의도하지 않은 용도로의 전환도 자극한다. 몇몇 IT 기업에서 이런 상황이 흔히 관찰된 바 있는데, 새로운 기술 또는 도구가 창의적 변화를 거쳐 의도치 않은 산업 생태계를 만들어 냈던 것이다. 속도, 굿 이너프 해결책의 추구, 반복 등을 중시하는 페일-패스트 전략은 이른바 기술의 '인접 가능성(adjacent possible)'을 찾아내고 이를 혁신으로 이어 가는 데 탁월한 효용성이 있다는 것이다.

(2) '빠르고 안전한 실패'가 용인되는 리더십과 조직문화

페일-패스트 전략을 구현하는 데 있어 효과적인 리더십과 관련하여 가장 중요하게 여겨지는 것은 리더들이 새로운 마음가짐을 가져야 한다는 것이다. 즉, 급격한 변화에 있어 실패는 필수 불가결한 요소라는 것을 인식함으로써 '빠르고 안전하게 실패(fail fast and safely)' 할 수 있도록 구성원들을 적극적으로 격려하는 태세를 갖춰야 한다는 것이다. 그리하여 페일-패스트 전략을 추진하는 리더는 구성원들이 자유롭게 실험할 수 있는 환경을 조성함으로써 '자기조직화'할 수 있도록 하며, 조직원들이 도전할 수 있도록 너무 과하거나 느슨하지 않은 정도로 촉진자 및 중재자 역할을 수행할 수 있어야 하며, 급격한 변화에 수반되는 실패를 포용함으로써 빠르고 안전하게 실패할 수 있도록 해야 한다. 이런 리더십이라야 휘발성이 높고, 불확실하며, 복잡하고, 모호한(VUCA[9]) 환경에서 생존과 성공을 담보할 수 있다는 것이다.

통상적으로 군은 강하고 완벽한 모습을 지향하며, 이러한 분위기가 조직 전체에 퍼져서 공고한 조직문화를 형성하고 있다. 그런데 종종 이러한 조직문화는 병리적 현상을 야기한다. 미 육군의 문화와 관련하여 흥미로운 연구가 다수 진행되었다. 르위스(2004)는 미 육군의 문화로 무결점 정향(zero-defect mentality), 미시관리(micro-management), 그리고 신뢰 부족을 들었다. 그는 이러한 미 육군 문화의 특성은 소장 장교들에게 과중한 부담을 주고 있다고 보았다. 소장 장교들은 병사와 고위 정책 결정자들을 연결하는 중요한 위치를 점하고 있는데, 이들이 미 육군이 보유한 부정적 문화 때문에 육군을 떠나고 있고, 이 때문에 경험이 없고, 미숙한 소장 장교들로 현장이 채워지는 결과를 낳고 있다는 것이다. 문제는 이런 경험이 없고 미숙한 소장 장교들에 대해 무결점을 지향하는 미 육군의 문화적 압력은 고위 지휘자들의 미시관리를 부추기며, 이 때문에 조직 전반에 불신이 팽배하는

9 Volitility, Uncertainty, Complexity, and Ambiguity를 줄인 말이다.

악순환이 지속된다는 것이다.

우리 육군도 정도의 차이는 있지만 미 육군이 가지고 있는 무결점 정향의 문화를 가지고 있는 것으로 보이고, 리더들의 무결점에 대한 강박 때문에 실무자들을 미시관리의 대상으로 간주하면서 창의적이고 실험적인 행동을 억제하는 결과를 초래하고 있는 것으로 보인다. 김동식 외(2003)는 육군에 수평적이고 신속한 의사결정을 할 수 있는 문화가 형성되어 있지 못하다고 보고하고 있으며, 권혁철·이창원(2013)은 우리 군의 조직문화를 실증적으로 들여다본 결과 혁신지향 문화가 가장 약하다고 보고하고 있다. 이러한 조직문화와 앞서 논의한 복잡하며, 현실적이지 않은 가정에 기초한 '일하는 방법'인 전략기획이 버무려지면 어떤 결과가 초래될지 미루어 짐작할 수 있다. 페일-패스트는 매우 수평적이며, 실험적인 분위기가 보장되어야 추진할 수 있는 일하는 방법이다. 이를 위해서 리더들이 변해야 하고, 이러한 변화가 중·장기적으로 조직문화를 변화시킴으로써 육군에 뿌리내릴 수 있게 된다.

조직문화의 다른 측면으로 잉글리시(2004)가 지적한 점도 유념할 필요가 있다. 잉글리시는 미 육군의 문화를 '비적응적 문화'로 규정하면서 미 육군 지도부가 편협하고, 정치적이며, 관료적으로 행동함으로써 자신들의 이익을 지키려는 사람들로 구성되어 있다고 비판한 바 있다. 잉글리시는 이러한 주장에 곁들여 미 육군 지도부가 체제 전반을 개혁하려는 움직임에 저항하는 특성이 있으며, 이는 환경 변화와 과거의 교훈에서 배우려는 시도를 좌절시키는 형태로 종종 발현되었다고 주장했다. 한국에서는 군 문화, 특히 육군의 문화와 관련하여 이 정도로 비판적인 주장을 개진한 사례를 찾아보기 어렵지만 과연 우리 육군이 이러한 비판에서 자유로울 수 있을지 의문이다. 만일 우리 육군의 조직문화도 '비적응적 문화'의 특성을 갖고 있다면 페일-패스트 전략의 구현에 상당한 장애로 작용할 것이다.

마지막으로 흥미 있는 지적은 레코드(2005)의 연구에서 도출된다. 그는 미 국방성 기획가들이 군사적 해결책을 모색하는 데 있어 기술적 측면을 비정상적으로 강조하는 특성이 있다고 주장했다. 그는 이런 경향성 또는 문화적 특성이 전통적 재래전에서는 효과적인 전략이었을지 몰라도 미래의 전장에서는 효과적이지 못할 것이라는 점을 강조했다. 더욱 심각한 문제는 이러한 상황에서 미 국방성 기획가들은 기술 의존적 문제해결을 선호했으며, 이러한 국방성 기획가들의 행태가 미 육군의 문화적 특성과 깊이 연관되어 있다는 것이다. 이러한 미 육군의 기술 의존적 문화에 대한 비판은 우리 육군에도 거의 그대로 적용될 수 있을 것으로 보인다. 사실 이 글에서 논의하고 있는 페일-패스트 전략도 제대로 추진되지 않으면 단순히 어떻게 기성의 4차 산업혁명 기술을 무기체계 개발에 적용할 것인가의 문제로 수렴될 가능성이 있어 보인다. 이러한 지적들은 페일-패스트 전략을 적용하는 과정에서도 유심히 관찰되고 보정되어야 할 문제이다.

(3) 중·장기적 시야

언뜻 보기에 페일-패스트 전략은 자원과 시간의 소모를 방지할 수 있는 탁월한 접근 방법처럼 보이지만 경험 자료에 의하면 긍정적인 측면만 있는 것은 아니다. 페일-패스트 전략을 활용하여 어떤 결과가 도출되었는지, 혹은 얼마나 더 효과적인 결과를 도출할 수 있는지에 대한 실증적 연구는 매우 제한된다. 더구나 국방분야에서 이를 실증할 수 있는 연구를 설계하는 것은 거의 불가능해 보인다. 따라서 페일-패스트 전략을 채택했을 때 어떤 효과가 있는지를 주장하기 위해서는 국방 이외의 분야에서 실시된 실증연구를 통해 간접적인 증거를 제시하는 수밖에 없다. 페일-패스트 전략을 집행했을 때의 결과를 가장 활발하게 연구하고 있는 분야 중 하나는 앞서 언급한 바 있는 제약산업인데, 여기서 페일-패스트 전략의 유용성에 대한 논의와 이를 실증한 연구를 발견할 수 있었다.

[그림 2-2]는 제약업계에서 페일-패스트 전략을 적용했을 때의 장기적 효용성 보여 주고 있다. 흥미로운 것은 페일-패스트 전략을 적용한 경우 초기에 페일-패스트 전략에 의거한 접근은 기존의 접근보다 경제성이 있고 신속성을 담보하지 못하는 경우가 있었다는 점이다. 비용과 시간의 소모 측면에서 기존의 접근보다 낫다고 보기 어려운 경우가 있을 수 있다는 것이다. 그러나 같은 전략의 적용 기간을 30년으로 잡았을 때의 결과를 보면, 페일-패스트 전략을 적용한 경우가 중·장기적인 측면에서 결과적으로 비용과 시간의 절약을 가져온

[그림 2-2] 페일-패스트 전략의 효과

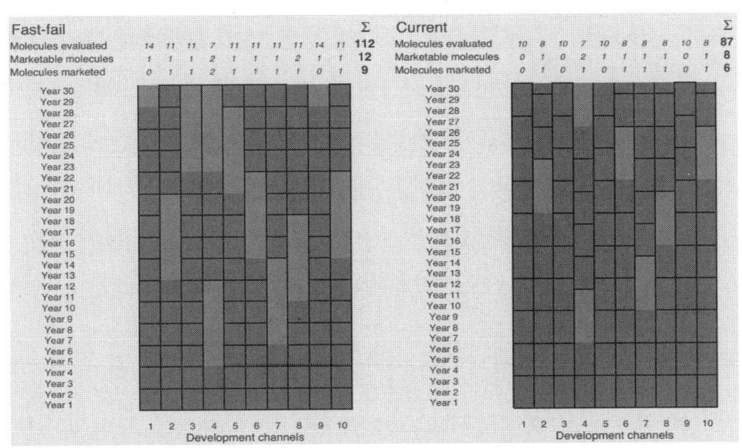

주: 연한 회색은 제품화 가능한 분자(molecules), 진한 회색은 제품화될 수 없었던 분자.
자료: Lendrem(2013).

다는 점이 확인되었다.

이와 같은 실증연구 결과가 육군의 정책 결정자들에게 주는 시사점은 무엇인가? 페일-패스트 전략을 육군의 새로운 일하는 방법으로 채택한다면 중·장기적인 시계(視界)를 가져야 한다는 점이다. [그림 2-2]에서 보듯이 페일-패스트 전략을 취했을 때 결과적으로 더 많은 성과를 냈지만 성공시킨 제품을 검토하는 단위 기간은 어떤 경우에는 기존의 방법보다 더 길었고, 비용도 더 많이 소요되었다. 페일-패스트 전략의 이런 특성을 도외시하고 단기적 효과를 목표로 같은 전략을 채택한다면 많은 혼란이 올 수 있다는 점을 감안해야 할 것이다.

3) 페일-패스트 전략의 제도적·조직적 구체화 방향

다음으로 페일-패스트 전략이 순조롭게 적용되기 위해서는 육군 조직 차원의 변화가 있어야 한다는 점이다. 앞서 논의한 바와 같이 같은 전략은 기본적으로 조직을 복잡계로 보고 이에 부응한 관리전략과 리더십이 적용될 것을 상정하고 있다. 자기조직화 현상을 촉진하며, 긍정적인 피드백(positive feedback)을 통해 조직을 학습 조직(learning organization)화하려 한다는 것이다.[10] 이러한 기반이 조성되어야 페일-패스트 전략이 제대로 구현될 수 있다. 기존의 관료적 리더십에 익숙한 의사결정자와 레드-테이프(red-tape)에 익숙한 구성원이 행태적 변화를 취하지 않는 한 페일-패스트 전략은 거대한 실패를

---

10 육군의 학습 조직화는 실로 엄청난 도전이다. 매년 엄청난 수의 인적자원들이 육군에 들어오고 또 육군을 떠나는 상황에서 이들이 개별적으로 획득한 지식과 경험이 어떻게 조직의 지식과 경험으로 전환될 수 있을지에 대해 진지하게 연구해야 할 것이다.

양산할지도 모른다.[11]

페일-패스트 전략을 육군에 적용함에 있어서 어떤 제도와 조직 구성이 필요한지에 대한 논의도 필요하다. 장기적으로 전 육군이 학습 조직화되기 위해서는 다양한 분야에서 자기조직화 현상이 일어나고, 이것이 긍정적인 피드백 현상으로 증폭될 수 있어야 한다. 하지만 이것은 많은 시간이 소요되는 일이고 가능해 보이지도 않는다. 즉, 육군 전체를 '얼리 어답터(early adopters)'로 유명한 나이키(Nike Corporation)의 경우처럼 변화시키기는 어려울 것이라는 이야기이다. 실제로 나이키의 조직구조는 공동화 기업(Hollow Corporation), 무경계 조직(Boundaryless Organization)이라는 평가가 있는데, 이를 육군에 일괄적으로 적용하여 재구조화하는 것은 바람직해 보이지 않는다. 육군은 워낙 거대한 조직이고 단순하고 반복적인 임무를 수행해야 하는 조직도 상당히 많기 때문이다.

따라서 육군은 혁신의 중심이 될 수 있는 조직을 만들고 이를 확산시키는 전략을 취하는 것이 타당하다. 육군의 혁신 중추는 초기에 페일-패스트 전략에 의거하여 현재의 임무와 역할을 현재와 다른 기술과 무기를 사용하여 수행할 수 있도록 혁신하거나, 현재의 기술과 무기를 활용하여 새로운 임무와 역할을 모색하면서 '초기 성공'을 거둘 수 있도록 해야 한다. [그림 2-3]에서 보듯 이러한 분야는 혁신의 강도가 상대적으로 덜 요구될 것이므로 초기 성공을 거두는 데 어려움이 없을 것이고, 이러한 초기 성공에 기반하여 가장 도전적인 2사분면으로 이행할 수 있도록 해야 할 것이다. 이런 조건이 갖춰진다면

11 상황이 급변하고 빠른 혁신이 요구되는 경우에 어떤 조직의 구조가 효과적인가에 대해서는 많은 연구가 행해져 왔고, 다양한 해법이 제시되어 왔지만 공통된 의견은 어쨌든 관료조직으로는 안 된다는 것이다.

[그림 2-3] 신/구 임무·역할 대(對) 신/구 기술·무기의 조합

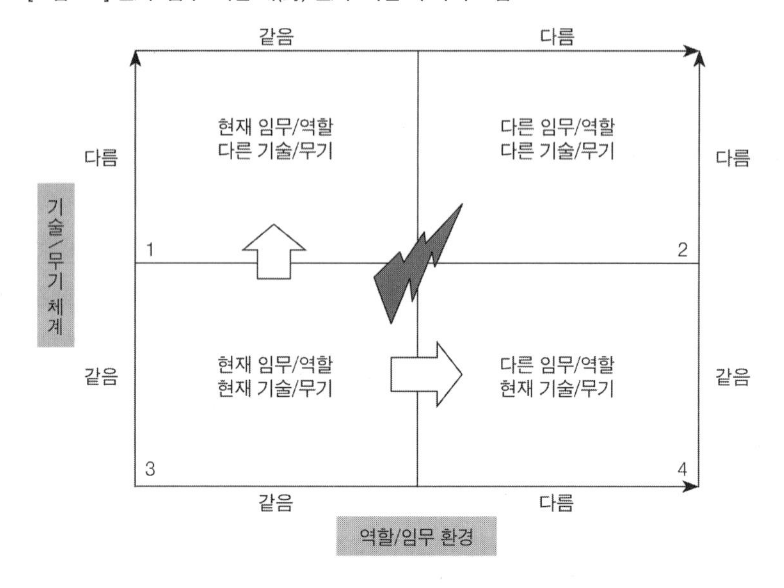

현재와 다른 임무와 역할을 현재와 다른 기술과 무기로 수행할 수 있도록 혁신하는 도전적인 과업이 상대적으로 수월하게 추진될 수 있을 것이다.

이는 실증연구를 통해 도출된 결과이고 경영이론에서 권고하는 방법이기도 하다. 즉, 페일-패스트 전략과 관련해서 통상적인 믿음은 '빠른 실패, 빠른 중심 잡기(Fail Fast, Pivot Quickly)'가 맞다고 받아들여지지만 이는 하나의 '신화' 또는 '오해'이며, 점진적인 중심 이동이 현실적임을 주장하는 것이다(Virk, 2020). 즉, 실리콘밸리 IT 기업의 행태를 관찰한 R. 버크(R. Virk)에 의하면, 많은 사람들이 실리콘밸리의 기업들은 빨리 실패하고 다른 사업 아이템을 찾는 루프를 빠른 속도로 진행하는 것으로 생각하지만 현실적 적용은 우리의 기대와는 좀 달랐다고 보고한다. 성공적인 IT 기업은 과거에 크게 이윤을 창출

했던 사업부문이 조금 침체되었을 때, 이를 빠르게 퇴출시키고 다른 사업 아이템으로 중심을 이동하지 않았다는 것이다. 그 대신 중심 이동을 보다 점진적으로 했을 때, 과거 성공의 과실을 좀 더 향유하면서 새로운 시도를 안전하게 할 수 있다고 주장했다. 이는 페일-패스트 전략이 내포하는 정신에 반하는 행태로 보일 수 있다. 그러나 페일-패스트 전략을 통해 빠른 초기의 성공을 일구고 이를 자양분으로 다음번 성공을 도모하기 위해 초기 성공의 과실을 좀 더 향유하는 것은 합리적인 의사결정으로 판단된다. 이는 또한 페일-패스트 전략의 구동에 대해 안정감을 부여하면서 페일-패스트 전략의 수용성을 높여 주는 측면도 있다. 페일-패스트 전략이 끝없는 실험의 연속으로 이해된다면 이 전략을 채택하는 데 상당한 심리적 부담이 느껴질 것이기 때문이다.

페일-패스트 전략을 도입하는 것에 대한 육군 내부의 공감대가 형성된다면 앞서 언급한 '혁신의 중추'에서 이를 구동시키고, 여기서 초기 성공을 거두면 그 과실을 향유하면서 다음을 준비하면 된다. 구체적인 구현 형태의 예로 신속시범획득사업과 같은 것을 들 수 있다. 신속시범획득사업은 민간의 창의적인 신기술이 적용된 제품을 구매하여 군에서 시범 운용 후 소요 결정과 연결하여 신속히 전력화하는 것이다. 그러나 페일-패스트 전략이 신속시범획득사업과 유사한 측면이 있으나, 이 전략은 새로운 기술을 전장에 적용할 수 있는가 여부를 빠른 시간 내에 결정하고, 이를 기반으로 새로운 군사력 운용 개념까지 도출하는 것을 목표로 한다는 점에서 포괄하는 범위와 심도의 차이가 있다고 할 수 있다. 아무튼 페일-패스트 전략의 구체적 구현 형태는 신속시범획득사업과 같은 것을 통해 미루어 짐작해 볼 수 있으며, 이러한 구체적인 제도화 방안들은 페일-패스트 전략을 구동하는 '혁신의 중추'만 제대로 꾸린다면 이곳에서 지속적으로 고안해 낼 수 있을 것이다.

4. 혁신의 확산과 관리를 위한 정책 방향

다방면에서 제기되는 도전에 대해 육군이 창의적인 일하는 방법으로써 페일-패스트 전략을 수용한다면 문제해결을 위한 방향성 정립 측면에서는 큰 문제가 없어 보인다. 그런데 몇 가지 유의해야 할 사항이 있다.

첫째, 페일-패스트 전략을 구동하는 것은 하나의 학습 과정으로 이해되어야 한다. 앞서 논의한 바와 같이 육군에게 요구되는 것은 단순히 4차 산업혁명 기술의 수용을 넘어 이를 조직 전체에 창의적으로 적용하는 데 있으며, 이를 위해서는 육군 전체가 학습 조직이 되어야 한다. 더구나 페일-패스트 전략을 구동하는 혁신의 중추는 이러한 학습 조직화를 더욱 가속화하는 역할을 수행해야 한다. 혁신의 중추가 어디가 되어야 할 것인가에 대해서는 별도의 논의가 필요한데, 필자의 판단으로는 지금의 육군 정책실과 미래혁신센터가 융합된 형태의 정책-연구 복합체를 구상할 필요가 있다.

둘째, 페일-패스트 전략은 조직의 관리와 통합되어야 한다. 즉, 페일-패스트 전략은 혁신관리의 과정으로 이해되어야 한다. 육군에서 페일-패스트 전략을 도입하는 것은 앞서 제약업계에서 신약 개발을 위한 퀵-킬 모델을 논의한 것과는 다른 차원에서 이뤄져야 하는 것이다. 신약 개발을 위한 잠재약물 검사를 위해 새로운 약물 테스트 방법론으로 페일-패스트 전략을 논의하는 데 그쳐서는 안 된다. 페일-패스트 전략을 활용하여 4차 산업혁명 기술 중 무기화하는 대상 기술을 스크리닝(screening)하는 것도 중요하지만 페일-패스트 전략을 활용하여 4차 산업혁명이 내포한 파괴적 혁신을 육군 내에 정착시키는 것이 더욱 중요하기 때문이다. 페일-패스트 전략을 활용한 조직관리가 일상화되었을 때 혁신의 확산과 관리가 더욱 탄력을 받을 것이다.

셋째, 페일-패스트 전략이 성공하려면 육군 지휘부의 적극적인 지지와 관심이 필요하다. 페일-패스트 전략은 현재의 전략기획과는 달리 최고위층의 직접적인 개입과 보다 많은 시간적 참여가 불가피하다는 점도 유념할 필요가 있다. 페일-패스트 전략 구동과정에서 중요한 것은 최고 결정권자가 어떤 기술은 빨리 버리고, 어떤 기술을 더 시도해 볼 것인지에 대한 방향성을 제시해 줘야 하며, 이를 어떻게 창의적 군사력 운용과 연결시킬 것인지에 대한 방향성도 제시해 줄 필요가 있다는 것이다. 당연히 최고 관리자가 많은 시간과 노력을 여기에 투입해야 한다. 여기서 더 나아가 페일-패스트 전략을 육군의 혁신관리 도구로 인식하고 관리적 효용성을 극대화하려면 최고위급이 투여해야 할 시간과 노력은 더욱 많아져야 한다. 이것이 보장되지 않는다면 지금의 전략기획처럼 조직 역량의 상당 부분을 투입하고도 적절한 타이밍을 놓치는 기획 과정이 반복되며, 새로운 형태의 관료화가 진행될 뿐이다. 따라서 페일-패스트 전략을 혁신관리의 도구로서 활용한다면 최소한 참모총장의 사전제어와 사후환류(feed-forward and feedback) 장치를 강화하는 방안을 검토할 필요가 있다.

넷째, 페일-패스트 전략 구현을 위한 인적·물적 자원과 권한을 확보해야 한다. 빠르고 안전한 실패를 용인하는 것이 페일-패스트 전략의 기본 구동요건이다. 앞서 페일-패스트 전략이 제대로 구동되려면 조직문화가 바뀔 필요가 있다고 했지만 사실 문화를 바꾸는 일은 너무나 오랜 시간이 걸린다. 문화가 바뀌지 않아 새로운 혁신의 시도가 좌절되었다고 말하는 것은 어떻게 보면 무책임한 측면이 있다. 조직의 문화라는 것은 공식적이고 제도적인 장치를 바꿈으로써 다소 변화를 줄 수 있다. 물론 그래도 변화하지 않는 것이 문화이기는 하지만 말이다. 아무튼 문화를 바꾸는 일은 논외로 하더라도 새로운 혁신 전략을 구동하는 데 있어 인적·물적 자원을 지원하는 일은 최대한 보장해야 한다. 이것이 확보되지 않는다면 페일-패스트 전략을 논의하는 것 자체가 시간 낭비라고 말할 수밖에 없다.

다섯째, 페일-패스트 전략의 구동은 참여적 과정이 되어야 한다. 페일-패스트 전략이 구동되면 현재 육군의 전략기획을 구동했을 때보다 더 많은 참여자의 이해관계가 더 빨리 결정된다. 페일-패스트가 추구하는 것이 바로 그것이기 때문이다. 그런데 육군과 관련된 이해관계자들은 오랜 기간 육군과 이해가 얽혀 있고, 기득권을 주장할 수 있다. 페일-패스트 전략을 조직관리 과정으로 활용한다면 육군 내부에서도 다양한 이해관계의 변화가 발생할 것이다. 그렇지 않아도 필자는 앞에서 육군조직을 복잡계라고 설명했는데, 새로운 전략을 구동하면 기존의 것에 더해 복잡성이 더욱 증가하게 될 것이다. 참여를 보장하고 갈등을 관리하며 합의를 도출할 수 있도록 해야 하는 이유가 여기에 있다.

여섯째, 페일-패스트 전략은 혁신적인 사고와 행동을 위한 수단이지, 기획문서의 작성에 너무 구속되어서는 안 된다. 페일-패스트 과정이 관료화된, 또 다른 전략기획이 되어서는 안 된다는 것이다. 현재의 전략기획을 위한 규정들을 보면 기획문서의 결재라인을 명시하고, 개별 기획문서가 어떤 상위문서를 참고하여 작성되어야 하는지에 대한 공식적인 지침만 제공하고 있다. 기획 관리규정을 아무리 읽어 보아도 전략 형성의 실제 프로세스를 포괄하는 실제적인 지침이 되지 못하고 있다.[12] 이 때문에 전략기획이 성공적으로 운용되지 못하고 있는 것이다. 이 점에서 전략기획 관련된 비판, 예를 들면, 잦은 전략회의를 거치면서도 결론을 내리지 못하고 수백 페이지짜리 방대한 기획서만 작성하고 별다른 성과를 내지 못하는 사례가 발생해서는 안 된다. 이는 페일-패스트 전략을 구동시킬 때 가장 유의해야 할 측면임을 명심해야 한다.

일곱째, 국방부문에서의 페일-패스트 전략은 사기업에서의 전략기획과 본질적으로 다른 상황적·제도적 맥락에서 수행될 것이기 때문에 이를 고려한 추진 방안이 도출되어야 한다. 현재 단일 조직으로서 육군의 규모를 따라올 수 있는 조직은 거의 없다. 육군은 다양한 임무와 역할을 수행하며, 공조직으로서의 특성도 가지고 있다. 국민과의 접점도 상당히 다양하다. 이 때문에 이윤 확보라는 단일의 목표를 추구하며, 소유주의 편의대로 주요 결정을 내릴 수 있는 기업과는 다른 정치·경제·사회·문화적 맥락 아래 있음을 유념해야 한다. 따라서 페일-패스트 전략을 추진함에 있어 이를 고려한 세부 방안이 도출될 필요가 있다. 무엇보다 페일-패스트 전략 추진방안을 논의할 때 중요한 것은 육군이 차지하고 있는 정치·경제·사회·문화적 맥락을 감안해야 한다는 것이다. 페일-패스트 전략이 일단 제도화(institutionalization)되면 이를 넘어서는 변화는 곤란하다는 현실적인 문제도 고려되어야 한다는 점에 유의하면서 결정을 내려야 한다는 것이다.

---

12 복잡한 박스(box)와 화살표로 묘사되는 육군의 전략기획 체계를 모두 이해할 수 있는 사람이 몇이나 될까 생각해 봐야 한다. 복잡하면서도 폐쇄적인 업무 체계를 기반으로 모두가 공감할 수 있는 전략이 형성될 수 있으리라고 기대하는 것은 무리이다.

이 외에도 페일-패스트 전략의 노하우를 어떻게 체계적으로 축적할 것인가의 문제, 페일-패스트 전략을 제대로 실행시키기 위한 인사 정책적 고려, 외부 전문가의 활용 문제도 검토되어야 한다. 그러나 이러한 방안들은 위에서 제기한 일곱 가지 문제와 비교하면 오히려 부차적인 것으로 판단된다. 육군의 정책 결정자들은 창의적이며 혁신을 추동할 수 있는 새로운 일하는 방법으로서 페일-패스트 전략을 수용하는 것을 검토할 때 상기의 유의사항을 유념하여 이론적 논의 맥락과 실무 차원의 논의 구도가 상호 괴리되지 않도록 신경을 써야 할 것이다. 그래야 육군 지도부가 의도하는 군사혁신이 제대로 구동될 수 있을 것이다.

제3장

4차 산업혁명 시대 육군이 나아갈 기술적 지향점과 한계

장기(長期)에서는 모든 가능성이 실현된다지만…

이근욱

1. 서론: 변화하는 세계의 변화하는 기술, 그리고 그 속도의 격차

현실은 항상 변화하며, 따라서 미래는 항상 움직인다. 이와 같이 끝없이 변화하는 미래와 현실의 움직임을 어떤 시점에서 정확하게 파악하는 것은 쉽지 않다. 기술 변화는 미래의 모습을 결정하는 유일한 요인은 아니더라도 가장 중요한 요인 가운데 하나이다. 시간이 지나면서 기술은 발전하고 변화하며, 초광속 비행이나 시간여행과 같이 과학적으로 불가능한 것을 제외한 대부분의 기술은 구현된다. 이러한 기술적 추동력에 기초하여 현실은 변화하며, 미래 또한 새로운 방향으로 움직인다. 변화를 일시적으로 거부할 수 있으며, 일부 변화를 영원히 거부하는 것은 가능하다. 하지만 이와 같은 거시적 변화 전체를 영원히 거부하는 것은 불가능하다. 유일한 선택은 이것에 어떻게, 그리고 보다 효율적으로 적응할 것인가이다.

현재와 미래를 변화시킬 기술은 4차 산업혁명이다. 이에 따르면 AICBM 기술에 의해, 즉 인공지능(AI)―클라우드 컴퓨팅(Cloud Computing)―빅데이터(Big Data)―모바일(Mobile) 기술에 기초하여, 이전까지는 통합되지 않았던 경제 및 산업 등 다양한 분야가 디지털 차원에서 통합된다고 한다. 기술발전은 사실상 모든 것을 변화시키며, 기술이 변화하면서 경제구조와 사회, 그리고 문화와 정치가 변화한다. 여기서 군사기술 및 군사력 또한 예외가 될 수 없다. 현재 논의되고 있는 4차 산업혁명과 AICBM 기술은 이전과는 다른 차원에서 혁명적인 군사혁신을 가져올 것이다.

한국은 이러한 잠재력에 주목하고 있다. 2020년 들어 문재인 대통령은 여러 차례 군사력 건설에서 기술발전이 가져오는 효과를 강조했다. 대통령은 특히 9월 공개된 제72회 국군의 날 기념사에서 "로봇, 드론, 자율주행차, AI와 같은 4차 산업혁명 기술을 활용한 무인전투체계도 본격적으로 개발"된다고 발표했으며, 7월 국방과학연구소를 방문한 자리에서 "고도화되는 다양한 안보위협에 대비해 더 높은 국방과학기술 역량을 갖춰야 한다"라고 지적하면서, "4차 산업혁명 기술을 적극적으로 접목해 디지털 강군, 스마트 국방의 구현을 앞당겨야 한다"라고 강조했다.[1] 이와 같은 평가는 대통령의 발언이기 때문이 아니라, 모든 사람들이 동의하는 사항일 것이다.

기술 변화는 끝없이 진행되며, 현재 논의되는 4차 산업혁명과 AICBM 기술 또한 그 끝없이 진행되는 변화 과정의 한 단계에 지나

---

1 국군의 날 기념사는 https://www1.president.go.kr/articles/9234에서 그리고 국방과학연구소 방문 발언은 https://www1.president.go.kr/articles/8923에서 찾을 수 있다(확인: 2020년 10월 11일).

지 않는다. 그리고 기술 변화의 영향을 받는 군사력 또한 끝없이 변화하며, 현재 논의되는 군사력 변화는 그 끝없는 변화 과정의 한 부분일 것이다. 이러한 측면에서 우리는 두 가지 질문을 던질 수 있다. 첫째, 현재 논의되는 기술 변화는 군사부분에서 혁명적인 변화를 가져올 것인가 아니면 진화적 수준의 발전을 가져올 것인가? 분명한 사실은 현재 기술발전이 진행되고 있으며, 이것이 군사력 구축에 큰 차이를 유발한다는 것이다. 이것은 자명하다. 그러나 그 변화의 크기에 대해서는 단언하기 어렵다. 많은 사람들이 혁명적인 변화를 예측하지만, 동시에 진화적 수준에서의 변화만이 가능하다는 신중론 또한 존재한다. 그렇다면 이러한 변화의 폭은 군사부분에서 어떠할 것인가?

둘째, 모든 변화는 ―그것이 불가능한 것이 아니라면― 시간이 지나면 실현된다. 문제는 여기서 어느 정도의 시간이 지나야 변화가 실현될 것인가이다. 경제학자 존 케인스(John M. Keynes)는 "장기(長期)에서는 모든 사람이 죽는다(In the long run, we are all dead)"라는 명언을 통해 경제정책에서 '장기'라는 시간대가 가지는 문제점을 지적했다.[2] 그렇다, 장기에서는 모든 사람이 죽고, 모든 기술적 잠재력이 실현될 수 있다. 하지만 보다 중요한 것은 끝없는 시간이 주어져서 모든 사람이 죽고 모든 잠재력이 실현되는 것이 아니라, 주어진 시간에서 현재 개발되고 있는 기술이 어떻게 그리고 어느 정도로 실현될 것인가의 문제이다. 즉, "모든 사람이 죽는 장기"가 아니라 향후 10년 또는 20년 후 시점에서 과연 어떠한 기술이 실현되고 그 결과 군사력이 어떻게 변화하는가이다. 이를 위해서는 2030/40년을 상정하고 논의를

2 해당 발언은 A Tract on Monetary Reform, Ch. 3 (1923), p. 80에 등장한다.

전개해야 하며, 지난 10년, 20년 동안의 기술 변화를 회고하면서 그 과정에서 나타난 기술발전의 상대적 속도 및 발전 방향의 차이에 주목해야 한다. 그렇다면 2030년 시점에서 우리에게 가능한 군사기술은 무엇이며, 이것을 어떻게 사용하도록 준비해야 하는가?

이와 같은 질문을 검토하기 위해 이 글은 다음과 같은 사항에 초점을 맞추려고 한다. 제2절에서는 현재 진행되고 있는 기술 변화에서 나타나는 특징을 토의할 것이다. 여기서 강조되는 부분은 4차 산업혁명이 기본적으로 디지털 혁명이며, 따라서 다른 기술과의 격차가 계속 확대되고 있다는 사실이다. 정보통신기술의 눈부신 발전에도 불구하고 그 밖의 다른 기술은 —예를 들어, 기계공학 분야는— 상대적으로 느린 속도의 기술혁신이 진행되고 있다. 그렇다면 이러한 기술혁신의 간극이 군사적으로는 무엇을 의미하는가? 제3절은 바로 이 질문에 집중한다. 즉, 정보통신기술은 고도로 발달되었지만 다른 기술은 빠르게 변화하지 않는 기술 상황에서 2030년 시점의 미래 군사기술 환경을 전망하는 것이다. 제4절은 2030년 시점에서 군사기술을 논의하는 경우에 주의해야 할 사항을 제시하고자 한다. 즉, 상대방의 반응과 그에 대한 우리의 대응이 가져오는 상호작용과 군사기술의 미래와 함께 그 군사기술을 사용하는 정치환경의 모습에 대한 논의이다. 마지막 제5절은 전체를 통합하는 결론이다.

2. 현재 기술발전과 그 특징: 정보통신기술 혁명의 특이성

기술발전의 속도는 가공할 수준이다. 특히 정보통신기술 분야에서 나타나는 변화의 속도는 너무나 빠르기 때문에, 지속적으로 새로운 기기가 등장하며 기존의 기술은 여전히 사용이 가능하지만 폐기되는 경우가 흔하다. 하지만 바로 이와 같이 눈부신 정보통신기술의 발전이 4차 산업혁명의 근본적인 동력이며, 향후 세계를 변화시킬 잠재력을 가지고 있다. 불과 10년, 20년 전에는 처리할 수 없었던 분량의 데이터를 실시간으로 처리하는 것이 가능하며, 이에 기반하여 결정을 내리고 생산 형태를 변화시킬 수 있다. 이와 함께 우리가 주목해야 하는 사항은 기술발전의 속도가 동일하지 않다는 현실이며, 특히 정보통신기술과 다른 기술 사이에 큰 격차가 존재한다는 사실이다. 10년, 20년 전에 비해 자동차와 열차, 비행기 엔진 등은 큰 변화가 없고, 기술발전의 대부분은 정보통신혁명의 성과에 기초하고 있다. 그렇다면 4차 산업혁명의 결과로 등장하는 사회와 경제의 모습은 어떠할 것인가? 그리고 그 군사적 잠재력은 무엇인가? 이러한 문제에 대한 논의가 필요하다.

1) 정보통신기술의 발전과 디지털 혁명

증기기관과 전기동력에 기반한 1차, 2차 산업혁명과 초보적 컴퓨터 기술로 가능했던 3차 산업혁명에 이어, 이제 4차 산업혁명이 가능해지고 있다. 그 결과 연결, 탈중앙화/분권, 공유/개방을 통한 맞춤시대의 지능화 세계로 변화할 것이며, 수십 억 명의 사람들을 계속해서 웹에 연결하고 비즈니스 및 조직의 효율성을 획기적으로 향상시키는 디지털 혁명이 가능하다. 이에 기초하여 기존 경제/정치/사회/군사 조직의 변화 및 이전까지는 가능성 차원에서만 존재했던 잠재력을 실현시킬 수 있는 기술적 능력이 실현될 수 있다. 과거의 산업혁명에서도 동일한 변화가 존재했다. 산업혁명을 통해, 인간은 새로운 동력을 사용하고 그 동력을 쉽게 다른 곳으로 보낼 수 있게 되었으며, 생산력은 혁명적으로 변화하고 사회/정치 구조 또한 재구성되었다.

또한 개별 산업혁명은 그에 기초한 새로운 군사력을 만들어 냈다. 1차 산업혁명을 주도한 영국은 19세기 동안 대량 생산력을 동원하여 다른 국가들을 압도할 해군력을 보유했으며, 산업혁명이 확산되면서 유럽 및 미국은 지구상 다른 국가들을 군사적으로 압도하는 능력을 보유/행사했다. 2차 산업혁명 또한 미국 및 독일에게 새로운 방식의 군사기술을 개발하고 운용할 기회를 제공했으며, 그 때문에 세계대전을 주도하고 러시아/소련/영국/프랑스 등을 제압할 정도의 군사력을 보유할 수 있도록 했다. 특히 1930년대 후반 등장한 군사혁신은 제2차 세계대전 초기 전격전으로 이어졌다. 1970년대 시작된 3차 산업혁명은 냉전 후반기 소련군에게는 악몽과 같은 상황을 연출했으며, 이른바 군사기술혁명(Military-Technological Revolution) 개념으로 이어지면서 2000년대 초반 혁명적 군사혁신(RMA: Revolution in Military Affairs) 논의가 등장하는 배경을 만들어 냈다.[3]

현재 상황에서 디지털 혁명을 주도하는 것은 정보통신기술의 혁명적 발전이며, 이른바 '무어의 법칙(Moore's Law)'으로 대표되는 그 발전 속도는 가공할 수준이다. 지난 50년 동안 "반도체 집적회로의 밀도는 18~24개월에 2배씩 증가"했으며, 이것은 최근까지 진행되고 있다.[4] 2005년 SD 카드는 128MB의 용량을 가지고 있었으나, 9년이

---

3 미국은 소련의 군사위협에 대응하기 위해 군사기술의 개발에 집중했고, 상당한 성과를 거두었다. 이것은 '상쇄전략(Offset Strategy)'이라고 규정되었으며, 미국이 기술력을 동원하여 소련군의 물량적 우위를 상쇄했다고 평가했다.

4 '무어의 법칙'은 이론적으로 도출된 것이 아니라 경험적인 관찰을 통해 얻은 경

[그림 3-1] 무어의 법칙과 반도체 집적회로의 발전

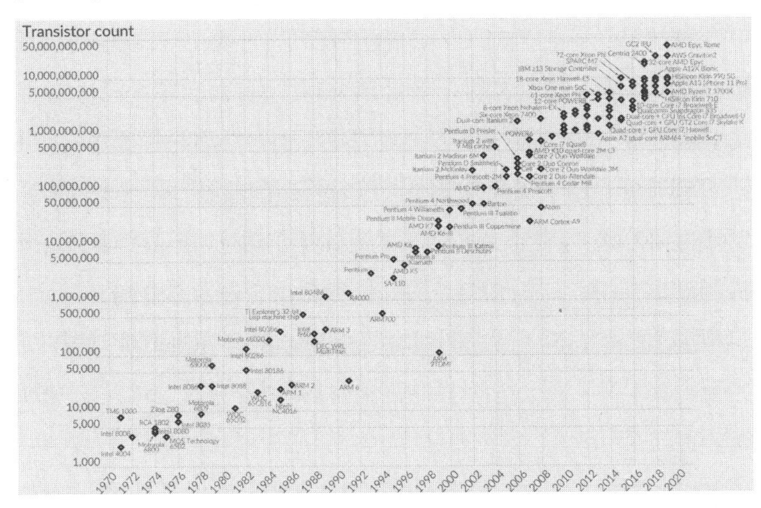

자료: https://en.wikipedia.org/wiki/Moore%27s_law#/media/File:Moore's_Law_Transistor_Count_1971-2018.png

지난 2014년에는 128GB로 그 용량이 증가했다. 즉, 9년간 저장용량은 1000배 증가했으며, 2019년 2월 1TB 용량의 SD가 시판되고 있다. 이런 반도체 기술발전은 이후 군사기술의 변화를 주도할 것이며, 이에 기초하여 이전과는 비교할 수 없는 데이터를 처리할 수 있다.

디지털 혁명의 결과는 몇 가지로 생각할 수 있다. 첫째, 가장 직접적인 결과는 전장 투명성의 제고이다. 이미 2002년 윌리엄 오언스(William Owens)는 단순한 무기체계 하나가 아니라 여러 개의 무기체계를 통합하여 구축된 '체계의 체계(system of systems)'를 통해 전투

험칙이다. 하지만 반도체 기술의 발전을 상대적으로 잘 보여 주고 있으며, 많이 인용된다. M. Mitchell Waldrop, "The Chips are Down for Moore's Law," *Nature*, February 9, 2016. (http://www.nature.com/news/the-chips-are-down-for-moore-s-law-1.19338)

지휘관이 필요로 하는 모든 정보를 수집·처리할 수 있다고 평가했다.[5] 즉, 가로 세로 각각 200마일(320km) 지역의 4만 제곱마일(6만 4000km^2) 넓이의 전투지역 전체에 존재하는 중요 군사 목표물 전부를 지형이나 기후 상태와는 무관하게 파악할 수 있다는 것이다.[6] 지난 20년간의 기술발전을 고려한다면, 전장 투명성은 더욱 증가했을 것이다. 2030년까지의 추가 기술발전까지 고려한다면, 미래 세계에서 전장 투명성은 거의 완전한 수준으로 달성 가능할 것이다.

둘째, 현재 시점에서 무기체계의 수행 기능이 변화하게 되었다.[7] 기동의 관점에서 지금까지는 제한적이나마 가능했던 은폐와 엄폐가 전장 투명성 때문에 사실상 불가능하게 될 것이다. 사물인터넷(IoT) 기술로 엄청난 숫자의 센서를 배치할 수 있게 되며, 상대방 진영을 포착되지 않고 침투하는 것은 매우 어려워질 것이다. 통신의 관점에서도 대량 배치된 센서가 생산한 정보를 실시간으로 전송하고 처리하면서, 이전과는 달리 증강된 컴퓨터 기술을 통해 즉시 분석하고 실시간 작전에 사용할 수 있게 되었다. 즉, 목표물 포착이 원거리에서도 가능하다. 타격의 측면에서도 전투는 전장에서 상대방을 물량

---

5 William Owens, *Lifting the Fog of War* (Baltimore, MD: Johns Hopkins University Press, 2002), pp. 119~138.

6 4만 제곱마일(6만 4000km^2)은 1991년 걸프전에서 쿠웨이트 작전지역(Kuwait theater of operations) 또는 서울과 평양 사이의 한반도 지역을 포괄하는 넓이이다.

7 Christian Brose, "The New Revolution in Military Affairs," *Foreign Affairs*, Vol. 98, No. 3 (May/June 2019), pp. 122~134; Christian Brose, *The Kill Chain: Defending America in the Future of High-Tech Warfare* (New York: Hachette Book Group, 2020); Paul Scharre, *Army of None: Autonomous Weapons and the Future of War* (New York: W. W. Norton & Company, 2019) 등이 중요하다.

(mass)으로 압도하고 질(質)보다 양(量)을 중시하는 방향으로 변화할 것이다. 대량의 시스템을 동시에 조율하는 것이 기술적으로 가능해지면서 새로운 타격 방식이 등장할 수 있다. 즉, 전투의 핵심이 기동에서 화력(火力)으로 변화하는 것이다.

셋째, 무인기와 자율무기체계가 실용화되고 있다. 인공지능의 가격이 낮아지면서, 대량의 무인체계를 전장에 투입하고 조정하여 목표물을 타격할 수 있게 되었다. 개별 타격은 소규모이지만, 이를 대량으로 집중시켜 목표물을 소규모 집중 타격(kill by thousand cuts)으로 파괴하는 것이 가능하다. 이전까지는 고가의 소량 정밀유도무기가 가장 효율적인 타격 수단이었다면, 이제는 저가의 무인기를 대량 운용하여 목표물을 파괴하는 것이 가능하다. 특히 무인기 대형 집단을 제어하는 기술과 함께 대량 유도하는 스워밍(swarming) 기술이 실현되면서, 일회용 자폭 무인기는 현재의 정밀유도무기를 대체하여 새로운 공격 수단으로 부상할 것이다. 지상방어에서도 자율무기체계는 방어에서 핵심 부분을 차지하며, 공격에서도 자율무기체계는 살상지역(Kill Zone)을 구축하는 데 매우 효과적일 것이다.[8]

넷째, 위성기술의 변화로 우주공간의 군사적 이용이 확대되고 있다. 우선, 위성기술이 확대되면서 정찰위성 사용이 더욱 확대될 것이다. 위성 비용이 감소하면서, 위성을 군사적으로 이용할 수 있는 능력이 확산되는 경향은 가속화되고 있다. 기존의 군사위성 보유국은 더욱 많은 위성을 그리고 미보유 국가들은 새롭게 위성을 보유할 것이다. 이를 통해 전장 투명성은 향상되며, 은폐와 엄폐 등은 불가능

8 이장욱, 「육군의 첨단 전력과 21세기 육군의 역할: 5대 게임체인저를 중심으로」, 이근욱 엮음, 『전략환경 변화에 따른 한국 국방과 미래 육군의 역할』(한울아카데미, 2019), 161~204쪽.

해진다. 위성통신이 확산되면서, 무선통신의 중계 제약을 극복할 수 있다. 위성통신을 통해 기존 무선통신의 제약조건을 극복할 수 있으며, 동시에 지향성 통신 및 암호화 기술로 대량의 데이터를 실시간으로 전달하고 처리할 수 있게 된다. 이를 통해 지휘통제에 필요한 정보를 실시간으로 전달하고 처리할 수 있게 되고, 보다 정교한 그리고 중앙집중적인 작전통제가 실현될 것이다.

2) 기술의 발전속도 격차: 디지털 혁명에 발맞추기 힘든 다른 분야의 공학기술

정보통신기술의 눈부신 발전에도 불구하고 그 밖의 기술은 —예를 들어, 기계공학과 화학 분야는— 상대적으로 느린 속도로 발전하고 있다. 이 때문에 디지털 혁명이 등장하고 있지만, 그 잠재력을 구현하는 데 필요한 여타 기술은 쉽게 개발되지 않는다. 따라서 현실에서 존재하는 혁신의 대부분은 디지털 혁명에 특화되어 있으며, 정보통신기술을 통해 기존 기술의 효율성을 향상시킨 것이다. 그렇다면 이러한 기술발전의 군사적 의미는 무엇인가?

현실에서 존재하는 기술 변화의 근원적 격차는 많은 경우 간과되고 있다. 미래 기술에 대한 분석은 대부분 기술발전이 반도체 기술의 발전 속도와 비슷한 수준에서 이뤄진다고 상정한다. 하지만 '무어의 법칙'은 정보통신기술에서만 —특히 반도체 기술에서만— 등장하며, 다른 기술 분야에서는 나타나지 않는다. 그 결과 기술발전의 속도에서 필연적으로 상당한 격차가 등장한다. 즉, 반도체 기술발전은 "비정상적으로 빠르게 진행"되었으며, 다른 기술들은 상대적으로 훨씬 느리게 발전하고 있다.

[표 3-1] 삼성 갤럭시 핸드폰과 국산 자동차 엔진연비의 기술발전

구분	2010년	2015년	2018/20년
삼성 갤럭시 S 시리즈 메모리 및 램	S1 (8/16GB; 512MB)	S6 (32/64/128GB; 3GB)	S20 (128GB/2TB;12GB) (2020년)
국산 자동차 평균 연비	12.58km/l	13.89km/l	13.55km/l (2018년)

자료: 삼성전자, 한국에너지관리공단 자동차 에너지 소비효율 분석집.

[표 3-2] 폭약의 개발 시점과 위력계수

명칭	개발 및 군사적 사용 시점	위력계수
TNT	1863/1891	1
RDX	1899/1922	1.6
C-4	1956	1.34
HMX	1930	1.7

자료: Wikipedia.

대표적으로 자동차 내연기관의 연비는 지난 10년 동안 큰 변화가 없다. [표 3-1]에서 나타나듯이, 삼성 갤럭시 핸드폰과 국산 자동차 엔진연비의 기술발전은 매우 대조적이다. 2010~2015년에 갤럭시 핸드폰의 메모리는 최소 4배에서 최대 8배 그리고 램은 6배 발전했다. 반면 자동차 연비는 13% 개선되었다. 2015~2020년에 갤럭시 핸드폰의 메모리는 최소 4배에서 최대 16배 그리고 램은 4배 발전했다. 하지만 2015~2018년에 자동차 연비는 시장요인으로 —사람들이 SUV와 같이 더욱 큰 자동차를 선호하면서— 13.89에서 13.55로 오히려 하락했다.

폭약 부분에서도 경향성은 동일하다. 핵무기를 제외한다면, [표 3-2]와 같이 폭약의 위력은 지난 100년간 1.5배 정도 증가했다. TNT의 폭발력을 기준으로 측정하는 위력계수(relative effectiveness) 측면

에서, 가장 널리 사용되는 군용폭약인 RDX와 C-4 등은 TNT의 1.6배 수준이며, 실험실 차원이 아니라 대량으로 생산하는 폭약 가운데 가장 폭발력이 큰 HMX 또한 위력계수는 1.7에 지나지 않는다. 즉, 밀집도를 제외한 순수화력 측면에서 2020년의 화력은 제1차 세계대전 수준과 큰 차이가 나지 않는다. 실제 차이는 정보통신기술을 통한 화력 집중도에서 나타나며, 동일 지점을 여러 장소에서 동시에 타격하게 되면서 발생한다. 지금으로부터 100년 전인 1917년 7월 메신(Messines) 지역의 독일군 방어진지를 돌파하기 위해 영국군은 열흘 동안 1마일(1.6킬로미터)당 1200톤의 고폭탄 포격을 감행했다. 그 위력은 1.2킬로톤으로 사실상 냉전 시기 미군의 표준 전술핵무기인 W-48의 폭발력과 동일했다.[9]

이러한 기술발전의 격차는 두 가지 측면에서 중요하다. 첫째, 기술발전의 격차에 따라서 현실에 존재하는 많은 군사기술은 정보통신기술 수준으로 빠르게 발전하지 못하며, 따라서 현재 사용하는 기술과의 '타협'이 불가피하다. 즉, 2030년 시점에서 등장할 많은 군사기술은 현재와 비슷한 기술에 기반하여 지금으로는 예측하기 어려운 정보통신기술이 결합한 어느 정도는 익숙하면서 동시에 어느 정도는 생소한 기술일 것이다. 특히 센서의 정보처리 능력과 타격의 정밀도 부분에서는 엄청난 발전이 가능할 것이다. 하지만 기술적인 한계가 존재하며, 따라서 현재 기술을 보완/개량한 많은 현용 기술이 여전히 사용될 것이다. 이러한 측면에서 중요한 것은 높은 정밀도를 가질 탄도미사일이다.

---

9 Stephen Biddle, *Military Power: Explaining Victory and Defeat in Modern Battle* (Princeton, NJ: Princeton University Press, 2004), p. 30.

둘째, 새로운 취약성이 등장하고 있다. 우선, 무기체계의 동력원 측면에서는 여전히 많은 한계가 존재한다. 정보통신기술의 확산과 무인체계의 등장으로 많은 무기체계가 전력 기반으로 작동하고 있으며, 따라서 전자기기의 충전과 무인체계의 동력원 공급 및 배터리 교체 등은 현재 기술로는 탄약과 식량/식수 그리고 유류 공급과 동일한 중요도를 가지게 될 것이다. 이른바 BTS(Battery to System) 문제는 미래 군사조직의 보급에서 핵심을 차지할 것이며, 상대방은 이러한 취약성을 공격할 것이다. 또한 통신망 보호 문제가 새로운 약한 고리로 부각될 것이다. 현재 시점에서도 상대방 통신망에 대한 공격은 매우 효과적이지만, 정보통신기술에 대한 의존도가 높아지면서, 통신망 교란 등의 충격은 더욱 증폭된다. 따라서 개별 국가는 자신들의 정보통신망을 방어 차원에서 보호하는 데 엄청난 노력을 기울이며, 동시에 상대방의 정보통신망을 마비시키기 위해서 막대한 자원을 투입할 것이다. 이와 같은 취약성을 어떻게 잘 보호하고 상대방의 취약성을 어떻게 잘 이용하는가의 문제는 미래 세계에서도 여전히 핵심 사안으로 군사전략을 지배할 것이다.

3. 기술 변화의 불균형과 2030년 군사기술: 보다 익숙한 그리고 제한적 변화

그렇다면 이러한 기술발전의 간극은 군사적 차원에서 어떻게 나타날 것인가? 2030년 시점에서 등장할 군사기술의 실질적은 모습은 어떠할 것인가? 이와 같은 질문에 확신을 가지고 답변하는 것은 쉽지 않다. 하지만 지난 20년 동안 군사기술의 발전을 포괄적으로 검토하는 것은 중요하며, 특히 미래 기술의 변화를 전망하기 위해서는 필수적이다. 또한 미래 군사기술이라도 극복할 수 없는 근본 제약조건을 고려하여, 2030년 상황에서 보다 현실적인 기술환경을 평가해야 한다.

1) 군사기술에 대한 회고적/전망적 평가

최근 마이클 오핸런(Michael O'Hanlon)은 2000년에서 2020년 사이의 20년 동안 실현된 29개 부분의 군사기술을 점검하여, 2000년 시점에서 제시되었던 "환상적인 군사기술의 변화"는 경험적으로 없었으며 RMA는 존재하지 않았다는 결론을 제시했다.[10] 20세기 말 미국 국방분야 최고의 화두는 RMA로, "기술혁신을 통해 군사조직의 형태, 무장, 전투 방식 등이 혁명적으로 변화하고, 그 결과 1930/40년대 전격전 및 항공모함 작전 그리고 상륙작전 등 새로운 형식의 전투가 등장"할 것인가에 대한 많은 논의가 존재했다. 하지만 2000년에서 2020년 사이 20년간 현실화되었던 군사기술의 변화를 점검하면, 경험적으로 혁명에 가까운 변화는 컴퓨터 기술에서만 발생했으며 그 연장으로 로봇 및 자율체계에서만 가능했다. 그 밖의 분야에서의 변화는 혁명적이지 않고 진화적 수준이었으며, 개선 등만이 가능했다고 한다.

해당 사항을 정리하면 [표 3-3]과 같다. 2000년 시점에서 "RMA 잠재력이 있다"라고 평가되었던 총 29개의 기술을 선정, 2020년까지

---

10 Michael O'Hanlon, *A Retrospective on the So-Called Revolution in Military Affairs, 2000-2020* (Brookings Institute Press, 2019).

[표 3-3] 2000~2020년 기술발전에 대한 경험적 평가

기술발전 정도: 29종	기술 내용	
개선(Moderate)적 변화: 19종	1) Optical, Infrared, and UV Sensors 2) Radar and Radio Sensors 3) Sound, Sonar, and Motion Sensors 4) Magnetic Detection 5) Particle Beams Sensors 6) Missiles 7) Explosives 8) Fuels 9) Jet Engines	10) Internal Combustion Engines 11) Rockets 12) Ships 13) Armor 14) Stealth 15) Other Weapons of Mass Destruction 16) Particle Beams Weapons 17) Electric Guns 18) Lasers 19) Long Range Kinetic Energy Weapons
높은(High) 발전: 8종	1) Chemical Sensors 2) Biological Sensors 3) Radio Communications 4) Laser Communications	5) Robotics 6) Radio Frequency Weapons 7) Nonlethal Weapons 8) Biological Weapons
혁명적(Revolutionary) 변화: 2종	1) Computer Hardware 2) Computer Software	

자료: O'Hanlon(2019a: 6) 재정리.

실현되었던 기술적 잠재력을 점검하여 평가했다. 그 결과 혁명적 변화는 컴퓨터 하드웨어와 소프트웨어의 2개 분야에만 국한되었으며, 상당히 높은 수준의 발전은 통신과 센서 그리고 로봇기술 등 8개 분야에서, 그리고 나머지 19개 분야에서는 낮은 수준의 발전 또는 개량 정도의 변화가 발생했다. 여기서도 사실상 동일한 경향성이 드러난다. 혁명적 변화는 "무어의 법칙이 지배하는 정보통신기술"에 국한되었다. 특히 주목할 부분은 내연기관 자동차 엔진의 효율은 3분의 1 정도 증가했으며, 제트엔진의 추력은 두 배로 그리고 연비는 3분의 2가 증가했다는 사실이다.[11]

동일한 관점에서 오핸런은 향후 20년 동안 가능한 군사기술의 잠

11 Michael O'Hanlon, *A Retrospective*, pp. 12~16. 매 18~24개월에 두 배로 혁신이 이뤄진다면, 3분의 1 정도의 혁신은 산술적으로 계산 시 2.5~3.4개월에 가능하다.

재력을 평가했다. 정보통신기술 분야를 제외한 대부분의 분야에서 기술혁신은 제한된다고 보면서, 많은 사람들이 생각하는 RMA 자체는 존재하기 어렵다고 보았다.[12] "기존 무기와 전술, 작전적 접근 등을 무의미하게 만들고, 새로운 무기와 전술 그리고 작전적 접근의 혁명을 가져오는 RMA 가능성은 높지 않다"라고 강조했다. 특히 전장 투명성을 확보하는 것은 쉽지 않으며, 상당한 군사기술을 가진 국가 인근에서 대규모 군사작전을 수행하는 것은 매우 어렵다고 보았다. [표 3-4]에서 나타나듯이, 총 38개 분야의 기술을 검토하여 혁명적 변

[표 3-4] 2020~2040년 기술발전 추정

기술발전 정도: 38종	기술 내용	
개선(Moderate)적 변화: 14종	1) Optical, Infrared, and UV Sensors 2) Radar and Radio Sensors 3) Sound, Sonar, and Motion Sensors 4) Magnetic Detection 5) Particle Beams Sensors 6) Radio Communications 7) Missiles	8) Fuels 9) Jet Engines 10) Internal Combustion Engines 11) Ships 12) Radio Frequency Weapons 13) Other Weapons of Mass Destruction 14) Particle Beams Weapons
높은(High) 발전: 18종	1) Chemical Sensors 2) Biological Sensors 3) Laser Communications 4) Quantum Computing 5) Explosives 6) Battery Powered Engines 7) Rockets 8) Armor 9) Stealth 10) Satellites	11) Nonlethal Weapons 12) Biological Weapons 13) Chemical Weapons 14) Electric Guns, Rail Guns 15) Lasers 16) Nanomaterials 17) 3D Printing / Addictive Manufacturing 18) Human Enhancement Devices and Substances
혁명적(Revolutionary) 변화: 6종	1) Computer Hardware 2) Computer Software 3) Offensive Cyber Operations	4) System of Systems / Internet of Things 5) Artificial Intelligence / Big Data 6) Robotics and Autonomous Systems

자료: O'Hanlon(2019: 5~6) 재정리.

12 Michael O'Hanlon, *Forecasting Change in Military Technology, 2020-2040* (Brookings, 2019).

화는 6개 분야에서 그리고 18개 분야에서는 높은 수준의 발전, 14개 분야에서는 낮은 수준의 발전이 있을 것이라고 주장했다.

그렇다면 2030년 미래에서 우리가 사용하게 될 군사기술을 어떨 것인가? 기술발전 속도의 간극이 존재하는 현실에서, 혁명적인 정보통신기술과 개량 수준의 엔진기술을 조합하여 만들어지는 군사기술은 어떤 형태를 가지게 되는가? "우리 모두가 사망하는 장기"가 아니라, 2030년이라는 보다 가까운 미래 세계에서 실제로 사용하게 되는 군사기술에 대한 현실적인 판단이 중요하다.

2) 탐지기술의 한계와 지상배치 반접근/지역거부(A2/AD)

지난 10년 이상 동안 중국의 군사전략을 분석하는 가장 중요한 개념은 A2/AD(Anti-Access and Area Denial)였으며, 많은 연구들은 중국이 이와 같은 능력을 통해 미국 군사력의 동아시아 접근을 차단하고 자신의 영향력을 구축/확대하려 한다고 지적했다. 하지만 A2/AD의 실제 작동 및 효율성에 대해 엄격한 논의는 하지 않았고, 특히 레이더 탐지 등과 같은 가장 중요한 사항에 대해서는 '미래 기술'이라는 관점에서 검증하지 않았다. 하지만 레이더의 물리학은 변화하지 않으며, 전자기파가 직진하고 지구가 둥글다는 사실 자체는 변화하지 않는다. 즉, A2/AD 능력은 지상에서 400~600km 이상으로 확대되기 어려우며, 그 이상으로 확대되는 것은 항공기 탑재 레이더의 생존을 위협하게 된다.[13]

---

13 Stephen Biddle and Ivan Oelrich, "Future Warfare in the Western Pacific: Chinese Antiaccess/Area Denial, U.S. AirSea Battle, and Command of the Commons in East Asia," *International Security*, Vol. 41, No. 1 (Summer

모든 레이더의 탐지거리는 레이더의 고도에 의해 결정되며, 특히 "탐지거리 = 90 × $\sqrt{\text{레이더의 고도}}$"라는 방정식에서 해방될 수 없다. 즉, 레이더 고도가 25km라면 그 레이더의 최대 탐지거리는 90×5=450(km)이며, 그 이상으로는 지구 곡면 때문에 탐지 자체가 매우 어렵다.[14] 단파(shortwave)의 전리층 반사를 이용한 OTH(Over the Horizon) 레이더가 존재하지만, 해상도는 매우 낮기 때문에 목표 탐지가 아니라 조기경보 기능만 수행할 수 있다. 따라서 전장 투명성은 달성되지 않으며, 이것은 인공지능 상황에서도 쉽게 변화하지 않는다.

레이더 탑재 위성은 이러한 문제점을 해결할 수 있으며, 해양감시 위성을 통해 인근 해역 전체를 탐지하는 것이 가능하다. 문제는 우주공간에서 위성은 사실상 고정된 목표물이고 취약하며, 따라서 위성 능력은 위기 또는 군사력 사용 상황에서는 큰 의미가 없어질 수 있다는 사실이다. 2020년 시점에서도 러시아와 중국 그리고 인도 등은 위성 공격능력을 보유하고 있으며, 향후 위성 공격능력이 더욱 확산되면서 위성의 취약성은 더욱 크게 증가할 것이다.

항공기/위성 탑재 레이더와 달리 지상배치 이동식 레이더는 회피하기가 쉽지 않으며 동시에 포착하여 제거하는 것 또한 어렵다. 스텔스 기술 또한 항공기 도그파이트 상황에서는 작동하지만 강력한 출력을 가진 지상배치 레이더에는 효과가 떨어지며, 2030년 시점에서 스텔스 효과는 더욱 떨어질 것이다. 무엇보다 지상배치 이동식 레이더는 지형에서 발생하는 엄청난 잡음(noise) 때문에 쉽게 포착할 수

2016), pp. 7~48.

14 가장 대표적인 고공 정찰기인 U-2의 경우 최고 상승고도는 2만 4000m이며, 따라서 U-2 정찰기 레이더의 이론적 탐지거리는 440km이다.

없으며, 따라서 지상배치 방공망을 무력화하기 쉽지 않다. 결국 지상배치 A2/AD 능력의 중요성은 더욱 증가하며, 적대국가의 본토(land-mass)에 대한 침투작전의 난이도는 급증한다.

3) 탄도미사일과 무인기/드론

자율무기체계는 혁명적으로 발전할 잠재력을 가지고 있으며, "모두가 죽는 장기"에서는 그 잠재력이 확실하게 실현될 것이다. 지상전투에서 자율무기체계와 드론/무인기(Unmanned Aerial Vehicle)는 단거리 정찰 및 매복, 진지 및 고정 방어능력을 배가시키고 동시에 무인전투차량 등으로 공격에서의 전투력 향상에 결정적으로 작용할 것이다. 현재 기술에서도 이와 같은 무인기와 자율무기체계가 배치되고 있으며, 지난 50년 동안 이스라엘은 무인기를 집중적으로 사용해 많은 경험을 축적했다.[15] 2030년까지의 10년 동안 드론/무인기는 더욱 발전할 것이며, 그 잠재력은 더욱 많이 실현될 것이다.

인공지능이 탑재된 자율무기체계는 동일한 병력으로도 더욱 강력한 전투력을 창출할 수 있는 혁명적인 수단이다. 화력 투사와 같이 직접 전투에 사용하지 않는다고 해도, 지상전투에서 정찰 드론은 전투력을 강화하고 인명 피해를 감소시킬 수 있는 획기적 수단이다. 해전과 단거리 공중전 또는 방공망 제압 등에서 무인기는 결정적으로 도움을 줄 수 있지만, 가장 강력한 효과를 발휘할 수 있는 분야는 지상전투이다. 저가의 단거리 무인기를 대량으로 운용하는 경우, 스워

---

15 이스라엘 무인기 운용에 대한 논의는 리란 엔테비, 「무인항공기를 50년간 개발하고 운용하면서 이스라엘이 얻은 교훈들」, 이근욱 엮음, 『도전과 응전, 그리고 한국 육군의 선택』 (한울아카데미, 2020), 93~115쪽.

밍을 통해 많은 목표물을 단기간에 파괴할 수 있다. 또한 정찰에 있어서도 무인기는 혁신적으로 작용할 것이다. 무인정찰기는 그 크기가 작기 때문에 쉽게 포착되지 않으며, 이를 통해 상대방의 영공에 침투하여 은밀하게 정찰 정보를 확보하는 것이 가능하다.

하지만 드론/무인기 등은 기술적 잠재력에도 불구하고 다음 두 가지 측면에서 결정적인 한계가 있다. 첫째, 다른 무기체계와 마찬가지로 동력이 필요하지만 향후 10년 동안에도 엔진 및 배터리 동력에서 혁신적인 변화를 기대하기 어렵다. 따라서 한정된 중량에 동력원과 엔진을 탑재하지만, 소형 드론의 경우 충분한 효율성을 확보하지 못하면서 항속거리 자체가 짧아지거나 탑재 중량이 줄어들면서 타격 능력이 감소한다. 드론의 크기가 증가한다면 문제를 해결할 수 있지만, 그렇다면 소형 드론이 가지는 은밀성 등의 장점이 사라진다. 따라서 드론을 효율적으로 사용할 수 있는 범위는 단거리이며, 지상군 작전에서 특히 유용하다. 대량으로 일회용 소형 드론을 스워밍하여 자폭 공격하도록 하는 방식이 현재로서는 가장 효과적인 운용 방식이다.

드론/무인기 기술이 가지는 또 다른 문제는 속도/파괴력의 문제와 대체재의 존재이다. 드론/무인기 기술의 장점은 소형 비행체의 은밀성에 있으며, 빠른 속도와 대형 탄두를 장착하고 목표물을 파괴하는 데 있지 않다. 물론 기술 개발을 통해 고속 대형 드론/무인기를 개발할 수 있지만, 2020년 시점에도 미사일이라는 매우 효율적인 대체 수단이 존재한다. 2019년 9월 예멘 반군은 사우디아라비아 정유 시설에 대한 무인기 공격을 감행했고, 그 결과 석유 생산이 일시적이나마 절반 수준으로 떨어졌다는 보도가 있었다. 하지만, 실제 타격의 대부분은 순항미사일에 의해 이뤄졌으며 그 공격의 주체 또한 예멘

[그림 3-2] 파괴된 사우디아라비아 탈황 시설

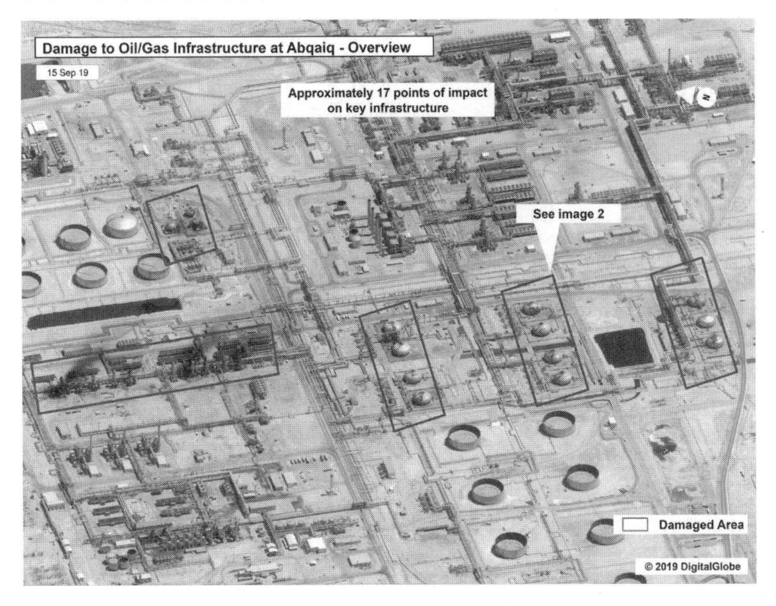

자료: https://www.npr.org/2019/09/19/762065119/what-we-know-about-the-attack-on-saudi-oil-facilities

반군이 아니라 이란 정규군이었으며, 탈황 시설을 파괴한 순항미사일은 예멘이 위치한 남쪽이 아니라 이란이 위치한 북쪽에서 발사되었다.[16]

향후 10년 동안 2030년까지 가장 많은 발전을 기대할 수 있는 군사기술은 탄도미사일, 특히 정보통신기술의 혁명적 발전에 기초한 탄도미사일의 정밀도 부분이다. 냉전 이후 우주기술의 도입으로 탄도미사일의 정밀도는 —특히 잠수함 발사 탄도미사일(SLBM)의 정확도는—

16 Benjamin Harvey, "Weakened Iran Shows It Can Still Hold the Global Economy Hostage," *Bloomberg*, September 19 (2019).

[그림 3-3] 탄도미사일 정밀도 향상

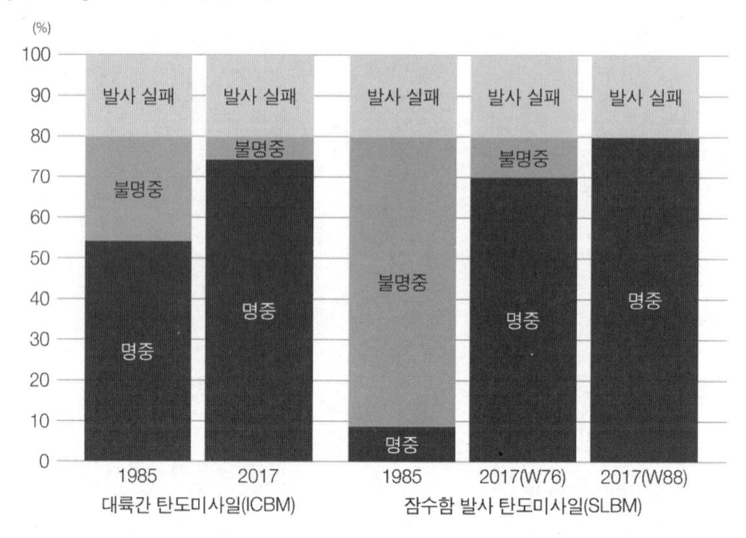

자료: Lieber and Press(2017: 20).

획기적으로 진보했다. 1985년 시점에서 미국 ICBM(Minuteman III)은 소련 미사일 사일로를 54%의 확률로 파괴할 수 있었으며 미국 SLBM (Trident I C-4)은 9% 확률로 사일로를 파괴할 수 있었다.[17] 하지만 2017년 시점에서 ICBM은 74%로 개선되었고, SLBM(Trident II D-5)은 탄두에 따라 70~80% 정도의 확률로 목표물을 파괴할 수 있도록 정밀도가 발전했다.[18] 이러한 추세 자체는 더욱 강화될 것이며, 2030년까지

---

17 Keir A. Lieber and Daryl G. Press, "The New Era of Counterforce: Technological Change and the Future of Nuclear Deterrence," *International Security*, Vol. 41, No. 4 (Spring 2017), pp. 9~49. 여기서 소련 미사일 사일로의 '파괴'는 탄두를 미사일 사일로 인근에 떨어뜨려 제곱인치당 3000파운드의 압력을 가하는 것으로 정의된다. 즉, 정밀한 미사일의 경우에는 폭발력이 작은 탄두를 사용해서도 목표물 파괴가 가능하지만, 정밀도가 떨어지는 미사일은 더욱 큰 탄두를 장착해야만 목표물 파괴가 가능하다.

의 정보통신기술 혁명은 탄도미사일 정밀도를 향상시키는 데 결정적인 역할을 할 것이다.

미사일 정밀도의 향상과 함께, 탄도미사일의 일종인 초음속 글라이더(HGV: Hypersonic Glide Vehicle) 기술에 주목할 필요가 있다. 속도는 음속의 5배 이상이며 낮은 고도로 비행하면서 자체 조종능력이 있어 회피기동이 가능한 초음속 글라이더는, 단순히 속도만 빠르고 높은 고도에서 이동하며 자체 조종이 불가능한 일반적인 탄도미사일과 큰 차이를 보인다. 현재 구축되고 있는 미사일 방어망은 탄도미사일에 대비한 체계이므로, 낮은 고도를 유지하면서 비행 도중에 탄도

[그림 3-4] 초음속 글라이더와 탄도미사일의 비교

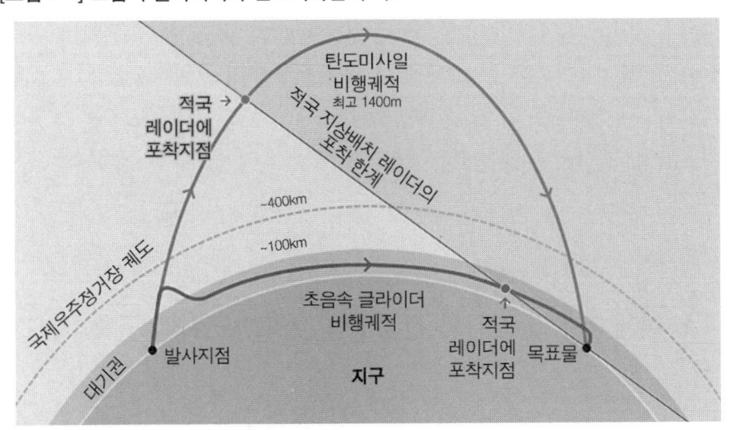

자료: *The Economist* (2019).

---

18 1985년과 2017년 데이터 모두 ICBM은 동일하게 W-78 탄두를 사용했다. 표준적으로 사용되었던 W-78 탄두의 폭발력은 350킬로톤이었다. SLBM의 경우 1985년에 장착되었던 탄두는 W-76로 폭발력은 100킬로톤이었다. 2017년 데이터에서 SLBM에 장착된 탄두는 동일한 W-76 탄두와 새롭게 개량된 고성능의 W-88 탄두 등 두 가지로 구분된다.

를 변화시키는 초음속 글라이더에 대한 방어능력은 현격하게 떨어진다. 고도가 낮기 때문에 지상배치 레이더로 포착하는 것이 쉽지 않으며 일단 포착된 이후에도 적절하게 대응할 시간 여유가 부족해진다. 또한 포착한다고 해도 빠른 속도로 기동하기 때문에, 이를 중간에 요격하기 쉽지 않으며 초음속 글라이더의 자체 기동에 따라서 요격미사일의 탄도 자체도 변화해야 하기 때문에 요격 난이도는 더욱 증가한다.[19]

해당 기술 자체는 거의 100년 정도 이전에 개발되었으며, 특히 1920년대 독일은 로켓 추진 글라이더를 연구했으나 실패했고 1950년대 미국 또한 제한적으로 연구를 진행했지만 성공하지 못했다. 현재 초음속 글라이더 기술은 러시아와 중국, 그리고 미국이 진행하고 있으며, 2019년 러시아는 해당 무기(Avangard)를 실전 배치했다고 선언했다. 하지만 초음속 비행에서 발생하는 열(熱)과 유도에 필요한 통신 문제를 해결하지 못하기 때문에, 실전 배치에는 상당한 시간이 걸릴 것이라고 볼 수 있다.[20]

4. 미래 기술의 변화와 전쟁수행 그리고 군사력 구축

기술은 변화하고, 특히 군사기술은 항상 변화한다. 이에 따라, 현

---

19 초음속 글라이더 등에 대한 공개 정보는 다음의 미국 의회조사국 보고서가 가장 풍부하다. Congressional Research Service, Hypersonic Weapons: Background and Issues for Congress (Washington, DC: August 27, 2020).

20 *The Economist*, "Gliding Missiles that Fly Faster than Mach 5 Are Coming," *The Economist*, April 6th, 2019.

재 존재하는 타격 ― 지휘와 통신 방식이 달라질 것이며, 미래 세계에서는 인공지능이 집중적으로 사용될 것이다. 이에 많은 예측은 상당히 환상적인 미래(futuristic)를 제시하고 있으며, 이에 따라 근본적인 혁신이 요구된다. 장기적으로는 이러한 환상적인 미래가 실현될 것이다. 하지만 장기적으로는 우리 모두가 죽는다. 어떠한 시점을 설정하고 논의한다면, 단순히 이론적인 가능성으로 존재하는 모든 기술은 실현되지 않는다.[21] 즉, 미래의 기술적 지향성은 그 자체로 정확하다. 하지만 미래의 전쟁수행을 이해하기 위해서는 다음 두 가지 사항을 추가로 고려해야 한다.

1) 상대방도 같이 움직인다: 상대방은 반응하는 생명체이다

현실에서 우리는 기술과 싸우지 않는다. 우리는 군사기술을 가지고 우리와 비슷한 수준의 상대방과 싸우게 된다. 그리고 우리가 싸우는 상대방은 바위나 나무와 같은 무생물이 아니라 우리와 같은 정도의 지능을 가지고 있으며, 우리의 행동에 반응하고, 우리의 행동을 예측하여 우리를 역습하려는 군사조직이자 국가이다. 200년 전 카를 폰 클라우제비츠(Carl von Clausewitz)는 이와 같은 전략적 상호작용과 역동성에 주목했다. "전쟁에서 우리의 적은 반응하는 생명체(animate object that reacts)"이다.[22]

---

21 Martin Wolf, "Same As It Ever Was," *Foreign Affairs*, Vol. 94, No. 4 (July/August 2015), pp. 15~22.

22 Carl von Clausewitz, *On War*, edited and translated y Michael Howard and Peter Paret (Princeton, NJ: Princeton University Press, 1984), p. 149. Book II, Chapter III.

어떠한 군사기술의 변화가 있더라도, 전쟁에서 우리의 상대방이 '반응하는 생명체'이며 우리의 행동에 상대방이 반응하고 우리의 행동에 따라서 상대방의 행동이 결정된다는 사실 자체는 영원히 변화하지 않을 것이다. 이러한 측면에서 우리는 두 가지 측면에서 노력해야 한다. 우선, 현재 우리가 가지고 있는 기술 수준을 높이기 위해 노력하고 끝없이 혁신해야 한다. 혁신에서 뒤처진다면, 우리가 직면한 '반응하는 생명체'는 우리의 상대적인 열세를 이용하려고 할 것이다. 즉, 경쟁에서 뒤처지는 것은 위험하다. 끔찍한 이야기이지만, 군사혁신은 목표가 없고 무한정으로 계속되는 그리고 영원히 계속되어야 하는 과정이다. 〈거울 나라의 앨리스(Through the Looking-Glass, and What Alice Found There)〉의 주인공 앨리스는 "같은 곳에 있으려면 쉬지 않고 최선을 다해 힘껏 달려야" 하는 상황에 직면한다. 이것이 현실에 대한 정확한 비유이다. 움직이지 않으면 뒤처진다.[23]

동시에 우리의 상대방은 우리가 가진 군사기술의 취약성을 공격하려고 할 것이다. 상대방은 '반응하는 생명체'이며, 상대방은 우리가 개발/배치하는 군사기술의 취약점을 파악하고 이를 공격하려고 한다. 따라서 우리는 새롭게 개발/배치하는 군사기술의 취약점을 정확하게 인식하고 이를 적극적으로 보완하며 동시에 상대방의 취약점을 파악하고 이를 이용할 능력을 구축해야 한다. 2030년의 미래 시점에서 많이 논의되는 군사기술 가운데 사이버 능력과 우주능력 두 가지는 외부 공격에 상당히 취약하다고 평가된다. 즉, 어떠한 방식으로든 전쟁 또는 무력충돌이 발생하면, 우리의 상대방은 우리의 사이

---

23 이근욱, 「붉은 여왕과 민주주의 그리고 비전 2030: 한국 육군의 도약적 발전과 미래」, 이근욱 엮음, 『도전과 응전, 그리고 한국 육군의 선택』(한울아카데미, 2020), 148~178쪽.

버 능력과 우주능력을 최우선적으로 무력화하고 우리의 초연결망을 파괴하려고 할 것이다.

현재 시점에서 고민해야 하는 사항은 사이버/우주 능력의 성장과 함께, 사이버/우주 능력의 유연성과 대체 가능성이다. 즉, 무력충돌이 발생하고 상대방의 공격으로 사이버 연결이 차단되고 인공위성이 무력화되었다면, 어떻게 대응할 것인가? 무력화된 시스템을 어떻게 복구하고, 어떻게 상대방의 사이버/우주 능력을 비슷한 수준으로 파괴하며, 어떻게 저하된 사이버/우주 능력의 기능을 대체할 것인가? 이러한 측면에서 거의 논의되지 않는 사항은 인간에 대한 —지휘관의 능력에 대한— 투자를 확대하여 사이버/우주 능력이 차단된 상황에서 제한적이나마 보완할 수 있는 인간 지휘관의 역량을 키워야 한다는 필요성이다. 인공지능이 어느 시점에서는 전투를 지휘하겠지만, 인공지능이 마비된 경우에는 결국 인간 지휘관의 역할이 필요하다.

2) 정치적 환경을 파악해야 한다: 전쟁의 미래와 미래의 전쟁을 구분해야 한다

지금까지의 논의는 군사기술의 발전에 국한되었다. 하지만 이것은 미래 전쟁에 대한 논의의 절반에 지나지 않는다. 즉, 미래 전쟁을 평가하고 예측하기 위해서는 군사기술에 국한되어서는 안 되며, 그 군사기술이 사용되는 정치적 환경을 독립적으로 고려해야 한다. 이러한 측면에서 우리는 미래 전쟁을 다음과 같은 두 가치 차원에서 정리할 수 있다. 첫째, 전쟁 그 자체의 미래이며 이것은 미래 세계에서 수행되는 전쟁 그 자체의 모습이다. 여기서 중요한 질문은 '무엇을 가지고 —어떠한 무기와 군사기술을 사용하면서— 전쟁을 수행하는가'이

[표 3-5] 전쟁의 미래와 미래의 전쟁

구분	미래의 전쟁	전쟁의 미래
핵심 사항	정치적 환경 변화	무기 변화
변화의 대상	변화된 미래 세계에서의 전쟁	전쟁 그 자체의 변화
결정요인	세력 균형의 변화	군사기술의 변화
변화의 효과	전쟁 및 군사력 사용 형태	무기 및 군사조직의 변화
고려 사항	정치적 제약조건 인정	정치적 제약조건 무시
핵심 질문	어떻게 그리고 누구랑 싸우는가?	어떠한 무기를 가지고 싸우는가?

며, 결국 핵심 사항은 무기와 군사기술 그리고 새로운 무기와 군사기술을 구현할 새로운 군사조직과 교리 개발 등이다. 이것은 '전쟁의 미래(Future of War)'라고 정의할 수 있다. 대부분의 논의는 바로 전쟁의 미래에 집중되며, 이번 논의도 마찬가지이다. 하지만 이것으로는 미래 전쟁을 명확하게 이해하기 어려우며, 또 다른 개념이 필요하다.

두 번째 측면은 '미래의 전쟁(War of the Future)'이다. 이것은 미래 세계에서 수행되는 전쟁 양상의 문제이며, 전쟁 그 자체에 대한 질문이 아니라 그 전쟁이 수행되는 세계의 모습에 대한 것이다. 여기서 중요한 사항은 무기와 군사기술이 아니라 우리가 직면하게 되는 상대방과 그 정치적 환경이다. "전쟁은 정치적 목표 달성을 위한 수단"이라는 클라우제비츠의 명제에서 출발하자면, 정치적 환경이 변화하면서 그 환경에서 추구하게 되는 정치적 목표 자체가 변화하며 따라서 변화된 정치적 목표 달성을 위한 수단으로의 전쟁 또한 변화한다. 전쟁은 여기에서도 변화하지만, 그 결정요인과 특성은 차이를 보인다. 즉, '누구와 싸우는가' 그리고 '어떠한 전쟁을 수행하게 되는가'의 질문이 더욱 중요하다.

이러한 두 조합은 쉽게 충돌한다. 예를 들어 1991년 냉전에서 정치적으로 승리했고 걸프전에서 군사적으로 승리했던 미국은 2001년까지의 10년 동안 전쟁의 미래에서는 상당한 성취를 기록했다. 그 덕분에 2001년 9월 이후 아프가니스탄과 이라크를 침공하고 기존 정권을 무너뜨리는 과정에서 나타났던 미국의 군사적 효율성은 엄청났으며, '어떠한 무기를 가지고 싸우는가'의 질문에 미국은 명확한 답변을 했다. 하지만 미국은 아프가니스탄과 이라크 전쟁에서 승리하지는 못했다. 2020년 시점에도 아프가니스탄과 이라크 상황은 불안정하며, 미국은 직접적으로든 간접적으로든 양국 문제에 관여하고 있다. 이러한 상황에 대해 여러 가지로 진단할 수 있지만, 문제의 핵심은 미국이 '어떻게 그리고 누구와 싸우는가'의 문제에 대해 완전히 실패했다는 사실이다. 2001년 10월 아프가니스탄을 침공하면서 그리고 2003년 3월 이라크를 침공하면서, 미국은 미래의 전쟁에 대해서는 고민하지 않았고 어떠한 정치적 목표 달성을 위해 해당 국가를 침공하는가의 문제에 집중하지 않았다. 전쟁의 미래에서는 승리했지만, 미래의 전쟁에서는 패배한 것이다.[24]

우리가 추가로 주목해야 하는 사항은 2030년 미래의 전쟁이다. 즉, 2030년 시점의 변화된 미래 세계에서 한국이 —그리고 한국 육군이— 직면하게 되는 전쟁에 대해 논의할 필요가 있다. 여기서 중요한 사항은 2030년 시점에서의 정치적 환경이며, 세력 균형의 변화이며, 현실적으로 작동하는 여러 가지 정치적 제약조건에서 한국이 —그리고 한국 육군이— 싸우게 되는 '전쟁의 양상과 상대방'에 대한 질문이다. 이것은 다음으로 요약할 수 있다. 과연 2030년 시점에서 한국은

24 이근욱, 「전쟁과 군사력, 그리고 과거와 미래」, 이근욱 엮음, 『미래 전쟁과 육군력』 (한울아카데미, 2017), 18~39쪽.

어느 국가와 ―또는 어느 국가들과― 대치할 것인가? 여전히 북한과의 대치에만 집중할 수 있을 것인가? 아니면 최근 빠르게 부상하고 있으며, 정치적 차원에서도 점차 공격적으로 행동하고 있는 중국과의 대결 또한 고려해야 하는가? 즉, 2030년 시점에 중국은 우리의 군사위협이 될 것인가?

5. 결론: 시작된 미래의 다양한 측면

기술발전의 측면에서 미래는 이미 시작되었다. 아마도 오래전에 그리고 태곳적에 시작되었을 것이다. 기술은 계속 변화했으며 앞으로도 영원히 변화할 것이다. 그리고 이에 따라서 군사조직 또한 변화했으며, 앞으로도 영원히 변화할 것이다. 따라서 혁신은 선택이 아니라 숙명이며, 기술혁신에서 그리고 군사혁신에서 뒤처져서는 안 된다. 붉은 여왕이 지적했듯이, "같은 곳에 있으려면 쉬지 않고 최선을 다해 힘껏 달려"야 하고, "다른 곳으로 가고 싶다면 적어도 그보다 두 배는 빨리 달려야" 한다. 이것은 단거리 경주가 아니라 장거리 경주이며, 저주받은 그래서 영원히 지속되는 달리기이다. 2030년은 끝이 아니며, 우리 눈앞에서 스쳐 지나가는 단계일 뿐이다.

그럼에도 불구하고, 우리는 2030년이라는 시점에 주의를 기울여야 한다. 장거리 경주에서도 어느 정도의 단계는 있어야 하며, 특히 개별 단계의 목표 또한 현실적이어야 한다. 4차 산업혁명을 통한 기술발전은 우리가 뛰어야 하는 장거리 경주에서 핵심 사항이며, 우리의 속도를 더 빠르게 만들어 줄 비법이다. 따라서 우리는 4차 산업혁명의 군사적 함의를 잘 이해하고 그 잠재력을 극대화하도록 노력해야 한다. 하지만 이것은 쉽지 않다. 4차 산업혁명은 기본적으로 정보통신기술 혁명이며, '무어의 법칙'으로 대표되는 정보통신기술에서의 혁명적 변화는 앞으로도 상당 기간 지속될 것이다. 그러나 정보통신기술 이외의 영역에서는 기술발전이 상대적으로 느리게 진행되며, 2030년까지도 상당한 수준의 기술발전 격차가 존재할 것이다.

그렇다면 2030년 시점에서 우리가 사용하게 될 군사기술의 특징은 무엇인가? 전장 투명성이 높은 수준에서 달성될 것이다. 하지만 무력충돌이 벌어지면서 우리의 상대방은 —우리 정도로 뛰어난 반응을 하는 생명체로서의 상대방은— 우리가 가진 사이버/우주 능력을 무력화할 것이며, 따라서 우리는 사이버/우주 능력을 어떻게 잘 복구하고 상대방의 사이버/우주 능력을 어떻게 무력화할 것인가를 고민하게 될 것이다. 무엇보다 전장 투명성은 레이더 기술 자체의 한계로 인해 현재 시점보다 더 향상되기 어려우며, 반응하는 생명체로서 우리의 상대방은 또다시 교란요소를 배치할 것이다. 즉, '전쟁의 안개(fog of war)'를 제거하는 것은 쉽지 않으며, 이러한 상호작용을 통해 그 향상폭 자체가 혁명적이지는 않을 가능성이 높다.

드론과 무인전투체계는 현재보다 더 많은 부분에서 그리고 더 효율적으로 사용될 것이다. 특히 타격과 정찰 측면에서 드론/무인기의 잠재 가능성은 매우 크다. 하지만 엔진 효율성과 파괴력 때문에 장거리 타격에서는 드론/무인기 대신 탄도미사일이 더욱 많이 사용될 것이다. 특히 전장 투명성이 제한적이지만 분명히 향상될 것이기 때문에, 오히려 지금보다는 개량된 탄도미사일이 —초음속 글라이더 등이— 널리 사용될 것이다.

케인스가 이야기했듯이, 장기에서는 모두 죽는다. 모든 기술은 시간이 무한정으로 주어진다면 그 잠재력을 실현할 것이다. 하지만

2030년 시점에 집중하여 향후 10년의 군사기술 발전에 초점을 맞춘다면, 우리가 파악할 수 있는 군사기술의 모습은 현재 우리가 알고 있는 것과 상당 부분 비슷하다. 이러한 측면에서 '시작된 미래'는 '시작된 혁신'이기도 하다. 이미 시작된 워리어 플랫폼과 드론봇 전투단 그리고 탄도미사일 등은 2030년 시점에는 반드시 구현해야 한다. 이것은 최대 목표가 아니라 최소 목표이다.

동시에 우리는 2030년 시점의 정치적 환경을 예측해야 한다. 즉, 한국 육군이 5대 게임체인저를 통해 구현한 군사력을 그리고 4차 산업혁명 기술에 기초한 새로운 능력으로 상대하게 될 위협을 고민해야 한다. 이에 따라 비전 2050의 내용과 방향이 결정될 것이며, 너무나도 다양한 4차 산업혁명 기술의 군사적 잠재 가능성 가운데 무엇을 선택하고 무엇에 집중할 것인가를 결정하게 될 것이다. 군사혁신은 숙명이지만, 군사혁신의 방향은 숙명이 아니라 선택일 수 있다. 우리가 방향성을 설정하려면, 우리는 우리가 처한 그리고 우리가 처하게 되는 정치적 환경을 파악해야 한다. 이것은 우리의 또 다른 숙명이기 때문이다.

제2부

미리 보는 육군의 2030년, 무엇을 할 것인가

2030 Preview: What to Do for Innovation

2030년 시점에서 한국 육군이 직면할 전략환경은 무엇인가? 즉, 2030년 육군비전이 실현된 상황에서 한국 육군이 직면하는 군사기술 및 정치적 환경은 어떠한가? 군사혁신은 새로운 군사기술을 맹목적으로 수용하는 것 이상으로 새로운 군사기술을 사용할 정치적 환경을 고려해야 한다. 그렇다면 육군비전 2030이 완성된 시점에서 한국 육군이 직면할 기술 및 정치적 환경을 예측할 필요가 있다. 많은 경우에 군사혁신은 새로운 군사기술의 도입으로 인식되지만, 군사혁신의 결과물인 군사력은 결국 특정한 정치환경에서 사용되며, 따라서 해당 정치환경을 파악하는 노력이 필요하다. 이것이 제2부에서 검토하는 핵심 사항이다.

첫째, 2030년 한국이 직면할 정치환경은 어떻게 변화할 것인가? 이 문제에 대해서, 독일의 군사혁신 경험은 많은 교훈을 제공한다. 1990년 통일 이후 독일의 전략환경은 근본적으로 변화했으며, 냉전 시기의 군사력 구조는 냉전 이후의 세계에서는 더 이상 필요하지 않았다. 하지만 1990년에서 2020년까지의 30년 동안 독일의 전략환경은 다시 한번 혁명적 수준으로 변화했다. 이 과정에서 군사기술 또한 변화했지만, 정치적 환경은 더욱 큰 폭으로 변화했다. 그렇다면 독일은 정치환경의 변화에 어떻게 대응했는가? 그리고 이러한 독일의 대응 과정에서 한국 육군이 얻을 수 있는 교훈은 무엇인가? 현재 동아시아 국제정치의 역동성이 변화하는 상황에서, 지난 30년 동안 독일이 직면했던 전략환경의 변화는 ―특히 정치환경의 변화는― 한국 육군에게는 많은 시사점을 가진다.

둘째, 주변 국가, 특히 중국 육군의 군사혁신 전략을 살펴본다. 지금까지 한국이 직면한 가장 심각한 위협은 북한이었으며, 향후 상당 기간 북한과의 대립은 지속될 가능성이 있다. 하지만 이와 별도로 중국의 부상은 한국에게는 잠재적인 위협요인으로 인식될 수밖에 없다. 독일이 1990년 통일 이후 경험했듯이 정치환경은 혁명적으로 변화할 수 있으며, 따라서 중국의 부상 및 그에 수반되는 정치환경의 변화 가능성은 상존하는 위험이다. 또한 주요 강대국의 군사혁신은 그 자체로 주목해야 하는 사항이며, 이러한 측면에서 주변 강대국인 중국의 ―특히 중국 육군의― 지능화 혁신 전략은 중요한 사항이다. 그렇다면 중국은 최근 어떠한 방향으로 군사혁신을 추진하고 있는가? 지금까지 중국 육군의 군사혁신 및 지능화 전략에 대한 분석이 거의 없었던 상황에서, 이러한 질문이 가지는 시사점은 매우 크다.

셋째, 미래 동아시아의 안보환경은 어떻게 변화할 것인가? 특히 2030년 시점에서 한국 육군이 직면하게 될 안보환경은 어떠한가? 모든 군사기술은 사용되는 맥락이 있으며, 특정 정치적 환경에서 ―특히 2030년 정치적 환경에서― 새롭게 도입된 군사기술이 사용될 것이다. 따라서 해당 시점의 전략환경을 파악하는 것이 중요하며, 현재 시점에서 동아시아 국가들이 추구하는 전략에 기초하여 향후 10년의 변화를 예측할 필요가 있다. 그렇다면 2020/21년 시점에서 2030년 동아시아의 안보환경은 어떻게 될 것인가? 미래를 예측하는 것은 —특히 정치적 환경을 예측하는 것은— 쉽지 않으며 많은 경우 오류로 끝날 수 있지만, 포기해서는 안 되는 그리고 지속적으로 시도해야 하는 과제이다.

제4장

독일의 군사혁신 30년과 한국 육군에의 시사점

라이너 마이어 줌 펠데 *Rainer Meyer zum Felde*

1. 서론

1990년 이후 독일의 국방안보 정책은 어떤 측면에서는 원점으로 360도 회전(complete round turn)했다고 볼 수 있다. 통일 이후 독일은 전통적인 고강도 억지(high-intensity deterrence)와 영토방어에서 저강도 전쟁과 민군합동의 위기관리 및 국가건설에 집중했으며, 이에 독일 국방정책 또한 기존의 고정진지를 방어하는 방향에서 대외 원정능력을 구축하는 방향으로 변화했다. 하지만 2014년 러시아의 공격성향이 본격적으로 드러나면서, 독일의 국방안보 정책은 대외 원정능력에 기반하여 해외에서의 임무수행을 강조하던 경향에서 고강도 전쟁 가능성에 대비하는 방향으로 다시 변화했다. 대외 원정능력 자체를 포기하지는 않았지만, 그 중요도가 많이 떨어진 것은 분명한 사실이다. 1954년생인 본인 세대에서 독일은 대외 환경의 근본적인 변화를 두 번에 걸쳐 경험했으며, 이에 맞춰 국방안보 정책과 군사력 구조를 변화켰다. 첫 번째 변화는 1989/90년 독일 통일과 소련 위협의 감소였으며, 두 번째 변화는 2014년 이후 러시아가 현상 타파의 성향을 표출하면서 나토(NATO) 국가들을 위협하는 것으로 나타났다.

2. 논의의 배경

1) 1989~2013년: 탈냉전 시기 평화로운 유럽의 안정을 위한 위기 관리 능력의 강화

1990년 상황을 돌이켜보자. 냉전 시기의 독일연방군은 나토연합 방위체제의 핵심이었으며, 소련의 군사적 위협에 대항하는 재래식 군사력의 근간이었다. 때문에 독일연방군은 —최소한 표현(rhetoric) 차원에서는— 많은 존경과 감사의 대상이었다. 하지만 냉전이 끝나면서 독일 사회의 주류는 국방예산을 삭감함으로써 '평화 배당금(peace dividends)'을 받으려고 했고, 독일은 주변 국가들과 우호적인 관계를 유지하게 되었으며 더 이상 독일 영토에 대한 위협은 없다고 믿게 되었다. 게다가 냉전 시기에는 독일의 모든 정치세력이 —보수와 진보를 포괄하여— 외부의 위협으로부터 독일을 방어하고 침략을 저지해야 한다는 데 확실하게 합의하고 있었다. 특히 당시 독일 사회민주당은 국토 수호에 대한 확고한 의지를 천명했다. 하지만 1990년 독일이 통일되면서 모든 것이 변화했다. 이전부터 반미, 반군국주의, 반핵을 주장했던 진보세력과 녹색당이 새로운 세대에서 주류를 차지하게 되었다. 덕분에 지난 30년 동안 독일연방군은 축소되었다. 1990년 12

개 사단에서 현재 2개 사단으로, 36개 전투여단이 6개 전투여단으로 감축되었으며, 국방안보 정책의 초점 또한 방어에서 위기관리로 변화했다.

동시에 독일은 군과 국방의 정당성에 대해 회의를 품게 되었다. 영토를 방어해야 하는 절대적인 필요성이 약화되면서, 독일 사회는 독일연방군을 해외에서 발생하는 위기를 관리하는 여러 정책 수단 중 하나로 취급했으며, 모든 민간 그리고 비군사적/외교적 노력이 소진된 이후 사용되는 최후의 정책 수단으로 간주하게 되었다. 독일연방공화국 헌법에 명시된 독일연방군의 방어 임무에 대한 정치적 기반이 점차 약화되었다. 나토에서 독일이 수행했던 역할 또한 공동 방어를 위한 억지 태세를 갖추는 것에서 독일영토 외부에서의 위기관리라는 방향으로 변화했다. 1995년 데이튼 평화협정(Dayton Peace Accords)으로 보스니아 문제가 타결되자, 독일은 군단 규모의 평화유지군 병력을 제공했다. 9/11 테러공격 이후, 독일은 미국을 지지하면서 아프가니스탄에서 안정화 작전을 수행했지만, 이 경우에는 성공하지 못했다. 그럼에도 불구하고 독일은 군사력을 세밀하게 조정하면서 해외원정 능력을 효율적으로 배양하고 탈냉전의 새로운 시대에 최적화하려고 노력했다. 하지만 이 과정에서 독일은 단독으로 또는 동맹의 일원으로 영토방어 임무를 수행할 수 있는 군사적 능력, 경험, 조직, 구조, 정책결정 과정 등을 상실했다.

2) 2014~2016년: 해외 안정화 작전에서 러시아에 대한 억지와 방어 임무로의 강력한 전환

독일은 국방안보 태세의 전화를 늦게 시작했지만, 그래도 너무

늦은 것은 아니었다. 2014년 3월 러시아가 우크라이나를 침공하고 크리미아 반도를 불법적으로 합병하면서, 독일은 나토/유럽연합 국가들을 주도적으로 규합하여 새롭게 위협적인 국가로 부상한 현상 타파적인 러시아에 대응하기 시작했다. 2014년 웨일스 정상회담에서 독일의 주창으로 신속대응계획(Rapid Reaction Plan)이 수립되었으며, 2016년에는 최소한 개념 차원에서라도 강화된 억지/방어 태세에 대한 원칙적 합의가 가능했다. 이것은 엄청난 변화였으며, 독일은 이와 같은 변화를 주도했고, 유럽 국가들 사이의 이견을 적절하게 조정했다. 특히 동부 유럽에서 러시아의 위협에 직면한 국가들의 주장과 남부 유럽에서 이슬람 국가(IS)의 테러 공격과 불법 이민, 범죄 및 유럽 주변부에 위치한 실패국가 문제에 집중하는 국가들의 주장을 잘 조율했다. 덕분에 유럽은 이른바 '360도 접근(360 degree approach)'을 유지하는 것이 가능했다. 그와 함께, 유럽 국가들은 러시아와의 협력 가능성을 열어 두면서, 억지/방어를 강화함과 동시에, 냉전종식 과정에서 성공적으로 작동했던 하멜 개념(Harmel Concept)에 기초한 억지와 데탕트라는 이중 접근을 제시했다.

3) 2017~2020년: 나토의 새로운 패러다임 실행과 중국의 위협에 대한 대처 모색

방어에 집중하기 시작하면서, 독일은 국방예산을 증액하고 있으며 이제 고강도 전쟁 능력에 집중하면서 방어 태세를 재구성하고 있다. 독일은 주변 국가들의 방어능력을 규합하여 전체의 역량을 강화하는 '프레임워크 국가(Framework Nation)'로 자리매김했고, 나토/유럽연합 국가들 가운데 3분의 2는 독일의 제안을 수용했다. 이를 통해 유럽 국가들은 더욱 강력한 군사적 방어 태세를 갖추기 시작하고 있으며, 독일은 유럽연합집행위원회(EU Commission)와 유럽방어기금(European Defense Fund), 그리고 기타 여러 조직(PESCO, CARD) 등에서 적극적으로 행동하고 있다. 코로나-19 때문에 방어 태세를 구축하는 데 필요한 자원이 소진되고 있지만, 장기적으로 보았을 때 유럽 국가들은 공동의 목표를 위해 더 잘 협력하게 될 것이다. 즉, 이번 공중보건 위기를 계기로 유럽 차원에서 외교/안보/국방 정책의 조율이 더욱 쉽게 진행될 것이다.

독일의 관점에서 볼 때, 이러한 상황은 더욱 긍정적이다. 현재 나토 국가들은 새로운 방어 태세를 정립하기 위해 노력하고 있으며, 그 핵심은 고강도 전투를 수행할 수 있는 8~10개의 중무장 또는 디지털 전투 연대로 구성된 3개 사단 규모의 1개 군단 병력을 향후 10년 이내에 창설하는 것이다. 물론 이러한 나토의 방어 태세에는 공군과 해군 그리고 사이버 능력 또한 포함된다. 문제는 이와 같은 군사력을 구축하기 위해 2024년부터 매년 600억 유로의 예산이 필요하지만, 이것을 어떻게 조달할 것인가에 대한 정치적 합의가 존재하지 않는다는 사실이다. 그러나 유럽에서 가장 많은 국방비를 사용하는 독일의 기여가 없다면 미국과의 동맹관계도 유지되기 어려우며, 유럽 차원의 전략적 독자성 또한 확보할 수 없다는 사실에 대해서는 상당한 합의가 존재한다.

4) 극에서 극으로, 그리고 다시 되돌아가는 과정

지금까지의 논의는 다음과 같이 요약할 수 있다. 독일은 현재 냉전종식 단계에서 희망했던 상황과는 정반대의 전략환경에 적응하는 방법을 학습하고 있다.

독일은 인근 지역에서 러시아와 대립하면서, 러시아에 대한 인식에 변화를 겪었다. 이제 독일은 러시아를 과거에 팽창적으로 행동했고 현재에도 팽창의 야심을 가지고 있는 현상 타파적인 강대국이자 전략적 적대국가로 인식하게 되었다. 세계 전체적 차원에서 그리고 유럽 주변부와 내부에서도 독일은 점차 공격적으로 행동하는 중국에 대응하게 되었다. 본래 중국은 중요한 무역 파트너로만 인식되었지만, 현재는 독일/유럽의 가치와 삶의 방식을 위협하고 있다. 또한 이란과 IS 같은 낮은 수준의 위협이 유럽 주변부에 존재하며, 따라서 독일과 유럽 국가들은 중동과 북아프리카 그리고 사하라 사막 지역(Sahel Zone)에서 안정화 작전을 수행해야 한다.

이와 함께, '서구 국가(the West)'라는 동질성과 유대관계는 최근 미국과 영국의 특이한 외교정책으로 인해 훼손되고 있으며, 이러한 상황 자체는 서구 국가들의 적대세력에게 좋은 빌미를 주고 있다.

지정학은 귀환했다. 규칙에 기반한 국제질서는 여러 가지 측면에서 도전받고 있으며, 권위주의 국가와 비자유주의적 민주주의 국가가 점차 증가하고 있으며, 자국 우선주의 정책이 점차 세력을 강화하고 있다. 즉, 서구 세계는 현재 위기에 빠져 있는 것이다.

따라서 우리는 가장 중요한 사안에 —'서구식 삶의 방식(Western way of life)'을 유지하는 데 필요한 사항에— 다시 집중해야 한다. 우리는 서구식 가치를 수호하고 서구 국가의 경쟁 상태의 도전에 직면하여 우리의 이익을 지키기 위해 서구 국가들의 통일성과 유대관계 그리고 정치적 의지를 더욱 강화해야 한다. 이러한 목표를 위해서 유럽 국가들은 나토/유럽연합 내부에서 협력을 강화하고 미국과의 대서양 동맹을 통해 협력해야 한다. 세계 전체 차원에서는, 자유와 인권,

법치와 민주주의를 수호하려는 비슷한 생각을 하는 국가(like-minded nations) 연합을 통해 더욱 많이 협력해야 한다.

3. 독일의 경험: 냉전에서 현재 지정학적 현실까지의 성공과 실패

1) 지정학 상황에서의 전략적 자리매김에 대한 독일의 선택

독일은 근본적인 원칙 차원에서는 정확하게 행동했다. 유럽 안보의 근본 원칙은 양자관계가 아니라 다자제도를 통해 그리고 군사동맹의 일부로 행동하면서 평화와 안정을 추구한다는 것이다. 그리고 독일 외교/안보/국방 정책은 냉전 시기부터 지금까지 다자주의 원칙에 입각해 추진되었다. 통일 과정에서도, 독일은 서부 유럽의 일부라는 강력한 정체성을 포기하지 않았으며, 나토/유럽연합으로 대표되는 핵심 제도에서 이탈하지 않았다. 독일은 나토/유럽연합이라는 두 개의 클럽을 하나로 통합하면서 유럽을 잘 통합되고 자유롭고 평화로우면서 규칙에 기반한 국제질서를 유지하는 데 기여했다. 이를 위해 독일은 민족주의적으로 행동하거나 생각하지 않았으며, 미국과의 유대(transatlantic)와 유럽 전체(European)의 통합성을 강조했다. 즉, 독일은 자국 우선주의의 함정에 빠지지 않으면서 다자제도에서의 활동에 집중했다.

문제는 지금까지 잘 작동했던 다자주의 접근이 영국의 브렉시트(Brexit)와 미국의 트럼프 행정부 때문에, 현재로는 많은 난관에 봉착했다. 독일 내부에는 여전히 미국과의 유대와 유럽연합 방어를 위해 독일이 더 많은 역할을 수행해야 한다는 합의가 존재한다. 지정학적 경쟁이 세계 전체 차원에서 진행되는 현시점에, 미국과의 유대를 강화하고 유럽 국가들과 더욱 많이 협력(Stay transatlantic and become more European)하는 방향성 자체는 정확하다.

미국/중국/러시아/유럽의 강대국 경쟁이 새롭게 펼쳐지고 있는 와중에, 독일은 자기 자신의 전략적 위치에 대해 결정할 필요가 있다. 경험적으로 볼 때, 독일이 가장 안정적이었던 시기는 유럽 내부에 통합되어 있고 미국과 유대관계를 유지했을 때이다. 따라서 이러한 통합과 유대 관계는 가능한 한 오래 유지되어야 한다.

요약하자면, 통일 독일이 중립/비동맹 태세를 취하거나 미국/러시아와 등거리 외교를 추진하지 않고 나토/유럽연합의 핵심 구성원으로 남았던 것은 탁월한 선택이었다. 독일의 선택은 근본적으로 과거의 뼈아픈 경험에서 도출된 것이었다. 1949년에서 1955년 사이 미국/영국/프랑스 점령지구는 하나로 통합되어 서독(독일연방공화국)으로 발전했으며, 이렇게 만들어진 독일은 이전과 달리, 자유롭고 자유민주주의 전통에 입각한 하지만 완전한 주권국가는 아니었다. 또한 여전히 소련이 점령하고 있던 동독 지역과의 통일은 장기적인 비전으로만 남아 있던 상황이었다. 하지만 1990년 냉전이 종식되고 독일이 재통일되었다.[1] 통일 독일은 이제 완전한 주권국가로서 나토/유

1 독일 통일조약은 이른바 '2+4 조약'으로 불린다. 여기에 관여한 국가는 서독(독일연방공화국)과 동독(독일민주공화국), 그리고 미국, 소련, 영국, 프랑스 등 제2차 세계대전 연합국 4개국이다. 통일조약을 통해 통일 독일은 폴란드와의 기존 국경선을 인정했고, 과거 독일영토 가운데 폴란드와 체코슬로바키아 그리고 러시아가 병합한 지역에 대한 권한을 포기했다. 이 조약은 냉전을 종식시키는 효과를 가졌으며 동시에 제2차 세계대전을 법률적으로 종결시킨 것과 매우 유사한 결과를 가져왔다.

럽연합의 핵심 구성원으로 잔류했고, 이러한 결정은 이후 평화와 안정을 보장하는 매우 현명한 선택이었다.

냉전 이후에도 독일은 주변 국가들의 노력에 무임승차하려고 하지 않았으며, 주변 국가들을 배신(punch below its weight)하지 않았다. 반대로 독일은 나토 재래식 전력의 거의 절반을 제공했다. 나토 군사력 가운데 36개 중무장 전투여단으로 편성된 12개 사단과 핵무기/재래식 무기를 모두 사용할 수 있는 현대식 공중전력, 그리고 발트 해에 국한되었지만 상당 규모의 해군력 등은 모두 독일군 소속이었다. 또한 냉전 기간 독일은 통합방어 개념(Comprehensive Defence Concept, Gesamtverteidigung)에 기반하여 동서독 국경지대에 전진 배치된 방어력(Forward Defense)를 구축했다.

하지만 냉전이 끝나고서 독일 지도자들과 사회 전체는 이런 정도의 군사력이 필요하지 않다고 생각했으며, 나토 국가들의 유대관계와 응집력을 유지하는 것 이상의 군사적 준비 태세는 필요하지 않다고 보았다. 즉, 냉전 이후 독일의 국방정책의 핵심은 "군사적 소극주의와 군의 지위하락 문화(culture of military reluctance and low military profile)"라고 규정할 수 있다.[2] 여기서 문제가 발생했고, 시간이 지나면서 군사력에 대한 기본적인 사고방식에 대해 —예를 들어, 억지/방어의 필요성, 해외 안정화 작전에 대한 논의, 그리고 군사력을 정당한 정책 수단으로 파악하는 인식 등에서— 부정적인 결과를 초래했다.

다른 동맹국들이 —예를 들어, 영국과 프랑스가— 해외에서의 위기관리와 인도적 개입에 집중하는 동안, 독일은 특유의 소극주의와 군의 지위 하락을 독일의 도덕적 우위를 유지하는 '문화'라고 인식했다.

---

2 독일어로는 'Kultur der militärischen Zurückhaltung'라고 표현한다.

독일은 피할 수 없는 경우에만 외교적인 수단으로 —군사공격의 위협은 배제한 상황에서— 문제를 해결하려고 했으며, 군사력 동원 가능성은 고려하지 않고 순수한 비군사적 수단으로만 대외정책을 추진하려고 했다. 독일 정부는 입법을 통해 독일영토 외부의 위기 지역에 군사력을 배치하려는 경우에는 유엔안전보장이사회의 결의가 있어야 한다고 규정했지만, 러시아와 중국이 거부권을 행사하는 상황에서 이 규정은 독일 대외정책을 심각하게 제한했다. 냉전 이후 독일의 입장은 "분쟁의 모든 당사자와 모든 관련 국가 그리고 러시아와 중국이 거부하지 않는 경우에, 그리고 독일 내부의 모든 정치세력이 동의하는 경우에 한하여 군사행동을 수행한다"는 것이었다. 1995년 유엔평화유지군은 유고슬라비아 내전이 참혹한 전쟁범죄로 악화되는 것을 예방하지 못했으며, 보스니아의 스레브레니차(Screbrenica)에서 세르비아 민병대가 민간인들을 학살하는 상황을 방관했다. 미국의 주도적 역할 덕분에 나토는 데이튼 평화협정을 이행할 평화집행군(IFOR: Implementation Force)을 제공했다.

이 과정에서 처음으로 독일이 독일영토 외부에서 작전을 수행했고, 상당한 성공을 거두었다. 그래서 8년 후인 2003년 나토가 아프가니스탄에서 안정화 작전을 수행하고 국제안보지원군(ISAF: International Security Assistance Forces)을 편성할 때, 독일은 민군협력을 통해 포괄적으로 접근하여 아프가니스탄을 재건할 수 있다고 확신했다. 그리고 독일은 다른 어떤 국가보다도 더 많이 그리고 더 오래 아프가니스탄 안정화를 위해 노력했지만, 결과적으로는 실패했다. 물론 유럽과 아프리카 그리고 중동 지역에서 해적을 소탕하고 IS 테러리스트와 수행했던 전투 자체는 훨씬 성공적이었고, 독일군 자체는 이와 같은 군사작전을 적극 지지했다. 하지만 독일 사회는 이러한 대 테러

작전 및 해적 소탕 등에 대해서는 전반적으로 무관심했다.

독일은 러시아 위협에 대해서는 주목하지 않았다. 푸틴 대통령은 2007년 뮌헨 안보회의에서 러시아 대외정책의 변화를 선언했고, 2008년 그루지아와의 분쟁에서 러시아는 군사력을 동원했다. 따라서 독일은 억지와 집단방어의 측면에서 2007년 이후에는 러시아 위협을 우려했어야 했지만, 독일과 유럽 국가들은 이러한 문제를 미국에게만 맡겨 두었다.

2) 강력한 동맹국과 동반자 국가 연합

독일에게 미국은 대체 불가능한 동맹국이다. 냉전 기간 미국은 너그러운 패권국으로 유럽에서 행동했으며, 안전보장을 제공하고 경제적으로 연결되어 있었다. 냉전 시기 독일의 안전과 번영은 미국과의 유대관계에 기초하여 유지되었다. 다른 유럽 국가들과는 달리, 미국은 세계 최강의 국가로서 바다와 공중, 지상과 우주, 사이버 영역 모두를 총괄하는 강력한 국가였으며, 핵무기까지 보유하고 있었다. 이와 같이 강력한 미국의 군사력과 미국이 군사적으로 유럽에 주둔하고 있다는 사실 덕분에, 냉전은 해피엔딩으로 종결되고 독일은 통일되었고 유럽에서는 안정이 유지되었다. 미국의 강력한 힘 때문에 독일은 양차 세계대전에서 패배했고, 미국의 강력한 힘 때문에 독일은 냉전에서 승리할 수 있었다. 소련/러시아가 독일의 통일을 용인했지만, 무엇보다도 미국이 —특히 부시 대통령이— 독일 통일을 가능하게 했으며, 독일이 나토/유럽연합 구성원으로 잔류하도록 했다.

앞에서도 언급했듯이, 냉전 직후 독일은 당시까지의 고강도 전쟁에 필요한 군사력과 병력을 해체했으며 영국/프랑스에 비해서도 낮은 수준의 군사력으로 해외 위기관리에 집중한다고 결정했다. 일부 나토 국가들 또한 독일의 선례를 따라서, 낮은 수준의 군사력을 유지했다. 시간이 지나면서 집단방어 및 안정화 작전에 필요한 군사력 비율이 냉전 시기의 50 대 50에서 70 대 30 수준으로 변했고, 미국이 많은 부담을 감당하는 상황으로 이어졌다. 2014년 러시아 위협이 본격적으로 등장하면서 미국은 유럽 국가들의 군사력 증강을 강력하게 요구하기 시작했고, 오바마 행정부는 미국이 단독으로는 유럽 방어에 필요한 첨단 군사력의 대부분을 제공할 수 없다는 입장을 천명했다. 이후 미국은 매년 방위비 분담의 공평성 문제를 거론했지만, 독일은 '군사적 소극주의'를 유지하면서 입장을 바꾸지 않았다. 2016년 이후 미국은 "독일이 미국의 희생에 무임승차하고 있다"라고 비난하기 시작했으며, 독일의 배신 행위를 규탄하는 데 주저하지 않았다. 2018년 트럼프 대통령은 전례 없이 행동하면서, 미국/독일 관계와 유럽/미국 관계 전체를 심각할 정도로 훼손했다.

이와 같은 상황이 초래될 수 있었던 것은 오랜 시간 오해가 존재했고 상황 인식에 있어서 큰 차이가 존재했기 때문이었다.

1990년대 초 나토 국가들은 '역사의 종말(end of history)' 주장을 수용하면서, 냉전은 완전히 종식되었고 러시아는 유럽에 대한 군사적 위협요인으로 작동하지 않을 것이라고 생각했다. 이전까지 방어와 억지를 중심으로 구축되었던 나토는 그 존재 이유를 상실했으며, 독일에 대한 영토적 위협은 사라졌다고 판단했다. 이제 나토는 해외지역에서의 안정화 작전에 집중하면서 국제적 위기관리에 집중하면 되고, 기동성이 떨어지지만 중무장한 독일군 병력은 새로운 나토 작전을 위해 재편성되어야 한다고 보았다.

미국과 달리, 독일은 병력을 감축했고 기존의 국방예산을 재편성하여 '평화 배당금'을 다른 영역으로 배분했으며, 이후 20년간 이러한 예산편성은 큰 문제가 없었다. 해외 안정화 작전에 있어서 독일은 잘 적응했으며, 그 결과 기존의 고강도 전쟁에 적합했던 독일 군사력은 유연하고 기동성을 갖춘 해외 원정군 형태로 재편성되었다. 독일군은 해외 안정화 작전에 참여하면서 경험을 축적했으며, 유엔안전보장이사회가 결의하고 독일의 참여가 요구되는 경우에는 한정적으로 참여했다. 독일은 법률적으로 군사력 사용 조건을 엄격하게 제한했기 때문에, 유엔안전보장이사회의 결의는 핵심 조건이었고, 동시에 나토/유럽연합/유엔과 같은 다자적 군사 개입에 참여하는 형태로 대외 군사력 사용이 승인되었다. 9/11 테러 이후에도 기본 경향성을 그대로 유지했으며, 때문에 독일은 미국의 이라크 침공에는 참가하지 않았으나 아프가니스탄 침공 이후의 안정화 작전에는 참여하여 아프가니스탄 북부 지역의 안정화에 많은 기여를 했다.

이 시점에서 미국과 독일의 인식이 점차 변화하기 시작했다.

우선 독일은 방어력 구축의 정당성을 인정하면서 독일의 나토에 대한 군사적 기여 수준은 상당해야 하지만, 독일 헌법상의 제약은 깨뜨릴 수 없다고 보았다. 따라서 해외 안정화 작전이 많아지는 상황에서, 이전과 같이 독일을 방어하기 위한 고강도 전쟁 가능성은 미래에서는 없을 것이라고 판단했다. 방어력 구축에 있어서도, 소련군 위협이 사라진 상황에서 대규모 병력을 유지할 필요가 없다는 것이 1990년대 초반 독일의 결론이었다. 즉, 고강도 전쟁에 대비한 대규모 병력은 유지할 필요가 없으며, 해외에서의 고강도 전쟁 가능성도 사라진 상황에서 독일군은 소대/중대/대대급 병력을 해외 안정화 작전에 파견하면 된다고 보았다.

놀랍게도 미국이나 다른 나토 국가 어디에서도 독일이 고강도 전쟁을 수행할 대규모 병력을 유지할 것을 요구하지 않았다. 유럽의 어느 국가도 이미 경제적으로 가장 강력한 독일이 러시아 다음의 군사강국으로 부상하는 것을 바라지 않았기 때문이었다. 유럽 국가들은 독일이 "영국 및 프랑스 수준의 군사력에 만족"하는 상황을 수용하면서, 독일군이 소규모 해외 원정군으로 재편되는 과정을 촉구하기도 했다. 유럽 국가들은 독일이 징병제를 폐지하고 발칸 반도와 북아프리카 그리고 중동 지역에서 사용될 수 있는 지원병 제도를 채택하는 결정을 환영했다. 독일 정부는 주변 국가들의 우려를 불식시키기 위해서 냉전 시기 서독군 규모와 준비 태세를 갖춘 군사력을 포기한다고 결정했으며, '군사적 소극주의'는 이러한 측면에서 더욱 타당한 것으로 평가되었다.[3]

반면 미국과 영국은 2001년 이후 다른 방향으로 변화했다. 9/11 이후 미국과 영국은 아프가니스탄과 이라크를 침공했지만, 독일은 완전한 주권국가로의 결정에 따라서 침공에 반대하고 직접 참가하지 않았다. 이 과정에서 미국과 영국은 독일의 안보정책을 점차 회의적인 시각에서 바라보게 되었고, 독일이 지나치게 군사력을 감축했다고 평가하게 되었다. 해외 안정화 작전에서도 독일이 취했던 소극적 태도는 "고통 분담을 피하려는 술수"로 인식되면서, 독일에 대한 전체적인 인식 자체가 변화했다.[4] 냉전 기간 독일연방군의 강력한 역

---

3 독일 통일조약(2+4 조약)을 통해 독일 군사력은 37만 명으로 한정되었다.

4 사실 독일 정치인들은 새로운 안보환경에서 선택의 폭이 넓어졌다는 사실을 인식하고 있었다. 하지만 독일은 미국의 이라크 침공에 동참하지 않기로 결정했으며, 이라크를 침공할 정도의 "증거가 없다"고 선언했다. 이 결정은 통일 독일이 완전한 주권국가로 내렸던 최초의 대외정책 결정이었으며, 따라서 미국은 이에 상당히 실망했다. 이와 함께 독일은 대외정책에서 군사적 비중을 의도적으로 축소했으며, 아프가니스탄 안정화 작전에서도 독일군 병력은 "가능한 한

량을 기억하고 있던 미국은 독일의 '무임승차'와 '배신 행위'를 점차 강력하게 비난하기 시작했다.

2014년에서 2017년 사이, 러시아 위협이 급증하고 안보환경이 근본적으로 변화했으며 이에 미국과의 유대관계가 강화되고 미국과 독일 사이의 잠재적 갈등요인이 사라졌다. 오바마 행정부는 러시아에 대한 독일의 태도에 만족했으며, 나토 방어태세 강화 과정에서 독일이 보여 주었던 '건설적 노력'에 사의를 표명했다. 특히 독일은 2014년 뮌헨 안보회의에서 유럽 방어에 더욱 많은 기여를 하겠다는 의지를 천명했고, 2014년 웨일스 정상회담에서는 러시아 위협에 대응하여 유럽 국가들이 GDP의 2%를 국방비로 지출하자는 합의안을 도출했다. 2015년 이후 독일 국방비는 빠른 속도로 증가했으며, 독일은 나토 군사력 증강안을 수용하여 8~10개 전투여단을 주축으로 하는 3개 사단병력의 증강을 결정했다. 독일은 과거 소련군 위협에 대항하는 나토 군사력의 주축을 맡았으며, 이제 나토 국가들은 러시아 위협에 대해서도 독일이 군사적으로 주도적인 역할을 수행해 주기를 바라고 있다.

하지만 2017년 이후 국내 정치적 이유에서 독일 정부는 GDP의 2%가 아니라 1.5%를 국방비로 지출하겠다고 선언했으며, 이후 미국과의 유대관계에서 많은 문제가 발생했다.

트럼프 행정부는 나토를 압박했으며, 독일은 곤경에 처했다. 이제 유럽 방어를 미국에만 맡기는 것은 어려워졌으며, 미국은 유럽의

노출되지 말라"는 훈련을 받고 사상자 축소에 집중하면서 아프가니스탄 안정화 자체는 경시했다. 프랑스가 사하라 사막 지역에서의 안정화 작전에 독일이 참여할 것을 요청했지만, 독일은 적극적이지 않았다. 리비아 문제에서도 독일은 다른 나토 국가와는 달리 유엔안전보장이사회 표결에 참여하지도 않았다.

무임승차를 비난했고 미국 공화/민주 양당은 독일의 군사적 소극주의에 공감하지 않게 되었다. 독일은 군사적 소극주의를 과거 역사에 대한 반성으로 인식하지만, 미국은 군사력 사용에 대한 독일의 소극적 태도를 이기적이고 국내 복지국가를 유지하는 데 필요한 비용을 마련하기 위해 국방비 지출 자체를 축소하기 위한 변명이라고 본다. 이것이 트럼프의 미국과 메르켈의 독일 사이에 발생하는 불신과 갈등의 주요 배경이다.

현재 시점에서 독일이 심각하게 받아들여야 하는 것은 트럼프 대통령의 공격적인 말이 아니라 러시아보다 더 많은 인구와 더 큰 경제 규모를 가진 유럽이 러시아 위협에 단독으로 대응해야 한다는 미국 전략 커뮤니티의 초당파적 견해이다. 이것은 다음 세 가지 측면에서 바라볼 수 있다.

우선 미국이 중국과 인도/태평양 지역에 관심을 집중하면서, 유럽은 스스로를 방어하는 데 필요한 군사적 역량을 강화해야만 하게 되었다. 이를 위해서는 유럽 최대의 국가인 독일이 적극적으로 행동해야 한다.

유럽은 인근 지역에서 —중동과 북아프리카에— 규칙에 기반한 국제질서를 수립해야 하며, 이를 위해서는 독일의 적극적인 관여가 필수적이다.

미국은 중국에 대한 정책에 유럽이 적극적으로 참여하기를 바란다. 트럼프 행정부는 미국의 중국 봉쇄에 유럽이 참여하기를 바라며, 바이든 행정부가 출범한 상황에서 미국은 규칙에 기반한 국제질서에서 중국을 관리하는 데 유럽이 그리고 특히 독일이 참여하기를 바란다. 미국은 유럽이 최소한 중국의 영향력 확대에 저항하기를 그리고 경제적/외교적/정치적으로 중국에 대항하는 공동 노력에 동참하기를 희망한다. 필요한 경우에는 제한적인 군사활동까지도 원하며, 이를 위해서는 독일 해군이 영국/프랑스 해군과 함께 해상 교통로 확보 작전에 동참하기를 바란다.

3) 프랑스: 독일의 가장 가까운 유럽 파트너

미국과의 유대관계를 제외한다면, 프랑스와의 밀접한 관계 덕분에 유럽은 국제정치의 중요한 행위자로 부상할 수 있었다. 독일과 프랑스가 잘 협력했을 때, 유럽 통합은 진전되었으며 강대국 경쟁의 희생자가 아니라 강대국 경쟁에서 중요한 행위자로 행동할 수 있었다. 유럽 최대의 국가인 독일과 프랑스가 연합하는 경우에, 유럽은 강대국으로 행동하는 데 필요한 모든 요소를 갖출 수 있으며, 러시아와 대결하고 중국이나 미국과의 경쟁에서도 생존이 가능하다. 프랑스는 유엔안전보장이사회의 상임이사국으로 거부권을 행사할 수 있으며, 지중해와 중동 지역에서 영향력을 가지고 있다. 또한 프랑스는 사하라 사막 지역과 그 이남의 아프리카에서도 상당한 발언권을 보이고 있고, 원양해군과 핵무기를 보유하고 있다. 반면 독일은 유럽 중앙부에 위치하고 있으며, 유럽 최고의 산업생산 능력과 경제력 그리고 재정금융 능력을 가지고 있다. 만약 독일과 프랑스가 연합해서 그 힘을 유럽 전체를 위해 사용한다면, 현실 세계에는 많은 변화가 있을 것이다.

그러나 독일과 프랑스의 군사력과 방어 태세에 대한 전략문화에는 큰 차이가 있다. 프랑스에서 국방부는 가장 영향력 있는 부서 세 개 중 하나지만, 독일에서 국방부는 상위 열 개 부서 중 하나에도 들어가지 못한다. 프랑스는 —그리고 영국은— 군사 개입을 "신속하게 개입하고 신속하게 철수"하는 것으로 간주하지만, 독일은 군사 개입을 최후의 수단으로 그리고 가장 마지막에 사용하는 수단이며 일단 실행하면 10년 이상을 개입해서 안정화를 달성해야 한다고 본다. 프랑스는 핵무기가 효과적인 수단이라고 생각하지만, 독일은 핵무기를 가지고 있지 않다. 프랑스는 무기 수출에 적극적이지만, 독일은 무기 수출에 많은 제한을 가하고 있다. 프랑스는 미국이 주도하는 나토에 소극적이지만, 독일은 나토 중심의 유럽 방어를 긍정적으로 평가하며 유럽연합은 낮은 수준의 위기관리에만 적합하다고 평가한다.

4) 영국: 나토에서 독일과 가장 비슷하게 생각하는 국가

블레어 총리가 "영국이 유럽연합의 지도자격 국가로 행동"하겠다고 선언했을 때, 독일과 영국 관계는 독일과 프랑스 관계 수준으로 밀접했다. 나토 내부에서 영국과 독일 관계는 더욱 밀접했으며, 양국은 "나토 내부의 소규모 동맹"과 같이 행동하면서 나토 내부의 결속력을 다지는 데 큰 역할을 했다.

하지만 독일의 입장에서 영국은 유럽연합의 기능을 군사안보 부분으로 확대하는 데 소극적이었으며, 영국 정부는 경우에 따라 유럽안보방어구상(European Security and Defense Initiative)이 실현되는 것을 저지했다. 예를 들어, 독일과 프랑스는 유럽연합 기능을 확대하여 안정화 작전에서 직접적으로 행동할 수 있도록 노력했지만, 영국은 유럽연합의 군사적 기능을 축소하려고 했다. 브렉시트는 충격이었으나, 이제 영국의 역할이 축소되었다. 나토에서는 여전히 영국의 위상과 러시아 위협에 대한 공통된 인식이 작동하지만, 이제 유럽연합에서 영국의 중요도는 급격히 감소했다. 영국에 대한 인식은 현시점에서 "유럽연합 외부에 존재하는 파트너 국가"이며, "다루기 어려운 파트너"로 변화했다.

5) 안보를 위한 나토와 번영을 위한 유럽연합

유럽 내부의 다자제도에서 독일이 주도적인 역할을 수행하고 다른 국가와 상호 보완적으로 행동한다는 것은 독일 국방안보 정책에서 근본 원칙이다. 독일의 중요성은 영국과 달리 유럽연합을 강조하며 프랑스와 달리 나토를 중시한다는 것이며, 주변 국가들의 이익을 반영하고 고려하면서 독일이 확보한 소프트파워에 있다. 하지만 독일은 영국/프랑스와는 달리 핵무기를 가지고 있지 않으며, 유엔안전보장이사회에서 거부권을 행사하지 못한다.

이러한 측면에서 독일은 두 가지 접근 방법을 사용한다. 나토에서 독일은 유럽 자체의 역량을 강화하면서 미국과의 유대관계를 공고하게 만들려고 하며, 동시에 유럽연합이 안보 부분에서도 더 많은 역할을 수행하도로 노력한다. 이러한 관점에서 독일은 유럽연합의 공동안보국방정책(European Security and Defense Policy)을 강조하고 있으며, 이를 통해 유럽 주변부에서 등장하는 다양한 저강도 위협에 대응한다. 하지만 러시아 위협과 같은 고강도 전쟁 가능성은 결국 미국과의 군사동맹을 통해서만 해결할 수 있다.

나토와 유럽연합이라는 두 가지 제도 덕분에 냉전 이후 유럽에서 안정지대는 동부 유럽으로 확대되었다. 이른바 "안정지대의 확대(Transfer of Stabilization)"가 작동했으며, 중부 유럽과 동부 유럽에서 나토는 생존을 그리고 유럽연합은 보다 나은 삶을 보장했다. 나토를 통해 유럽 국가들은 러시아 위협에서 안전할 수 있었고, 미국의 핵우산을 통해 유럽 전체의 안정성이 보장되었다. 그리고 유럽연합을 통해 생활 수준의 향상과 번영이 보장되었다. 이러한 측면에서 나토/유럽연합 확대에 대한 러시아의 비난은 잘못된 것이다. 나토가 공격적으로 동쪽으로 확대되지 않았다. 과거 소련/러시아 동맹국과 과거 소련을 구성했던 독립공화국들이 나토/유럽연합에 가입했을 뿐이며, 이들 국가는 소련/러시아와의 과거 경험에 기초하여 나토/유럽연합을 선택했던 것이다.

이러한 측면에서 "미국과의 유대관계를 유지하면서, 동시에 유럽통합을 강화(Stay Transatlantic and Become More European)"하는 것이 중요하다. 2014년 이후 독일은 이와 같은 입장을 취하고 있으며, 나토가 고강도 위협을 그리고 유럽연합이 저강도 위협을 담당하는 방식으로 대응하고 있다. 현재 시점에서 유럽연합의 군사역량은 낮은 수준이며 나토가 직접적으로 군사역량을 동원하는 것이 필수적이다.

(1) 독일의 나토 정책

독일은 러시아 위협에 직면하여 나토가 변모하는 과정에서 매우 중요한 역할을 수행했다. 이 과정에서 독일은 러시아 위협을 과장하지 않고 또는 경시하지도 않았으며, 중도적 입장을 견지하면서 북아프리카와 중동 지역에서의 저강도 분쟁 및 난민 문제에 직면한 남부유럽 국가들과 러시아 침공 가능성이라는 고강도 위협에 직면한 동부유럽 국가들의 입장을 잘 조율할 수 있었다. 이와 함께, 러시아와의 기본적인 접촉을 포기하지 않으면서 러시아와의 대화 가능성을 열어두고 있다. 2015년 국방예산을 증액하면서 독일연방군 및 나토/유럽연합 군사력의 즉응 태세를 강화했으며, 독일군 중심의 다국적 전투단을 리투아니아에 배치하고 발트 해 지역에서 항공정찰을 강화하고 있다. 이를 통해 나토 구성국들의 군사력 증강을 촉구했고, 신속대응

계획을 제시하여 러시아 위협에 대한 기본적인 대응계획을 수립했다.

특히 2013년에서 2017년 사이, 나토 의사결정에서 유럽 국가들이 주도적인 역할을 했으며, 오바마 행정부는 상당 부분 소극적이었다. 이러한 공백을 메운 것이 독일과 영국 그리고 프랑스 등 유럽 국가들이었다. 하지만 국내적 이유에서 이러한 접근 방식은 2017년 가을 이후 유지되기 어려워졌다. 독일 연방총선 과정에서 2014년 뮌헨 합의는 붕괴했고 이에 2024년까지 GDP 2%를 국방비로 사용한다는 결정은 번복되었다. 8~10개 전투여단으로 3개 사단병력의 군사력을 증강한다는 계획은 실현될 수 없었으며, 러시아 위협에 대응할 가장 핵심적인 수단은 재정적 이유에서 포기되었다. 그 결과 독일과 미국의 관계는 급속도로 악화되었으며, 트럼프 행정부는 독일/유럽의 무임승차를 격렬하게 비난했다. 2018년 나토 정상회담은 이러한 측면에서 재앙이었다. 나토는 "과거의 유물(obsolete)"이라는 트럼프의 발언과 나토는 "뇌사 상태"에 있다는 마크롱 프랑스 대통령의 발언, 이와 더불어 브렉시트와 터키 안보정책의 특이성 등은 서구 국가들을 위기에 빠뜨렸으며 동시에 나토의 응집력을 결정적으로 약화시켰다.

(2) 독일의 유럽연합 정책

독일에게 유럽연합은 평화의 상징이다. 유럽에서의 오랜 전쟁을 거치면서 독일은 유럽 통합이 평화와 번영을 유지하는 유일한 방법이라는 사실을 실감했다. 하지만 유럽연합은 독립된 주권국가가 되지는 못할 것이며, 군사안보 측면에서 자율성을 가지거나 주권국가처럼 행동하지도 못할 것이다. 물론 독일은 유럽연합이 '힘의 논리(language of power)'를 배워야 한다고 판단하고 있으며, 현재 상황에서 유럽연합이 점차 변화하고 있는 것 또한 부정할 수 없다. 하지만 이러한 학습 속도는 매우 느리며, 유럽연합이 진정한 의미에서 지정학적 경쟁의 중요성을 인식하고 그 경쟁에서 미국/중국/러시아와 대등한 독립된 행위자로 행동하는 데 오랜 시간이 걸릴 것이다. 그때까지 유럽은 나토를 통한 미국과의 연대를 유지해야 하며, 트럼프 행정부의 호전성과 도발을 무시하면서 미국 의회와의 협조관계를 강화할 필요가 있다.

(3) 양자주의 대신에 다자주의 선호

다자주의 제도에 기초해서 정책을 추진하는 것이 독일에게는 절대적으로 이익이며, 따라서 러시아와 중국, 그리고 최근 트럼프 행정부의 행동과는 반대로 다자제도를 보호하고 강화하는 데 집중할 필요가 있다. 현재 주요 강대국들은 다자제도 대신 양자제도를 선호하며, 이를 통해 유럽의 중소국가들을 양자적으로 접촉하면서 자신들의 이익을 극대화하려고 하지만, 유럽의 입장에서 이러한 양자주의는 각개격파될 가능성을 증가시킬 뿐이다. 따라서 다자제도를 —특히 나토/유럽연합을— 수호하고 이를 강화하는 것이 중요하다.

6) 도전요인을 명확히 식별해야 한다

독일은 전략적 경쟁자와 체제 차원의 경쟁 상대, 그리고 중소 규모의 도전요인에 직면하고 있다.

(1) 러시아: 유럽의 전략적 경쟁자

유럽 입장에서 전략적 차원의 가장 심각한 경쟁자는 러시아다. 푸틴이 통치하는 러시아는 나토/유럽연합 국가들의 영토적 단일성을 군사적으로 위협하고 있으며, 시리아/리비아 같은 유럽 주변부에서 기존의 규칙 기반의 국제질서를 파괴하는 데 앞장서고 있다. 2014년 러시아는 우크라이나를 침공하면서 현상타파 성향을 노출했으며, 이후에도 주변국을 위협할 수준의 군사력을 보유/증강하고 있다. 냉전 말기 독일은 고르바초프의 소련을 전략적 파트너로 규정하면서 협력관계를 유지했지만, 2012년 독일은 소련/러시아에 대한 기본 인식을 수정하면서 러시아를 유럽에서의 전략적 경쟁상대로 새롭게 규정했다. 하지만 대화와 데탕트의 이중 접근을 핵심으로 하는 하멜 개념 자체는 억지와 방어라는 형태로 변화되었지만, 그 기본 효용은 여전히 작동한다.

독일의 입장에서 러시아가 현상타파 성향을 보이는 것은 상당히 실망스러운 상황이었다. 독일은 러시아에게 전략적 동반자 관계를 제시하고 러시아를 근대화하고 러시아 경제—석유 수출에만 기반하고 있는—를 개혁할 인센티브를 제공했다. 하지만 지금과 같은 푸틴의 전제적 행태와 대외적 공격성에 대한 해결책은 없는 듯하다. 푸틴의 러시아는 주변에 자유주의적이고 번영하는 민주주의 국가가 존재한다는 사실 자체에 위협을 느끼며, 따라서 국경을 넘어 자신의 영향력을 행사하고자 한다. 이것은 용납될 수 없다.

(2) 중국: 서구 사회의 체제적 경쟁 상대

현재 중국이 전략적 동반자인가 경쟁자인가, 체제 차원의 경쟁 상대인가 전략적 적대국가인가, 아니면 이 모든 것인가에 대해서는 끝없는 논쟁이 가능하다. 지금까지 유럽은 중국을 무역 파트너로만 인식했으며, 거대한 수출시장으로 바라보았다. 하지만 이제 중국은 체제 차원의 경쟁자이며, 전략적 경쟁 상대이자, 서구 사회의 적대세력이라는 사실이 명확해지고 있다. 장기적으로 우리는 두 가지 가능성에 직면할 것이다. 중국이 전략적 동반자로 변화하거나, 아니면 현재 러시아와 같이 전략적 경쟁국가로 변화하는 것이다. 많은 정부들이 이러한 사실을 명확하게 인정하지는 않지만, 중국은 점차 전략적 경쟁 상대이자 체제 차원의 경쟁자로 변모하고 있으며, 자신의 영향력을 매우 공격적으로 확대하고 있다. 군사적 측면에서 현재 러시아와 중국은 정치군사적으로 협력하고 있으며, 양국 관계는 점차 사실상의 동맹으로 강화되고 있다. 때문에 서구 사회는 협력을 통해 중국의 부상을 적절하게 '관리'해야 한다.

(3) 기타 도전요인: 이란, IS 및 테러조직

강대국 경쟁이 격화되고 서구 세계가 위기에 처한 상황에서, 일부 중소국가들은 지역패권을 추구하면서 매우 공격적으로 행동하고 있다. 이란과 북한이 대표적이며, 이들 양국은 서구 세계의 규칙 기반의 국제질서에 도전하고 있다. 또 다른 문제는 알카에다와 IS 같은 테러조직이다. 하지만 러시아와 중국에 대응하는 정도의 군사력을 갖추고 있다면, 이란 및 IS 위협 등은 잘 대응할 수 있다.

(4) 터키 문제

독일의 경험에 비추어 볼 때, 터키는 나토/유럽연합의 충실한 구성원은 아니지만 기존 질서에 대한 도전자는 아닌, 두 가지 성격이 혼재되어 있는 국가다. 터키는 현상 유지를 바라지 않으며 중동 지역에서의 주도적인 역할을 추구하지만, 동시에 팽창 성향을 노골적으로 드러내지는 않는다. 독일/유럽 입장에서는 터키를 소외시킬 필요는 없으며, 터키가 서구 세계의 일부로 편입될 것인가의 결정은 결국 터키가 내려야 한다.

(5) 최악의 상황에 대한 군사적 결론

우리는 최악의 지정학적 경쟁에 대비해야 한다. 이것은 중국과 러시아가 서구 세계를 적대시하는 동맹을 체결하고 위기와 분쟁이 발발하는 경우에 서로 군사행동을 조율하는 것이다. 중국/러시아의 갈등이 지속될 것이라는 기존의 관측은 경험적으로 틀렸다. 만약 동아시아에서 미국과 중국이 충돌한다면, 러시아는 이 기회를 놓치지 않고 나토의 응집력을 와해시키기 위해 행동할 것이다. 이것이 유럽 입장에서는 최악의 상황이다.

4. 국내적 차원에서의 독일 국방안보 정책

1) 정치적 의지와 지도자, 그리고 시민사회와의 소통

이러한 관점에서 독일의 경험은 그다지 좋지 않다. 분명히 실패 사례도 있지만, 동시에 성공 사례도 있으며, 최소한 다음과 같은 교훈을 얻었다고 볼 수 있다.

국방과 관련하여 가장 중요한 것은 외부의 위협에 저항하겠다는 정치 지도자들의 의지이며, 이에 대한 국민의 정치적 지지다. 또한 외교적 수단을 사용하면서 동시에 외교적 수단을 뒷받침하는 군사력의 존재다. 특히 억지가 작동하기 위해서는 우리의 군사력이 상당한 정도로 구축되어야 하며, 전쟁이 벌어지면 효과적으로 싸우고 승리할 수 있어야 한다. 해외 위기관리 및 안정화 작전에서 요구되는 군사적 효율성과는 차원이 다른 정도의 군사력이 필요하며, 이를 통해 외부의 침략을 저지하고 보복할 수 있어야 한다.

문제는 민주주의 국가에서 이러한 군사력을 창출하는 것이 쉽지 않다는 것이다. 효과적인 군사력을 창출하기 위해서는 상당한 인적/물적 자원이 필요하며, 자유민주주의 원칙과는 다른 군 특유의 정신(fighting spirits)과 가치를 만들어 내야 한다. 물론 군사적 효율성과 군 특유의 가치/정신이 민주주의 원칙을 훼손해서는 안 되며, 인간의 존엄성과 기본권을 침범해서도 안 된다. 하지만 민주주의 원칙 때문에 군사력이 심각한 수준으로 저해되어서도 안 된다.

이러한 측면에서 문제가 발생했다. 통일 이후 독일은 억지와 방어에 필요한 기본적인 군사력과 교리를 포기했으며, 동맹국을 방어하고 유럽의 다른 동맹국들을 보호하는 데 필요한 정치적 의지를 상실했다. 독일은 징병제를 포기했고, 때문에 시민사회와 국가의 융합이 더 어려워졌다. 평화 애호의 원칙이 강조되면서 독일군은 전투를 수행하는 전사집단에서 유엔평화유지군으로 변화했고, 억지와 방어를 조합하여 소련군을 전면 방어했던 나토 군사력과 독일연방군은 냉전 종식과 함께 사라졌다. 현재 시점에서 인력과 자금을 투입하면 병력을 재건할 수는 있겠지만, 군 특유의 정신을 회복하는 것은 쉽지 않을 것이다.

2) 국방정책과 계획

나토는 2014년 웨일스, 2016년 바르샤바, 2018년 브뤼셀 나토 정상회담을 거치면서 국방정책과 계획을 변화시켜 왔다. 그리고 독일은 이러한 변화를 적극 수용하여, 군사력 증강에 집중했다. 뮌헨 안보회의에서 독일은 군사부분에서 더욱 많은 역할을 할 것을 다짐했으며, 이는 2015/16년 독일 국방정책의 변화와 예산 증액으로 이어졌다. 이를 통해 20만 명 규모의 병력이 증강되었고 새로운 군사기술에 대한 연구개발이 본격화되었다.

하지만 독일 정치 지도자들은 이러한 결정의 필요성을 의회와 정당 그리고 독일 국민에게 명확하게 설명하지 못했다. 나토 회의에서 독일 대표단은 군사력 증강을 공언했지만, 국내적으로는 이러한 군사력 증강이 왜 필요한지를 국민에게 설득하지 않았다. 2017년 가을 총선에서 국방비를 GDP의 2%로 증액하는 문제와 3개 사단 규모의 병력을 증강하는 문제는 결국 폐기되었으며, 이후 독일이 신뢰할 수 있는 동맹국인가에 대한 의구심이 증폭되었다.

또한 독일은 국민에게 장차 독일연방군이 유럽 방어에서 중추적인 역할을 맡아야 한다는 사실을 정확하게 설득하지도 않았다. 안보 전문가들은 이러한 필요성을 인식하고 있었지만, 일반 국민은 러시아 위협 문제를 심각하게 생각하지 않았고 결국 국방비 증액과 병력 증강은 선거 과정에서 폐기되고 말았다.

지난 30년간 독일이 저강도 분쟁에만 관여했고 1945년 이후 단 하나의 고강도 전쟁에는 참여하지 않았기 때문에, 많은 사람들은 러시아 위협에 대해서도 독일이 선택권이 있다고 착각했다. 하지만 이것은 선택의 문제가 아니다. 현재 시점에서 억지가 실패한다면, 우리는 냉전 시기에 대비했던 것과 같은 소련/러시아와의 전면 전쟁에 휩쓸리게 된다. 지금까지 이러한 가능성은 냉전 종식과 함께 사라졌다고 생각되었지만, 이제는 환경 변화에 따라서 그 가능성이 새롭게 등장했다.

이러한 관점에서 본다면, 현재 독일 군사력 재건에서 가장 심각한 문제는 예산과 인력이 아니라 사고방식이다. 즉, 독일 사회가 러시아 위협을 인식해야 하며, 이제는 독일이 유럽 방어의 중추적 역할을 수행해야 한다는 사실을 수용해야 한다. 하지만 정치 지도자들은 이러한 문제를 국민에게 명확히 설명하지 않고 있으며, 따라서 국민은 해당 사안에 대해 아직까지도 탈냉전 시기의 사고방식에 안주하고 있다.

3) 군비통제와 군사기술

무엇보다 독일은 군비통제와 군축의 중요성을 과대평가했다. 독일은 고르바초프의 소련과 군비통제와 군축에 합의하면서 냉전을 종식시켰지만, 푸틴의 러시아는 군비통제와 군축을 무시했다. 물론 상당한 시간이 소요될 수 있으며, 소련 또한 1980년대 경제난에 봉착해서야 군사력 감축을 시작했다.

또 다른 문제는 새로운 군사기술이다. 현재 독일에서는 새로운 기술을 응용한 무기체계에 대해 많은 논의가 존재하며, 독일 특유의 도덕성과 윤리적 기준은 해당 논쟁에서 중요한 변수로 작동하고 있다. 독일은 이른바 4차 산업혁명에서 선두주자이며, 민간시장에서는 뛰어난 상품들을 제공하고 있다. 하지만 이와 같은 기술을 군사적 용도로 사용하는 것에 —특히 이것을 해외에 수출하는 문제— 관해서는 매우 강력한 규제가 작동하고 있다. 과거 나치독일의 경험 때문에 독일은 매우 소극적으로 행동하고 있으며 엄격한 도덕적/윤리적 기준을 적용하고 있다. 현재 다른 어떤 국가도 이러한 정책을 취하고 있지는 않으며, 따라서 러시아 위협에 대응하는 독일연방군 현대화에서 드론과 자율무기체계의 도입 문제는 여전히 토론의 대상이며, 어떤 결정이 내려져 있지는 않다.

하지만 독일은 나토의 군사력 증강 결정에 따라 중화기 증강을 시작했고, 그리하여 전차와 포병 전력이 빠른 속도로 재건되었다. 이에 기초해서 독일연방군은 기갑전력을 재건하고 새롭게 부대를 편성하여 훈련을 재개하면서 운용 방식을 다시 습득하고, 과거 냉전 시기의 경험을 재축적하고 있다. 물론 독일이 보수적인 입장에서 물량 측면의 군사력 증강을 시작했다고 볼 수 있지만, 4차 산업혁명과 디지털 기술을 접합하는 문제에서도 많은 연구가 진행되고 있다. 때문에 미래 세계에서 독일연방군은 중무장하고 유연하면서 동시에 디지털 기술에서도 현대적일 것이다. 물론 이러한 군사력을 구축하기 위해서는 많은 비용이 소요된다.

사이버 능력은 공격 및 방어의 측면에서 모두 중요하다. 따라서 사이버 영역은 지상/해상/공중 등과 동등한 전투영역으로 취급해야 하며, 독립된 사령부와 독자적인 전력이 필요하다. 또한 사이버 안보 능력을 강화하고 핵심 인프라를 보호할 능력이 중요하다.

이러한 측면에서 지휘통제 능력을 유지하는 방안에 대해 고민해야 한다. 이것은 단순히 병력지휘 문제에 그치는 것이 아니라 민간정부가 전쟁 상황을 파악할 수 있도록 그리고 사회의 핵심 기능의 작동 상황을 파악할 수 있도록, 지휘통제 능력을 구축해야 한다. 이러한 측면에서 중국 기술에 대한 의존은 심각한 문제를 야기할 수 있다. 지금처럼 중국이 유럽의 핵심 정보에 접근할 수 있고 디지털 인프라를 통제한다면, 유럽은 유사시 복구능력에서 심각한 문제에 직면할 수 있다. 현재 문제가 되는 것은 결국 화웨이(Huawei)와 5G 기술이며, 이것은 군사/민간 목적 모두에 사용될 수 있는 기술이다. 당분간 유럽은 중국을 제외한 다른 국가들의 정보통신기술에 의존해야 하며, 이것이 더 많은 비용을 필요로 하겠지만 중국공산당이 통제하는 중국 기업에 의존하는 것보다는 나을 것이다.

4) 독일연방군의 근원적 문제: 탈영웅적 시민사회를 반영하여 전투의 전통을 상실한 군대

냉전 종식의 가장 부정적인 유산은 사고방식의 변화였다. 민주주의 국가인 독일연방공화국에서 더 이상 영웅은 필요하지 않았고, 시민들은 평화를 사랑하고, 종교의 영향에서 독립되며, 무엇보다 여론이 모든 것을 지배했다. 때문에 독일연방군은 새로운 사고방식에 적응했으며, 이것은 필요했고 필연적이었다. 냉전 시기에는 소련이라는 서독에 대한 직접적인 군사위협이 존재했기 때문에 상황이 달랐다. 냉전 기간 서독의 정치 지도자들은 대규모 병력으로 구축된 강력한 재래식 군사력의 필요성을 강조했으며, 이를 통해 독일이 유럽 방어의 중추적 역할을 수행해야 하고 수행하고 있다는 사실을 역설했다. 덕분에 군사력 구축에 있어서 정치적 장애물은 쉽게 극복할 수 있었다.

하지만 현재 시점에서 독일연방군은 다른 유럽 국가들의 군대와 다르다. 독일연방군은 군사적 전통에서 완전히 분리된 군사조직이며, 정당화될 수 있는 전쟁 영웅(war heroes)을 가지지 않은 군대다. 때문에 독일연방군은 전쟁에 대비하고 억지/방어에 집중한다는 군의 근원적 임무를 수행하는 데 필요한 정신적 뿌리를 상실했다.

이러한 상황은 다음과 같이 요약할 수 있다. 현재 독일 국방정책은 전례 없이 어려운 상황에 처해 있다.

군사력 재건에 필요한 인력과 재원을 마련하는 것은 가장 심각한 문제는 아니다. 3개 사단의 병력 증강과 공군/해군/사이버 능력 등을 구축하는 것은 정치적 의지만 수반된다면 쉽게 해결할 수 있다. 어느 정도의 시간과 충분한 재원이 있다면 연구개발과 획득 정책 등을 변화시킬 수 있으며, 이를 통해 나토 방어에 필요한 군사력을 재건할 수 있다.

심각한 문제는 독일 사회가 아직까지도 새로운 냉전에 대해서 – 러시아 또는 중국과의 전략적 대립 가능성에 대해서– 준비되어 있지 않다는 사실이다. 독일의 정치 지도자들 또한 미국이 인도/태평양에서 중국의 팽창을 저지하고 독일이 유럽에서 러시아의 팽창을 저지하는 분업을 시작해야 한다는 사실에 대비하지 않는다.

독일 국민과 정치 지도자들의 인식 변화가 없다면, 독일연방군은 나토 방어에서 주도적인 역할을 수행하기 어렵다. 따라서 독일은 새로운 현실을 수용해야 한다. 독일은 향후 많은 변화를 추구해야 하며, 독일 군사력이 새로운 상황이 요구하는 임무를 수행할 군사력을 구축하기 위해서 더욱 노력해야 한다. 이제 전투기술과 현대식 무기, 그리고 필요한 경우에는 적군과 싸워서 전쟁에서 승리하는 데 필요한 의지와 정신력이 필요하다.

5. 독일의 경험에서 얻을 수 있는 교훈

냉전이 해피엔딩으로 끝난 이후 독일 국방안보 정책에서는 몇 가지 잘못된 부분이 존재했다. 이에 다음과 같은 교훈을 제시할 수 있다.

1) 현실적 상황 인식

(1) 지정학적 현실을 무시한 희망적 사고

전략적 차원에서 독일 통일과 같은 환상적인 성공을 거두었다고 해도, 절대로 들뜨지 말아야 한다. '역사의 종말'이란 없다. 지정학적 경쟁은 영원히 존재하며, 조만간 다시 등장한다. 우리 모두는 이에 대비하고 있어야 한다.

(2) 우리 자신의 선전을 믿어서는 안 된다

독일은 1990년 통일 이후 ① 주변에 적국은 없고 주변 국가들과 우호적인 관계를 유지할 수 있으며, 규칙에 기반한 국제질서가 독일을 보호할 수 있기 때문에 독일은 평화 애호국으로 남을 수 있다고, ② 러시아는 위협의 근원에서 전략적 동반자로 변화했다고, ③ 중국은 이제 독일과 같이 행동하면서 '서방식 가치'를 수용할 것이며 따라서 독일은 중국과의 무역/경제 관계를 강화해야 한다고 믿었다.

(3) 보다 현실적인 위협평가

위협평가를 정확하게 해야 한다. 우리가 어떠한 환상을 가지고 있든 사회에서 어떠한 희망적 관측을 하든, 위협평가는 객관적 증거에 기초하여 정치적 압력에서 자유롭게 이뤄져야 한다. 단, 민주주의 원칙에 기초하여 문민통제의 원칙(the principle of political primacy over the military)을 지키는 한도에서 객관적으로 이뤄져야 한다.

2) 국제적 차원에서 전략적 자리매김

동맹과의 파트너십이 중요하다. 절대 고립되지 말고, 서방 측 제도의 일부로 남아야 한다. 독일 통일과정에서 최고의 선택은 통일 독일이 나토/유럽연합에 잔류한 것이었다.

다자제도에서 무임승차를 하는 것은 장기적으로 도움이 되지 않는다. 미국에 부담을 넘기는 것은 단기적으로는 이익을 가져오지만, 장기적으로는 지속 가능하지 않다. 따라서 개별 국가의 능력에 맞는 정도로 부담해야 한다.

세계 차원에서 여러 국가들과 우호관계를 유지하고 서로 지원하면서 협력을 지속해야 한다. 인도/태평양 지역에서 발생하는 모든 것은 유럽의 안보와 직결된다.

미국/중국/러시아의 지정학 경쟁이 시작된 상황에서, 독일은 전략적 자리매김을 해야 한다. 경험적으로 유럽이 가장 안전하고 번영하고 평화로웠던 시기는 미국과의 유대관계를 돈독히 하면서 내부에서 통합이 되었던 시기였다. 따라서 이러한 유대관계와 통합은 가능한 한 오래 유지되어야 한다.

3) 국내 차원에서 정치 지도자의 역할과 국민 설득

국방에 많은 자원을 투입하고 이를 유지하는 것은 매우 어려우며, 특히 민주주의 국가에서는 정치 지도자들이 국민을 설득해야 한다. 이를 위해서는 의회에서 이 문제를 끊임없이 토론해야 하며, 언론에서도 이 문제를 계속 언급해서 여론을 주도하고 조성해야 한다.

국방 관련한 주요 사안에서 국내외적으로 서로 다른 입장을 제시해서는 안 된다. 대외적인 입장과 대내적인 입장이 서로 다르면, 그 국가의 행동에 대한 신뢰성이 떨어지며 동시에 국내적으로도 정치적 지지를 결집시키지 못한다.

4) 국방계획 수립: 적절한 계획으로 실행 과정의 문제점을 예방할 수 있다

국방계획을 세울 때는 능력이 아니라 위협에 기초해야 한다.

위협에 기반한 국방계획을 능력 기반으로 변경하여 과거 적국과의 정치적 관계를 개선하고 동반자 관계를 수립하는 데 주의해야 한다. 나토는 독일을 비롯한 많은 국가들의 요청에 따라 능력에 기반한 위협평가를 채택했다. 하지만 그 결과는 참담하다. 설사 능력 기반으로 변경했다고 해도, 상대방의 행동을 면밀히 관찰하고 현실감각을 유지해야 한다.

선택을 할 수 있는 전쟁과 필요해서 수행해야만 하는 전쟁은 다르다. 따라서 두 종류의 전쟁을 수행하는 데 필요한 군사력을 구축해야 하지만, 실제로는 하나의 군사력을 구축하고 두 종류의 전쟁을 수행할 수 있도록 교육하고 훈련하고 이에 필요한 장비를 제공해야 한다.

전략환경의 변화에 따라서 군사력 구조를 바꾸는 것은 합리적이다. 하지만 단순히 '인식된 가능성(perceived likelihoods)'에만 초점을 맞추는 것은 적절하지 않다. 그리고 우리가 수행할 가능성이 높은 임무에만 특화해서는 안 된다.

우리가 직면할 다양한 분쟁/임무/전쟁 유형 가운데 가장 어려운 것에 맞춰 군사력 준비 태세를 유지해야 한다. 따라서 주변 강대국과의 고강도 전쟁에 대한 대비가 중요하며, 이것은 해외 안정화 작전과는 큰 차이가 있다.

고강도 전쟁에 대한 지식과 경험을 상실하면, 이를 재건하는 것은 매우 어렵다. 민주주의 국가에서도 주기적으로 군사력 사용에 필요한 훈련이 요구되며, 민군협력을 통한 위기대처 능력을 배양해야 한다.

안보정책 수단은 다양한 최신 상태로 유지되어야 한다. 특히 다양한 군사수단을 모두 사용할 수 있어야 한다. 외부 위협에 대한 방어든 해외 안정화 작전이든, 최신 수준의 외교/정치/군사/경제/개발협력 수단이 필수적이다. 이것을 어떻게 사용하는가는 개별 사례에 따라 다르지만, 개별 사례에 따라 유연성을 발휘해야 한다.

고강도 분쟁에 최적화된 군사력은 저강도 분쟁에서도 사용할 수 있다. 하지만 저강도 분쟁에 특화된 군사력은 고강도 분쟁에서는 사용할 수 없다.

군비통제에 있어서 새로운 군사기술과 관련하여 도덕적/윤리적 기준 설정을 유연하게 그리고 현실적으로 해야 한다.

제5장

시진핑 시대 중국의 군사혁신 연구*

육군의 군사혁신 전략을 중심으로

차정미

1. 서론

1) 중국의 부상과 강군몽, 그리고 '군사혁신'

중국은 1978년 개혁개방 이후 군사현대화를 포함한 4개 현대화를 추진했으나, 경제성장을 최우선으로 하면서 상대적으로 군사현대화는 주목받지 못해 왔다. 당시 덩샤오핑(鄧小平)은 군사현대화에는 돈과 기술력이 필요하고, 이는 오로지 경제발전을 통해서만 가능한 일이라고 강조했다.[1] 또한 개혁개방 시기 덩샤오핑의 세계정세 인식

* 이 글은 ≪국제정치논총≫, 61권 1호 (2021)에 게재한 논문을 수정·보완한 것이다.

1 Andrew J. Nathan and Andrew Scobell, *China's Search for Security* (Columbia University Press, 2012), p. 279.

은 중단기적 관점에서 세계전쟁의 가능성이 높지 않고 당분간 평화시기가 지속된다는 것이었고, 이에 1984년 중앙군사위회의는 임전태세에서 벗어나 평시의 군사현대화 태세로 전환한다는 방침을 결정하고 100만 명의 군인을 감축하는 개혁안을 통과시켰다.[2] 이렇듯 1980년대 중반 중국의 군사현대화 담론은 생산우선 정책과 세계 평화정세 인식 위에 기반하고 있었다. 개혁개방 43주년을 맞이하는 오늘날의 중국은 덩샤오핑이 군사현대화의 전제로 제시한 돈과 기술력을 확보했고, 미중 패권경쟁의 긴장 속에서 세계 평화정세에 대한 인식 또한 변화하고 있다. 중국은 중화민족의 위대한 부흥을 꿈꾸고 있으며, 세계일류강군 건설은 중국몽 실현의 핵심요소로 강조되고 있다. 오늘날 중국의 경제력 부상, 안보정세 인식의 변화, 기술력의 발전과 세계 군사혁신의 추세는 중국이 전면적인 '군사혁신'을 시작하게 하는 동력이 되고 있다.

이 글은 이렇듯 중국 경제력의 부상, 첨단기술의 발전, 전쟁개념의 변화와 미중 패권경쟁의 심화라는 다양한 요소 속에서 추동되고 있는 시진핑(習近平) 시대 중국의 군사혁신을 분석한다. 중국은 1991년 걸프전쟁으로 '기술'과 '정보전쟁'의 중요성에 주목하면서, '군사혁신(RMA: Revolution in Military Affairs)'의 개념을 본격적으로 도입하기 시작했다.[3] 이후 중국의 군사혁신에 대한 연구가 주목을 받아 왔으나, 대부분의 연구들은 덩샤오핑 시대의 군사현대화 전략과 담론, 1990년대 정보화 전쟁에 대한 인식과 군사혁신 담론에 머무르고 있

---

2 姬文波, "改革开放以来中国军事战略方针的调整与完善," ≪政治研究≫, 2018年 1期 (2019), p. 59.

3 Jagannath P. Panda, "Debating China's 'RMA-Driven Military Modernization': Implications for India," *Strategic Analysis*, 33(2) (2009), p. 287.

다.[4] 시진핑 시기 중국 군사혁신에 대한 연구, 그리고 군 조직, 작전체계, 군사무기체계 혁신 등 전면적이고 포괄적인 군사혁신의 양상을 구체적으로 분석한 연구가 취약한 현실이다. 이에 이 글은 시진핑 시대 군사혁신 전략과 군 조직 개편, 군사기술 혁신 등 군사혁신의 구체적인 추진 양상을 분석한다. 특히 정보화 지능화 군사혁신 과정에서 규모가 축소되면서, 상대적으로 해·공군에 비해 주목받지 못해왔던 중국 육군의 군사전략과 군사조직, 군사기술 혁신을 중심으로 시진핑 시대 중국의 군사혁신을 분석한다.

2) 이론적 분석틀: 개념과 기술 주도의 전면적 군사혁신

전쟁 양상의 변화하는 특징에 대한 군의 대응, 군사혁신은 '기술 주도(technology-driven)'와 '개념 주도(concept-driven)'로 구분할 수 있다.[5] 과연 중국의 군사혁신은 전략과 개념이 추동하는 혁신인가, 기술이 추동하는 혁신인가? 이에 대해 데니스 블라스코(Dennis J. Blasko)는 중국군의 인식에서 기술과 전략의 관계를 분석하면서, 군사독트린이 기술의 발전에 영향을 미치는 미국과 달리 중국은 기술이 전략

---

4 Kai Liao, "The Future War Studies Community and the Chinese Revolution in Military Affairs," *International Affairs*, 96(5) (2020); Jacqueline Newmyer, "The Revolution in Military Affairs with Chinese Characteristics," *Journal of Strategic Studies*, 33(4) (2010); Baocun Wang and James Mulvenon, "China and the RMA," *Korea Journal of Defense Analysis*, 12(2) (2000); Michael Pillsbury, *China debates the future security environment* (Washington, DC : National Defense University Press, 2000).

5 Serhat Burmaoglu and Ozcan Saritas, "Changing characteristics of warfare and the future of Military R&D," *Technological Forecasting & Social Change*, 116 (2017), p. 151.

을 결정해 왔다고 강조한다.[6] 중국의 군사전략이 기술의 발전에 영향을 받아 왔고, 기술 주도의 군사혁신에 비중을 두어 왔다는 것이다. 군사혁신의 수준과 관련하여, 바오쿤 왕(Baocun Wang)과 제임스 멀베넌(James Mulvenon)은 '부분적인 군사혁신'과 '복합적인 군사혁신' 두 가지로 구분한 바 있다. 군사혁신은 군사이론, 군 조직, 지휘체계, 군사기술, 무기장비체계 혁신 등으로 나타날 수 있는데, 이러한 혁신이 특정 분야에서만 전개되느냐 전 분야에서 포괄적으로 전개되느냐에 따라 부분혁신과 복합혁신으로 구분할 수 있다. 왕과 멀베넌은 부분적인 군사혁신은 대체로 기술의 발전에 의해, 복합적인 군사혁신은 기술혁신과 사회 변화, 안보환경 변화 등 다양한 요소에 의해 일어난다고 주장했다.[7]

이 글은 시진핑 시대 군사혁신이 단순히 군사기술 혁신뿐만 아니라 전쟁개념의 변화와 정세 변화, 전략목표의 변화에 따라 군사전략과 군 조직, 무기장비체계 혁신이 동시에 추진되는 복합적·전면적 혁신이라는 점에 주목한다. 시진핑 시대 중국은 4차 산업혁명 기술의 부상과 함께 군사지능화 혁신을 군사현대화의 핵심 방향으로 내세우고 있다. 시진핑 체제 중국의 군사혁신은 개념주도 혁신과 기술주도 혁신이 동시에 전개되는 양상이라고 할 수 있다. 1980년대 덩샤오핑 시대의 군사혁신이 경제발전이라는 국가목표와 세계평화 지속이라는 정세인식, 정보화 발전의 기술환경 속에서 논의된 것이라

---

6 Dennis J. Blasko, "'Technology Determines Tactics': The Relationship between Technology and Doctrine in Chinese Military Thinking," *The Journal of Strategic Studies*, 34(3) (2011), pp. 356~358.

7 Baocun Wang and James Mulvenon, "China and the RMA," *Korea Journal of Defense Analysis*, 12(2) (2000), pp. 275~303.

면, 시진핑 시대의 군사혁신은 21세기 중엽 세계 일류강국 건설, 중화민족의 위대한 부흥이라는 국가목표, 미중 패권경쟁 심화와 군사적 대비태세 강화, 인공지능으로 대표되는 4차 산업혁명 기술이 부상하고 있는 환경에서 추진되고 있다. 이 글은 제2절에서 개혁개방 이후 중국의 군사현대화, 군사혁신 전략과 담론을 분석하고, 시진핑 시대 군사혁신이 기술과 개념이 주도하는 전면적 군사혁신임을 강조하며, 제3절과 제4절은 이러한 전면적 군사혁신의 구체적인 양상을 육군의 군사전략과 군 조직 혁신, 군사기술과 무기장비체계 혁신을 중심으로 분석한다. 결론에서는 시진핑 시대 중국의 전면적 군사혁신 가속화가 미중 군사력 경쟁과 주변국 안보에 미치는 함의를 제시한다.

2. 중국의 군사혁신과 시진핑 시대 군사지능화 혁신 전략

1) 개혁개방 이후 중국의 군사전략과 군사혁신: 평화정세 인식과 군사현대화

중국의 군사현대화는 중국건국 초기인 1950년대부터 마오쩌둥(毛澤東)이 제시한 '4개 현대화' 핵심과제 중 하나로 지속되어 왔다.[8]

---

8 1953년 마오쩌둥은 과도기 총노선 요강에서 최초로 공업, 농업, 국방, 교통운수업의 현대화라는 '4개 현대화' 개념을 제시한 바 있다. 刘炳峰, "毛泽东完整提出"四个现代化"目标的前前后后," ≪中华魂≫, 10 (2019), p. 49; 마오쩌둥은 이후 사회주의 건설을 위한 공업, 농업, 과학문화와 국방현대화를 강조하면서 4개 현대화의 동시발전을 강조했다. 赵万须, "毛泽东对我国国防现代化的战略谋划和实

1978년 개혁개방 이후에도 군사현대화는 핵심과제였으나, 경제발전을 최우선으로 하는 국가전략의 방향 속에서 상대적으로 주목받지 못해 왔다. 개혁개방 이후 덩샤오핑은 중단기적 관점에서 세계전쟁의 가능성이 높지 않다는 인식하에, 1984년 중앙군사위회의를 통해 과거 '조기 전쟁, 큰 전쟁, 핵전쟁(早打、大打、打核战争)'[9]이라는 임전의 준비에서 벗어나 평화시기 군사현대화의 방향으로 전환을 제시하면서 100만 명의 군인을 감축하는 내용의 '군대체제개혁과 정비방안(军队体制改革、精简整编方案)'을 발표한다. 이후 1988년 중앙군사위는 '군대개혁 가속화와 심화를 위한 중앙군사위 의견(中央军委关于加快和深化军队改革的工作纲要)'을 통해 군대의 전략적 목표가 '현대화된 국지전쟁에서의 승리'임을 명확히 하고 군사전략 방침으로 '적극방어(积极防御)' 전략을 채택했다.[10] 적극방어 전략은 1930년대 국공내전 시기부터 마오쩌둥이 전략방침으로서 제시했던 것으로, 덩샤오핑 이후 중국의 군사전략 방침으로 공식화되었다.[11] 중국은 마오쩌둥 사후인 1977년 10월 중앙군사위원회 산하에 전략위원회를 신설하고, 군사전략과 관련한 집중토론을 통해 '적극방어, 적의유인(积极防御、诱敌深入)' 전략을 명확히 했다. 전쟁 초기에는 적의 습격을 분쇄하여 국가가 전쟁체제

践," ≪党的文献≫, 5 (2019), p. 66.

9 중국은 건국 이후 1960년대 대미위협과 중소분쟁으로 안보환경이 악화하는 가운데 조기 전쟁, 큰 전쟁, 핵전쟁에 대비해야 할 필요성을 강조했다. 赤桦·高杨·吴天天, "20世纪六七十年代中国战备指导思想浅析," ≪军事历史≫, 5期 (2008).

10 姬文波, "改革开放以来中国军事战略方针的调整与完善," ≪政治研究≫, 2018年 1期 (2019), p. 59.

11 국공내전 시기 마오쩌둥은 적극방어와 적을 깊숙이 유인하는 전략을 통합한 전략방어 개념을 최초로 제시한 바 있다. 夏明星·刘红峰, "积极防御军事战略方针的确立," ≪钟山风雨≫, 6期 (2015), p. 7.

로 전환되지 않도록 적극 방어하는 것이고, 이후에는 계획에 따라 적을 목표한 전장으로 유인하여 상황에 맞게 다양한 작전 운용을 통해 적을 섬멸한다는 것이다.[12]

중국의 개혁개방과 군사현대화의 천명에도 불구하고 중국군의 낙후성은 1980년대 이후 지속해서 중국군의 주요 과제로 인식되었고, 정보화 발전의 가속화와 세계 주요국들의 군사혁신 상황은 중국에 있어 스스로의 전력을 뒤돌아보게 하는 요소가 되었다. 특히 1991년 걸프전쟁은 중국군의 현대화에 큰 영향을 미친 사건이었다고 할 수 있다. 걸프전 직후 중국군사과학원은 군 고위급 간부들을 소집하여 '걸프전 좌담회'를 개최했고, 장쩌민(江澤民)이 직접 좌담회에 참석하여 현대전쟁의 특징과 첨단기술, 세계 군사분야에서 발생하고 있는 근본적 혁신을 주의해야 한다고 강조했다. 1992년 제14차 당대회 이후 새롭게 구성된 중앙군사위 지도부는 새로운 시대의 군사전략 수립을 핵심 의제로 하고 장쩌민이 주도하여 군사위 부주석 장전(张震)이 총괄하고 총참모부, 군사과학원, 국방대학과 중앙군사위판공청이 초안 작업을 함께 추진하는 연구조직을 운영하도록 결정했다. 이후 1993년 중앙군사위 확대회의가 개최되고, '첨단기술 조건하의 국지전 승리'를 목표로 한 군의 질적 발전이 강조되었다.[13] 당시 중국 군사전략 수립에 핵심적 역할을 했던 류화칭(刘华清) 중앙군사위 부주석은 1993년 "중국의 군사현대화 수준이 현대전쟁의 요구와 상당한 격차가 있다는 것이 중국이 당면한 주요 모순"이라고 강조한

12 吕晓勇, "新时代国防和军队建设的科学指南: 习近平新时代强军思想解读," ≪当代中国史研究≫, 25(1) (2018), p. 72.

13 姬文波, "改革开放以来中国军事战略方针的调整与完善," ≪政治研究≫, 2018年 1期 (2019), p. 59.

바 있다.[14] 중국의 군사력이 정보통신이 기반이 된 현대화 전쟁의 요구에 미치지 못하는 상황에서 군사혁신으로 그 격차를 좁혀 나가야 한다는 것이다.

후진타오(胡錦濤) 시대 들어 중앙군사위는 2004년 6월 확대회의에서 중국의 새로운 전략목표와 임무를 제시했다. 중국은 덩샤오핑 시기 '현대화된 조건하의 국지전' 승리, 장쩌민 시기 '첨단기술 조건하의 국지전' 승리, 후진타오 시기 '정보화 조건하의 국지전' 승리를 군대의 전략적 목표로 설정했고, 최근에는 '정보화 국지전(信息化局部战争)' 승리로 조정했다.[15] 이는 전쟁의 양상이 정보화 기반을 넘어 전쟁수행 행위자 자체가 인공지능과 드론 등 정보전쟁, 지능화 전쟁으로 진화하고 있다는 인식에 근거한 것이라 할 수 있다.

2) 시진핑 시대 중국의 군사전략과 군사혁신: 개념과 기술 주도의 복합적 군사혁신

시진핑 체제 들어 중국은 21세기 중반 세계 일류강국이 되겠다는 중화민족의 위대한 부흥을 꿈꾸며, 강한 군대를 중국몽 실현의 핵심 요소로 내세우고 있다. 시진핑은 2017년 제19차 당대회에서 2020년까지 인민해방군이 기계화와 정보화로 군사력을 제고하고, 2035년까지 인민해방군의 현대화를 완성, 2050년까지 세계일류의 강한 군

---

14 刘华清, "坚定不移地沿着建设有中国特色现代化军队的道路前进," 人民网, 1993. 5.20. http://www.china.com.cn/guoqing/2012-09/12/content_26748029.htm (검색일: 2020.10.16)

15 姬文波, "改革开放以来中国军事战略方针的调整与完善," ≪政治研究≫, 2018年 1期 (2019). p. 61.

대를 만든다는 강군몽 달성의 계획을 밝힌 바 있다.[16] 시진핑은 또한 "전쟁을 계획하고 지휘하기 위해서는 과학과 기술이 전쟁에 미치는 영향에 세심한 주의를 기울여야 한다"라고 지적하고, "과학기술 발전과 혁신이 전쟁과 전투 방식에 중대한 변화를 가져올 것"이라고 강조한 바 있다.[17] 과학기술 발전에 따른 전쟁과 전투 방식의 변화에 주목하고 이를 기반으로 중국의 강군몽을 실현해야 한다는 것이다. 이러한 강군몽의 비전은 군사독트린과 군 조직, 작전체계, 군사기술 등을 새로운 시대에 부합하는 방향으로 현대화하고자 하는 군사혁신을 본격화하게 하고 있다. 과학기술과 전쟁 양상의 변화에 부합하는 군 조직 혁신의 강조는 2015년 말 대대적인 군 조직 개편으로 나타나고 있다.

시진핑 시대 중국 군사혁신은 개념주도 군사혁신과 기술주도 군사혁신이 상호 작용하면서 조직과 군사기술 모두에서 혁신이 전개되는 복합적 혁신 양상을 보이고 있다. 시진핑 시대 복합적 군사혁신의 동력은 첫째, 국가전략의 변화에 있다. 중국은 세계 일류강국화를 목표로 '해양강국'과 '육해통합(陆海统筹)'이라고 하는 지정학 전략 변화를 모색하고 있다. 중국은 강대국으로의 부상에 부합하는 새로운 지정학 전략이 필요하다는 인식하에 다양한 지정학 연구들을 전개해 왔으며, 대륙국가로만 인식되던 중국의 지정학 전통에 대한 성찰을 바탕으로 해양국가로서의 정체성을 강화하는 확장적인 지정학 논의들이 부상하고 있다.[18] 시진핑 시대 복합적 군사혁신의 두 번째 동력

---

16 차정미, 「4차 산업혁명 시대 중국의 군사혁신: 군사지능화와 군민융합(CMI) 강화를 중심으로」, ≪국가안보와 전략≫, 20(1) (2020).

17 李风雷·卢昊, "智能化战争与无人系统技术的发展," 无人系统技术, 2018.10.25. https://www.sohu.com/a/271200117_358040

은, 4차 산업혁명 시대 인공지능 등 첨단기술의 부상, 그리고 이를 적극적으로 군사화하는 세계 주요국들의 추세이다. 이와 함께 급격히 부상하는 중국의 기술력 또한 주요한 동력으로 작용하고 있다. 시진핑 시대 중국은 4차 산업혁명이라는 기술혁신과 전쟁 형태의 변화에 주목하면서 미국 등 선진 군사강국들이 보여 주고 있는 전략과 기술의 변화를 연구하고 중국 군사강국화의 전략적 기회를 모색하고 있다. 시진핑 시대 복합적 군사혁신의 세 번째 동력은 대외 안보정세에 대한 인식의 변화이다. 미중 패권경쟁과 갈등 심화의 양상은 개혁개방 시기 가까운 시일 내 전쟁은 없을 것이라고 했던 덩샤오핑 시대의 평화적 정세인식을 변화시키고 있다.

이렇듯 시진핑 시대 군사혁신은 인공지능 등 기술의 발전과 함께, 중국의 강대국화 전략과 미중 패권경쟁의 심화, 전쟁개념의 변화 등 기술과 개념이 함께 추동하는 혁신이라고 할 수 있다. 중국은 2016년 1월 '국방과 군대개혁 심화에 대한 중앙군사위 의견(中央军委关于深化国防和军队改革的意见)'을 공표하고, 중국군의 개혁 방향과 내용을 공개했다. 이 의견에서 제시한 기본 원칙 중 하나는 '혁신 주도'로, 과학기술 강군전략을 관철하고, 군사이론 혁신, 군사기술 혁신, 군사조직 혁신, 군사관리 혁신을 이끌어 군사현대화 건설의 비약적 발전을 이루고 강대국 간 군사경쟁에서 우위를 도모한다는 것이다.[19] 중

---

18 중국의 '육해통합' 지정학 전략은 차정미, 「북중관계의 지정학: 중국 지정학 전략 변화와 대북 지정학 인식의 지속을 중심으로」, ≪동서연구≫, 31(2) (2019), 142~144쪽 참고.

19 中华人民共和国国防部, "中央军委关于深化国防和军队改革的意见," 2016.1.1. http://www.mod.gov.cn/topnews/2016-01/01/content_4637631.htm (검색일: 2020.10.8)

국의 강군몽 전략은 인민해방군의 장비현대화, 지휘체계와 부대구조 개선, 작전적 지원능력과 합동작전이 가능하도록 하는 것을 핵심으로 하고 있다.[20] 이렇듯 시진핑 시대 중국의 군사혁신은 기술과 개념의 복합적 영향으로 군사교리, 군 조직, 기술과 무기체계 등 군사분야 전반에 혁신이 추진되는 전면적·복합적 혁신의 구체화·가속화 시기라고 할 수 있다.

(1) 전략개념의 변화와 군 조직 혁신

시진핑 시대 들어 전략개념 변화의 핵심은 지능화 전쟁의 부상이라는 전쟁개념의 변화와 미중 패권경쟁이라는 안보정세의 변화에 있다고 할 수 있다. 이러한 전략개념의 변화에 따라 시진핑 시대 중국은 현대전쟁에 부합하는 방향으로 군 조직 체계를 혁신하고, 연합작전 등으로 군사역량을 제고하고 있다.[21] 시진핑 집권 이후 중국군은 거대한 구조적 변화를 추진하고 있다고 평가받고 있다. 2049년 세계 일류 군사강국을 만들겠다는 강군몽은 무기장비의 현대화뿐만 아니라 군사전략과 군 조직, 작전체계의 변화를 필요로 하고 있는 것이다.[22] 2015년 말 중국은 대대적인 조직 개편을 통해 기존의 군구체제를 전구로 개편, 인력 규모를 감축하고, 민군융합을 강화했다. 또한 사이버, 우주 등을 담당하는 전략지원부대를 신설하는 등 기술혁신

---

20 이홍석, 「중국 강군몽 추진동향과 전략」, ≪중소연구≫, 44(2) (2020), 65~70쪽 참고.

21 赵辉, "我国积极防御战略发展阐析," ≪法制与社会≫, 10(下) (2014), p. 192.

22 2015년 중국국방백서는 "중국의 국가전략목표는 건국 100주년에 부강한 민주문명 사회주의 현대화 국가를 건설하고, 중화민족의 위대한 부흥이라는 중국몽을 실현하는 것"이고 "중국몽은 강국몽, 군대에 있어서는 강군몽"이라고 강조하고 있다.

과 전쟁개념의 변화에 부합하는 대대적인 군 조직 개편을 단행한 바 있다.

중국은 육해통합의 지정학 전략 인식의 변화와 지능화 전쟁에 부합하는 방향으로 군 체계 혁신과 전략 범위의 확대를 추진한다. 시진핑 체제 들어 중국은 인민해방군을 대륙군에서 해양군으로 전환시키고 있으며,[23] 방어의 범위를 확대하고 전역형 통합형으로의 작전체계를 강화하고 있다. 2015년 중국국방백서는 각군의 개혁 방향을 제시하면서, 육군은 '구역방어형'에서 '전역(全域)방어형'으로, 해군은 '근해(近海)방어형'에서 '원해(遠海)방어형'으로, 공군은 '국토방어형'에서 '공방(攻防)겸비형'으로의 전환을 강조하고, 정보화 작전이 요구하는 우주방어역량 체계와 정보대항(네트워크 대응)역량 강화, 육·해·공군의 연합작전역량 체계를 제고하는 것을 강조하고 있다.[24] 2013년 국방백서에서 육군의 일상전략은 변경지역의 질서와 국가건설 성과를 공고히 하는 것이 중점적 역할이었다.[25] 2013년 국방백서와 비교할 때 '원해방어'와 '우주방어' '정보대항'의 강조는 강군몽 전략에서 새롭게 강조되고 있는 부분이라고 할 수 있다. 중국의 군사혁신은 시진핑 체제 들어 이전의 영토중심, 근해중심에서 군사전략의 범위를 원해와 우주로 확대하고 전역화, 다기능화, 연합전투 역량을 군 조직과 작전체계의 주요한 방향으로 설정하고 있는 것이다.

---

23 Lindsay Maizland, "China's Modernizing Military," CFR, 2020.2.5. https://www.cfr.org/backgrounder/chinas-modernizing-military (검색일: 2020.10.21)

24 中华人民共和国国务院新闻办公室, "2015中国国防白皮书〈中国的军事战略〉," 2015.5.26.

25 中华人民共和国国务院新闻办公室, "国防白皮书: 中国武装力量的多样化运用," 2013.4.16.

안보정세 인식의 변화 속에서 중국은 실전전투력 강화를 위한 군대혁신을 강화하고 있다. 중국은 강군화를 위한 4대 원칙[26]에 '5개중점(五个更加注重)' 전략지도를 제기하여, '실전중점(聚焦实战), 혁신운영(创新驱动), 시스템 구축(体系建设), 고효율 집약(集约高效), 군민융합(军民融合)' 등 다섯 가지 측면에 더욱 집중해야 한다고 강조하고 있다. 중국은 오랫동안 평화시기로 정보화 기반의 전쟁을 치른 경험이 없고 실전 경험이 없는 상황에서 무엇보다 실전전투력을 최우선으로 강조하고 있다.[27] 이기는 군대가 최근 중국 군사혁신의 핵심 담론이 되면서 과학기술 기반의 군사력 강화와 실전전투력 향상의 목표를 어떻게 연계하느냐 하는 것이 중국 강군몽의 주요한 과제이다. 이에 전군 부대는 2012년부터 전략 방향에 따라 사단규모 이상의 연합실전훈련을 80회 이상 실시했고, 각 전구는 연합훈련을 확대해 가고 있다.[28]

(2) 기술의 발전과 중국의 군사무기체계 혁신

2019년 7월에 발표된 중국국방백서는 "인공지능, 양자정보, 빅데이터, 클라우드 컴퓨팅, 사물인터넷 등 첨단과학기술이 빠르게 군사분야에 적용되면서 새로운 과학기술 혁신과 산업혁명의 도래와 함께 세계 군사력 경쟁의 양상이 역사적 전환점을 맞이하고 있다. 군사무

---

26 강군화를 위한 4대 원칙("四个坚持"治军方略)은 정치건군(政治建军), 개혁강군(改革强军), 과학기술강군(科技兴军), 의법치군(依法治军)이다. 张辉, "新时代国防和军队建设的科学指南: 习近平新时代强军思想解读," ≪广西师范学院学报≫, 39 (6) (2018), p. 87.

27 中国国防报, "'五个更加注重': 军队建设发展的战略指导," 2016.6.16. http://www.81.cn/gfbmap/content/2016-06/16/content_147755.htm (검색일: 2020.5.23)

28 国务院新闻办公室, ≪新时代的中国国防≫白皮书全文, 2019.7.24. http://www.mod.gov.cn/regulatory/2019-07/24/content_4846424.htm (검색일: 2020.10.3)

기와 장비의 지능화·자동화·무인화 추세가 명백해지고 있다"라고 강조한 바 있다.[29] 이러한 새로운 기술의 발전과 지능화 전쟁 양상의 부상은 중국의 무기현대화가 기계화, 정보화를 넘어 지능화의 단계로 발전해야 할 필요성을 제기하고 있다. 2019년 중국국방부에 게재된 논문도 전투공간이 물리적 영역과 정보영역에서 인지적·사회적·생물학적 영역으로 확장되면서 전장이 더욱 복잡해지고 지능형 무인장비가 향후 작전을 위한 주요 전투장비가 될 것으로 전망했다.[30] 중국의 군사분야 연구자와 전문가들 대부분은 미래전쟁이 지능형 전쟁이 될 것이며 무인시스템이 미래전쟁의 주력이 될 것이라는 데 인식을 같이하고 있다.[31] 1990년대부터 미국의 잠재적 약점을 활용하고, 미국의 우세를 약화시키기 위해 비대칭전력을 발전시키는 데 집중해 온 중국인민해방군은 이러한 기술의 진보로 촉진되고 있는 군사혁신 과정의 우위를 확보하여 미군과 동등할 뿐만 아니라 미군을 능가하기를 열망하고 있다.[32]

---

29 国务院新闻办公室, ≪新时代的中国国防≫白皮书全文, 2019.7.24. http://www.mod.gov.cn/regulatory/2019-07/24/content_4846424.htm (검색일: 2020.10.3)

30 林娟娟·张元涛, "军事智能化正深刻影响未来作战," 中华人民共和国国防部, 2019.9.10. www.mod.gov.cn/jmsd/2019-09/10/content_4850148.htm (검색일: 2020.10.15)

31 李风雷·卢昊, "智能化战争与无人系统技术的发展," 无人系统技术. 2018.10.25. https://www.sohu.com/a/271200117_358040

32 Elsa Kania, "Chinese Military Innovation in Artificial Intelligence," *Center for New American Security*, 1 (2019).

3. 시진핑 시대 중국 육군의 혁신전략과 군조직 개편

1) 중국의 지능화 혁신과 중국 육군의 혁신전략: 현대화 신형육군

(1) 군사혁신과 중국 육군에의 도전

중국인민해방군에서 육군은 가장 큰 규모를 가진 핵심군으로 오랫동안 인식되어 왔다. 1927년 8월 1일 중국공산당은 인민해방군을 창건했고, 중국에게 육군은 가장 최초로 수립된 무장역량이며 신 중국 건설과 통일에 중대한 공헌을 한 역사를 지니고 있다.[33] 시진핑 주석은 2016년 육군사령부를 방문한 자리에서 "인민해방군 창군은 육군에서 시작했고, 그 뿌리 또한 육군에 있다"라고 강조하고 "세계일류군대 건설이 당과 국가의 장기적 안정과 중화민족의 위대한 부흥이라는 중국의 꿈에 결정적 요소"라면서 육군 혁신 가속화를 강조한 바 있다.[34] 중국 육군은 이러한 역사적 의미뿐만 아니라 중국인민해방군의 주요임무 측면에서도 중추적 위상과 역할을 가지고 있었다고 할 수 있다. 앤드루 네이선(Andrew J. Nathan)과 앤드루 스코벨(Andrew Scobell)은 중국인민해방군 현대화는 현재 세 가지 임무, 미래 한 가지 임무수행을 준비하기 위한 것이라고 설명했다. 세 가지 임무는 공산당체제 정치사회 안정, 국경방어와 국토통합(대만 포함), 핵공격 억지력이고, 세 가지 역량이 공고화되면 국경을 넘어 지역 영향력 확대에 나선다는 것이 네 번째 임무라는 것이다.[35] 항일투쟁, 국공내전,

---

33 廖可铎, "加快建设强大的现代化新型陆军," 中国军网, 2016.3.29. http://www.81.cn/jfjbmap/content/2016-03/29/content_139174.htm (검색일: 2020.4.3)

34 新华社, "习近平：努力建设一支强大的现代化新型陆军," 2016.7.27. http://www.xinhuanet.com/politics/2016-07/27/c_1119291854.htm (검색일: 2020.4.11)

문화대혁명 등 국가건설과 혁명의 최전선에서 역할을 해 온 중국군은 공산당체제의 정치사회 안정이 주요한 과제였고, 이러한 중국군의 특징은 육군이 전체 병력의 70%를 차지하고 중국의 주요인구 중심으로 배치되었던 것에서도 알 수 있다.[36] 중국군의 정치사회적 안정과 경제발전 기여의 임무는 2013년 국방백서에서도 주요한 임무로 비중 있게 서술되어 있다. 그러나 중국의 부상과 함께 중국인민해방군은 힘의 투사, 영향력 확대라는 네 번째 임무에 나서고 있다. 군의 핵심 임무가 국내 정치체제 안정에서 중국의 영향력 확대로 발전하면서 병력의 배치가 과거 육군 중심에서 해·공군으로, 도시 중심에서 변경과 해양으로 이동하고 있다.

중국이 일류 해·공군 전력을 가진 통합전력을 발전시키면서 육군은 그 위상이 낮아지고 있다.[37] 1970년대 말 덩샤오핑이 권력을 잡기 이전까지 인민해방군은 400만 명이라는 거대한 규모에도 불구하고, 전투경험은 국경 근처의 육상전에 제한되고, 지도부는 1940년대 혹은 그 이전의 전투경험만 가진 고령화된 혁명원로들로 구성되어 있었다. 덩샤오핑은 당시 인민해방군의 문제를 '고장, 느슨함, 자만심, 낭비, 관성' 등으로 요약했다.[38] 1991년 걸프전 이후 정보화 기술과 공중전의 중요성이 부각되면서 육군 중심의 인민해방군 체제에

---

35 Andrew J. Nathan and Andrew Scobell, *China's Search for Security* (Columbia University Press, 2012), pp. 294~295.

36 Ibid, p. 298.

37 Lindsay Maizland, "China's Modernizing Military," CFR, 2020.2.5. https://www.cfr.org/backgrounder/chinas-modernizing-military (검색일: 2020.4.28)

38 Andrew J. Nathan and Andrew Scobell, *China's Search for Security* (Columbia University Press, 2012), p. 278.

개혁이 요구되었고, 현대화의 기치 아래 육군은 그 위상과 권한이 상대적으로 약화되어 왔다. 시진핑 시대 중국 또한 과학기술 기반의 강군화를 추진하면서 군을 기존의 양적규모형에서 질적효능형으로, 인력집약형에서 과학기술집약형으로 전환했고, 이에 따라 총 병력을 200만 명 규모로 축소했다.[39] 2015년 단행된 중국의 군사혁신으로 30만 명의 군인이 감축되었는데 대체로 정치부대, 비전투 지원병력과 육군병력이었다.[40] 해·공군의 전력이 증가하는 데 반해 육군은 약 97만 5000명의 병력으로 축소되었다.[41] [표 5-1]에서 보는 바와 같이, 2015년 군 개혁으로 중국 육군은 최초로 전체 군인규모의 과반을 차지하지 않게 되었다.[42] 정보전쟁이라는 전쟁개념의 변화, 그리고 육군 지배적인 대륙방어에서 해양이익의 보호로 확대되는 안보전략적 변화는 육군 주도의 전통적인 중국 군사문화와 조직을 변화시키고

[표 5-1] 중국인민해방군의 현역군인(active duty forces) 수 변화

구분	1998	2010	2019
육군	2,090,000 (73%)	932,000 (64%)	975,000 (48%)
해군	280,000 (10%)	199,000 (14%)	240,000 (12%)
공군	470,000 (17%)	334,000 (23%)	395,000 (19%)
총합	2,840,000	1,465,000	2,035,000

주: 2019년은 전략지원부대(175,000)와 로켓군(100,000)이 전체 규모에 포함된다.
자료: Blasko(2019: 267) 참고 및 최근 자료 반영.

39 이홍석, 「중국 강군몽 추진 동향과 전략」, ≪중소연구≫, 44(2) (2020), 66쪽.

40 Rick Joe, "China's Military Advancements in the 2010s: Air and Ground," *The Diplomat*, 2020.2.5

41 Lindsay Maizland, "China's Modernizing Military," CFR, 2020.2.5.

42 *The Economic Times*, "China reduces army by half; increases size of navy, air force in big way," 2019.1.22.

있다.

지난 10년 동안 중국의 군사혁신은 공군, 해군, 미사일 부대에 더 높은 비중을 두면서 상대적으로 육군 혁신에 대한 투자 비중이 낮았고, 전쟁의 형태와 군사기술의 변화에 직면하여 육군의 상대적 위상은 약화되고 있다. 첨단기술의 발전과 함께 '지상군의 위기'는 세계 군사강국이 육군의 혁신을 추진하고 있는 주요한 배경이라고 할 수 있다.[43]

(2) 중국 육군의 군사혁신: 강한 현대화된 신형육군 건설

군사혁신의 과정에서 중국 육군이 겪고 있는 위상과 규모의 하락은 한편으로 중국 육군이 전면적 혁신을 통한 위상과 역할 강화를 모색하도록 하고 있다. 중국인민해방군에게 육군은 역사적으로도 전통적으로도 매우 중요한 안보적·정치적 의미를 가지고 있으며, 미래전쟁 양상의 변화에도 불구하고 중요한 전략적 가치를 가지고 있다. 2019년 7월에 발표된 중국국방백서도 육군은 국가주권, 안전, 발전이익에 대체할 수 없는 역할을 가지고 있다고 강조한 바 있다.[44] 최근의 규모 축소에도 불구하고 여전히 다른 군종에 비해 가장 큰 병력을 보유하고 있는 중국 육군이 '거대 육군'의 개념을 깨는 것은 우주작전과 원해(遠海)작전으로 전환해 가는 중국의 군사전략에 있어 핵심적인 요소라고 할 수 있다.[45] 중국은 군사력 측면에서 미국에 뒤쳐

---

43 이장욱, 「육군의 첨단전력과 21세기 육군의 역할: 5대 게임체인저를 중심으로」, 이근욱 엮음, 『전략환경 변화에 따른 한국 국방과 미래 육군의 역할』 (한울아카데미, 2018), 165쪽.

44 国务院新闻办公室, ≪新时代的中国国防≫白皮书全文, 2019.7.24. http://www.mod.gov.cn/regulatory/2019-07/24/content_4846424.htm (검색일: 2020.4.28)

져 있다는 인식을 가지고 있고 특히 육군의 열세가 두드러진다고 인식하고 있다.[46] 육군의 군사력을 강화하기 위해 중국은 기계화와 정보화 발전을 통해 군사지능화, 무인화 기반의 육군 군사력 강화를 목표로 하고 있다.

시진핑 시대 중국 육군의 군사혁신 전략은 지능화 전쟁이라는 전쟁개념의 변화와 전략목표, 전략범위 등 개념의 변화 속에서 추동되고 있다. 중국 육군은 중국군의 지능화 혁신 전략에 맞추어 '현대화 신형육군(现代化新型陆军)'을 목표로 군사이론, 장비기술, 군사훈련 등 전면적인 혁신과 전환을 추진하고 있다. 기술의 발전에 따른 전쟁 양태의 변화에 따라 중국 육군은 군사혁신을 진행하면서, 동시에 소형화·다영역화·모듈화·지능화 발전의 속도를 높이고 시스템 작전, 연합작전, 정밀작전, 3차원 작전, 글로벌 작전 및 다기능 작전을 가속화하여 지속적이고 지능적인 전투역량을 갖춘 현대화된 신형육군 건설을 목표로 하고 있다.[47] 중국의 강군몽 비전, 군사혁신에 있어서 '강한 현대화된 신형육군(强大的现代化新型陆军)' 건설은 중국 특색의 군사역량 체계를 구축하는 데 전략적 토대로 인식되고 있다. 2016년 7월 중국건군 기념일에 육군을 방문한 시진핑은 "새로운 형태의 강군 목표 아래, 새로운 양상의 군사전략 방침을 관철하고, 정보화 시대 육군 건설방식과 운용방법을 파악하여 기동작전, 입체공방의 전략적

---

45 Dennis J. Blasko, "What is Known and Unknown about Changes to the PLA's Ground Combat Units," *China Brief*, 17(7) (2017). https://www.refworld.org/docid/59157aba4.html (검색일: 2020.10.10)

46 廖可铎, "加快建设强大的现代化新型陆军," ≪中国军网≫, 2016.3.29. http://www.81.cn/jfjbmap/content/2016-03/29/content_139174.htm (검색일: 2020.4.3)

47 唐向东, "加强新时代陆军军事科技人才队伍建设的思考," ≪军事交通学院学报≫, 22(1) (2020), p. 1.

요구에 따라 새로운 출발점에서 육군혁신건설을 가속화하고 강한 현대화 신형육군을 건설하는 데 노력해야 한다"라고 강조했다.[48]

2) 중국 육군의 군 조직 혁신과 작전체계 개편

강한 현대화된 신형육군을 목표로 중국 육군은 군 조직 개편과 작전체계 혁신을 강화하고 있다. 중국 육군은 정보전쟁과 지능화 전쟁에 대비한 연합작전, 기동작전, 네트워크 작전 등 전장에서의 주도적 역할과 실전역량 제고를 목표로 군 조직 개혁과 작전체계 개편을 추진해 가고 있다. 중국 육군의 혁신은 상부 지휘구조를 슬림화하고, 더 작고 기동성 있는 부대를 창조하여 일선의 지휘관들이 더 강력한 권한을 갖도록 하는 데 중점을 두고 있으며, 무기체계의 지속적인 업그레이드를 추진하고 있다.[49] 2016년 1월 중국 중앙군사위가 발표한 '국방과 군대개혁 심화안(中央军委关于深化国防和军队改革的意见)'에 따르면, 중국인민해방군은 "중앙군사위원회 총괄, 전구 주도, 군종 주축(军委管总、战区主战、军种主建)"의 원칙에 따라 지휘체계를 재편했다. 작전지휘 관리체제를 중앙집중화·효율화·연합화한 것이다.[50] 육군은 이 개혁안에 따라 기존 중앙군사위 산하 4개 총참모부(총참모부, 총정치부, 총후근부, 총장비부)의 육군 기능을 통합하여 육군영도기구(陆军领导机构)를 창설했다. 육군영도기구의 창설은 2015년 지휘체계 개편의

---

48 新华社, "习近平: 努力建设一支强大的现代化新型陆军," 2016.7.27. http://www.xinhuanet.com/politics/2016-07/27/c_1119291854.htm (검색일: 2020.4.11)

49 Lindsay Maizland, "China's Modernizing Military," CFR, 2020.2.5.

50 中华人民共和国国防部, "中央军委关于深化国防和军队改革的意见," 2016.1.1. http://www.mod.gov.cn/topnews/2016-01/01/content_4637631.htm (검색일: 2020.10.8)

핵심 가운데 하나로서 전통적으로 중국 육군의 취약점으로 인식되었던 리더십 구조 문제를 해소하는 조치였다.[51] 중국 육군이 2015년 12월 31일 육군영도 조직을 창설할 당시 시진핑은 직접 군기 수여와 축사를 통해 강한 현대화된 신형육군 건설을 당부했다.[52]

[그림 5-1]에서 보는 바와 같이 과거 육군이 우세한 힘을 가진 인민해방군의 대표 부대였다면 현재는 여러 군 가운데 하나로 인식되고 있다. 육군이 주도했던 총참모부(总参谋部, 작전, 획득), 군구(军区, 지역군사령부)는 연합참모부(联合参谋部)와 전구(战区, 통합부대)로 대체되었고, 육군의 지휘부는 시진핑이 주도하는 중앙군사위원회의 영향하에 놓이게 되었다.[53] 2016년 군 개혁 이전에 중국군은 '대육군(大陸軍) 전통'의 산물이라 할 수 있는 7대군구—베이징, 선양, 지난, 난징, 광저우, 청두, 란저우— 체제에 기반해 있어, 지리와 기술 수준의 한계가 존재했다. 일찍이 발생했던 전쟁들이 대부분 국내적 지상전이었다는 점에서 군대의 주요 전략은 역내의 적을 섬멸하는 것이 목표였고, 따라서 군대는 육군이 주를 이뤘다. 그러나 과학기술의 발전과 함께 육군 이외의 군종들이 점점 더 부상하게 되었고, 국가안보의 범위가 확장되고 연합작전의 중요성이 부상하면서 육군 중심의 작전체계에 변화를 추진했다. 과거 군구가 주로 군구 내 육군의 지휘를 받았다고 한

---

51 중국 육군의 취약점으로 이동과 통행 지원, 리더십, 연합작전훈련과 사기 부족의 문제 등이 지적되어 왔다. (https://www.globalsecurity.org/military/world/china/pla-ground-intro.htm)

52 人民日报政文, "中国陆军90年: 大陆军"终结,现代化新型陆军登场," 上观新闻, 2017.4.9. https://www.jfdaily.com/news/detail?id=49655 (검색일: 2020.4.11)

53 Franz-Stefan Gady, "Interview: Ben Lowsen on Chinese PLA Ground Forces," *The Diplomat*, 2020.4.8. https://thediplomat.com/2020/04/interview-ben-lowsen-on-chinese-pla-ground-forces/ (검색일: 2020.4.28)

[그림 5-1] 2015년 중국 군 조직 개편 전후 체계 변화

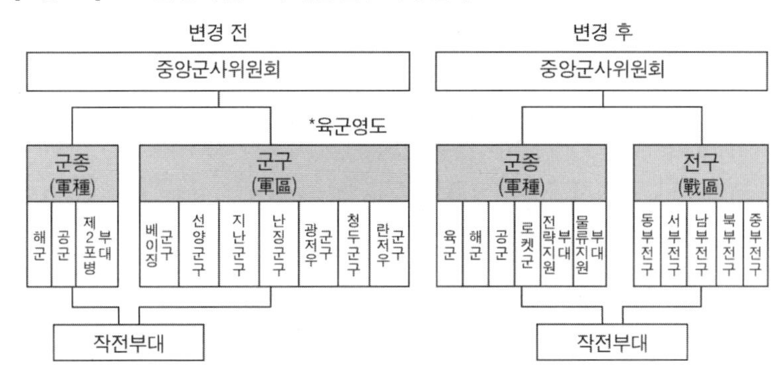

[그림 5-2] 중국 5대 전구와 육군사단 배치도

자료: Office of Setretary Defense of the US(2020).

다면 현재의 전구는 육·해·공·로켓군, 전략지원부대 5대군종이 연합된 체제이다.[54] 또한 육군의 18개 집단군은 13개 집단군으로 축소 개편되었고, 실용성, 통합성, 다기능성, 융통성을 갖춘 부대로 재편되어 왔다.[55] [그림 5-2]는 개편된 중국군의 전구체제와 육군사단의 배치도이다. 2019년 중국국방백서에 따르면 중국 육군 휘하에 기동작전부대, 연해방어부대, 경위경비부대 등을 포함해 5개전구 육군, 신장군구, 시장군구 등을 두고 있다, 동부전구 육군은 산하에 71·72·73사단, 남부전구 육군 산하에 74·75사단, 서부전구 육군 산하에 76·77사단, 북부전구 육군 산하에 78·79·80사단, 중부전구 육군산하에 81·82·83집단군(集团军)을 두고 있다.[56]

중국 육군은 2015년 군구체제에서 전구체제로의 전환에 따라 과거 구역방어형에서 전역방어형으로 전환하고, 통합형과 기동형의 작전체계를 강화하게 된다. 육군은 '전역기동형(全域机动型)'으로 전환하고,[57] 정확도, 입체성, 전역작전, 다기능작전, 지속작전 역량을 제고하여 '강한 현대화된 신형 육군' 건설을 목표로 하고 있다.[58] 육군은 기동작전부대(机动作战部队), 국경해안방어부대(边海防部队), 경비부대

---

54 刘晗茵, "新时代习近平强军思想研究," 贵州师范大学 硕士论文, 36 (2019).

55 中国军网综合, "陆军贯彻转型建设要求奋进新时代纪实," 2019.3.18. http://www.81.cn/jmywyl/2019-03/18/content_9451794.htm (검색일: 2020.4.12)

56 国务院新闻办公室, ≪新时代的中国国防≫白皮书全文, 2019.7.24. http://www.mod.gov.cn/regulatory/2019-07/24/content_4846424.htm (검색일: 2020.4.28)

57 中国产业信息网, "2018年中国空军、海军、陆军及军队武器装备信息化发展趋势分析," 2019.7.25. http://www.chyxx.com/industry/201907/765009.html

58 国务院新闻办公室, ≪新时代的中国国防≫白皮书全文, 2019.7.24. http://www.mod.gov.cn/regulatory/2019-07/24/content_4846424_5.htm (검색일: 2020.4.28)

를 포함하고, 각 전구별로 중국 육군부대 산하에는 복합무기여단, 수륙양용무기여단, 포병단, 육군방공병, 육군항공병,[59] 특수작전부대, 작전지원부대, 기술화학방어부대 등이 있다.[60] 정보화 전쟁의 본질이 정보력·화력·병력의 종합적 대응이고, 육·해·공·우주·전자전의 종합적 대응이라는 점에서 정보화 전쟁에서 이기기 위해 육군은 또한 육상, 해상, 공해, 심리 등에서 특수작전, 네트워크 작전 등 다양한 방식의 임무를 수행하는 것을 새로운 강한 육군의 방향으로 강조하고 있다.[61] 이렇듯 중국 육군은 지능화 전쟁과 통합지휘체계, 연합훈련체계에 부합하는 방향으로 조직과 작전체계 변화를 추진하고 있다.

3) 실전전투역량 제고와 군사훈련 혁신

육군은 군 조직, 작전체계 개편과 함께 실제 전쟁에서 이기기 위한 실전 전투력 향상에 집중하고 있다. 2015년 12월 육군영도조직 창설 1주년 평가에서 육군은 실전에서의 승리를 위한 실전 전투력 제고에의 노력을 강조했다. 육군은 2016년 1년간 40여만 명의 부대원들을 고원과 고비사막에서 주둔훈련을 시키며 실전실탄 훈련을 마

---

59 육군항공병(陆军航空兵)은 1985년 육군 산하에 구축되어 당시 공군 내 헬리콥터부대 상당수가 이관된 것이다[口立文, "改革开放四十年中国陆军武器装备建设回顾," ≪中国经贸导刊≫, 3期 (2019), p. 50]. 육군항공부대는 헬리콥터와 무인항공기를 주요 장비로 사용하는 육군의 최전선 주전투 부대로 최근 몇 년간 빠르게 발전하면서 지능화전력의 주요한 역할을 하고 있다.

60 Office of Setretary Defense of the US, "Annual Report to Congress—Military and Security Developments Involving the People's Republic of China 2020," 2020, p. 98 참고.

61 廖可铎, "加快建设强大的现代化新型陆军," ≪中国军网≫, 2016.3.29.

무리했다. "전쟁에서 이길 수 없다면, 모든 것이 제로가 된다"는 것이 육군 내 공통된 인식이고 실전훈련에 대한 중요성이 지속 강조되고 있다.[62] 중국 육군은 'STRIDE 2019' 훈련에 대규모의 전투원을 참여시키면서 연합훈련에 적극 참여하고 있다. 또한 중국의 최대 전군합동훈련기지인 주르허(朱日和) 합동군사훈련기지를 적극 활용하여 육공통합의 실전훈련을 지속하고 있다. 또한 중국 육군이 2019년 러시아와의 합동군사훈련인 'TSENTR-19'에 참여한 것은 지역의 다른 군대들과 연합무기훈련에 주력하는 전략적 방향을 보여 주는 것이라 할 수 있다.[63]

4. 중국 지능화 군사기술 혁신과 중국 육군의 무기장비체계 혁신

1) 중국 육군의 무기장비체계 현대화 전략: 기계화·정보화·지능화 복합발전

중국 육군은 '현대화된 신형육군'을 모토로 군사혁신을 가속화하고 있으며, 현대화된 신형육군의 목표는 과학기술을 활용한 군사 정

---

62 解放军报, "阔步强军征程 建设新型陆军—陆军领导机构成立一周年回望," 2017.1.1. http://www.mod.gov.cn/power/2017-01/01/content_4769568.htm (검색일: 2020.4.12)

63 Office of Setretary Defense of the US, "Annual Report to Congress—Military and Security Developments Involving the People's Republic of China 2020," 2020, p. 42.

보화와 지능화를 핵심으로 하고 있다. 중국 육군은 미국 등 선진국들이 인공지능을 활용한 지능화 작전을 적극 추진하고 있는 것과 관련하여 이를 추월하기 위해 지능화 전투개념을 발전시키고, 지능화된 지휘 및 통제 시스템을 구축하며 지능화된 전투무기와 장비에 대한 개발을 가속화해야 한다고 인식하고 있다.[64] 여전히 기계화 수준도 세계 군사강국들에 비교해 뒤쳐져 있고, 드론 등의 부상으로 전통적인 육군의 전력 보장에 대한 위협이 높은 상황에서 중국 육군은 기술의 급격한 발전과 전쟁 양태의 변화를 빠르게 수용하여 선진국과의 격차를 축소하고 새로운 전쟁에 부합하는 전력을 갖춰야 하는 과제를 안고 있다.

무기장비체계 현대화는 '현대화된 강한 신형육군' 달성에 핵심적인 요소이다. 현재 중국인민해방군은 1세대 무기체계에서 3세대 무기장비로의 도약을 향해 가고 있으며 무기장비의 기계화·정보화·지능화의 복합발전을 구축해 가고 있다. 그중 육군은 육상전의 주력으로 무기장비체계의 전면 혁신에 주력하면서 기동작전 역량의 제고를 추진해 가고 있다.[65] 이러한 차원에서 2017년 제19차 당대회 이후 중국 육군은 13차 5개년계획 장비발전계획을 완수하기 위한 구체적인 전략들을 제시했다. 무인작전, 전자공격, 인공지능 등 신기술 연구에 주력한다는 계획이다. 중국 육군의 무기장비혁신 방향은 단순히 기술의 발전을 넘어 '전역기동화, 연합화/정보화, 지능화'라는 전쟁과 전략 개념의 공간적 기술적 변화를 반영하고 있다. 2015년 중국국방

64 岳贵云, "加速推进陆军智能化作战," 中国军网, 2017.10.25. http://www.81.cn/gfbmap/content/2017-10/25/content_190354.htm (검색일: 2020.10.17)

65 口立文, "改革开放四十年中国陆军武器装备建设回顾," ≪中国经贸导刊≫, 3期 (2019), p. 48.

백서는 기동작전과 입체공방의 전략적 필요에 따라 육군의 무기체계를 구역방어형에서 전역기동형으로 전환하고, 소형화·다능화·모듈화 발전을 가속화해야 한다고 강조한 바 있다.[66] 2018년 중국 육군 당위원회의 제19차 당대회 보고회에서도 "정보시스템에 기반한 연합작전역량·전역작전역량 제고" 등의 전략목표가 제시된 바 있다.[67]

2019년 중국 국방백서는 현대화된 무기장비체계를 구축하는 것을 주요한 과제로 삼고 있다.[68] 중국 육군은 세계 군사강국들에 비교할 때 자국군의 무기장비체계가 뒤처져 있다고 인식하고 있으며, 이러한 열세 인식의 상황은 점점 더 첨단무기장비 연구개발과 실전투입 가속화 필요성을 부각시키고 있다. 육군 공산당위원회가 제19차 당대회 보고에서 "2020년까지 기계화·정보화 건설의 중대한 발전을 달성하고 군사지능화 발전을 가속화하여 네트워크 정보체계의 연합작전역량을 제고하는 등의 전략적 목표를 실현하기 위해 우선 무기장비의 현대화·지능화를 가속화해야 한다"라고 강조한 것은 이러한 비전과 현실 간의 격차를 빠르게 극복해야 한다는 인식에 근거한 것이라 할 수 있다.[69]

---

66 中华人民共和国国务院新闻办公室, "2015中国国防白皮书〈中国的军事战略〉," 2015. 5.26.

67 中国军网综合, "陆军对'十三五'装备建设规划进行完善," 2018.1.9. http://www.81.cn/jmywyl/2018-01/09/content_7899774.htm (검색일: 2020.4.12)

68 国务院新闻办公室, ≪新时代的中国国防≫白皮书全文, 2019.7.24. http://www.mod.gov.cn/regulatory/2019-07/24/content_4846424.htm (검색일: 2020.4.28)

69 中国军网综合, "陆军贯彻转型建设要求奋进新时代纪实," 2019.3.18. http://www.81.cn/jmywyl/2019-03/18/content_9451794.htm (검색일: 2020.4.12)

2) 중국 육군의 무기장비 지능화 혁신과 군민융합체계

정보화 지능화 전쟁의 부상에 따라 과학기술을 활용한 군사력 건설, 정보화 지능화 기반의 무기장비와 무기체계를 건설하는 것은 최근 그 규모와 위상이 약화되고 있는 육군 혁신에 있어 가장 중점이 되는 과제라고 할 수 있다. 이에 중국 육군은 인공지능, 무인화, 데이터, 클라우드 등 미국 육군의 기술장비와 첨단화에 대한 높은 관심을 가지고 이에 대한 연구를 강화하고 있다.[70] 2019년 양회에 참석한 전인대 육군 대표들은 모두 "혁신이 곧 강군전략"이며 "과기흥군(科技兴军) 전략을 견지하여 과학기술이 강군화를 추동하는 핵심이 되도록 해야 한다"고 강조했다.[71] 결국, '강한 현대화된 신형육군' 건설의 핵심은 지능화·정보화에 있고, 군사이론, 장비기술, 데이터 등을 통합한 혁신전략 추진에 있다.

이러한 군사과학기술 발전에 있어 민군융합은 핵심적인 혁신과제로 부상하고 있다. 기계화와 정보화, 지능화를 동시에 달성하는 '도약적 발전' 추진의 핵심체계는 핵심기술의 돌파와 빠른 실전배치를 위한 민군융합의 연구개발, 실험도입 시스템이라고 할 수 있다. 중국은 2017년 시진핑 주석이 직접 위원장을 맡는 중앙군민융합발전위원회(中央军民融合发展委员会)를 설립하면서 공산당 주도의 군민융

---

70 杨健·柏祥华, "美军人工智能技术动态研究," ≪航天电子对抗≫, 1期 (2020); 王彤·李志·王轶鹏, "自主系统与人工智能对美国陆军多域作战的影响分析", ≪飞航导弹≫, 5期 (2020).

71 新华社, "发动强军兴军的创新引擎—军队代表委员热议科技兴军", 2019.3.11. https://baijiahao.baidu.com/s?id=1627724950387501599&wfr=spider&for=pc (검색일: 2020.3.29)

합전략체계를 강화했다.[72] 또한 중국공신부 산하에 군민융합추진처(军民结合推进司)를 설립하여 군과 민간의 기술자원을 공유하여 기술발전을 촉진하고 군민통합의 연구개발체계를 구축하는 역할을 담당하도록 했다.[73] 중국은 또한 2015년 무기장비 현대화를 목표로 중국인민해방군총장비부(中国人民解放军总装备部)가 주관하는 '전군무기장비구매정보망(全军武器装备采购信息网)'을 공식 도입했다. 이는 전군무기장비 구매정보를 공식 발표하는 권위 있는 플랫폼으로, 방위산업체와 우수한 민영기업 상품, 기술정보의 중요한 취합 채널로 군의 장비발전에 민간기업과 연구소, 대학 등이 참여하는 민군융합의 무기장비 발전의 플랫폼이 되고 있다. 중국 육군은 이러한 군민융합체제를 토대로 "육상지능 2019(陆上智能-2019)"[74] 무인시스템 대회인 "跨越险阻 2020(Crossing Obstacles 2020)"[75] 등 다양한 민군융합의 무기장비 현대화 프로그램을 개최하고 있다. 이러한 육군의 무기장비체계 혁신 프로그램에는 중국 국내대학과 연구소, 기업 연구 팀과 개인들이 참가하는 등 민간과의 협력을 강화하고 있다.[76]

---

72 차정미, 「4차 산업혁명 시대 중국의 군사혁신: 군사지능화와 군민융합(CMI) 강화를 중심으로」, ≪국가안보와 전략≫, 20(1) (2020).

73 군사지능화를 위한 군사과학기술체제에 대한 내용은 차정미(2020) 참조.

74 科技日报, "'陆上智能-2019'陆军无人化智能化建设运用论坛在京召开," 2019.7.10. http://www.waihuigu.net/zonghe/20190710/943707.html (검색일: 2020.9.10)

75 智能巅峰, "'跨越险阻2020'陆上无人系统挑战赛系列活动(地面部分)预发布信息公告," 2020.3.1. https://dy.163.com/article/F6ST3BBP0511PT5V.html (검색일: 2020.9.8)

76 China Military Online, "PLA Army to host 'Crossing Obstacles 2020' land-based unmanned system competition," 2020.3.11. http://eng.chinamil.com.cn/view/2020-03/11/content_9766029.htm (검색일: 2020.3.29)

3) 4차 산업혁명 시대 핵심기술과 중국 육군의 무기장비체계 혁신

2017년 12월 중국 육군은 "13차 5개년계획" 장비건설계획을 수립하고 육군의 군사력 강화를 위한 무기체계 개발에 투자하고 있다.[77] 특히 인공지능, 드론 등 4차 산업혁명 시대 핵심기술을 군사분야에 적극 적용하고, 이러한 핵심기술을 장착한 신형 무기들을 빠르게 실전훈련에 배치함으로써 장비 발전의 가속화를 추구하고 있다. 드론과 무인전차 등 첨단무기들을 기존의 무기체계와 통합하면서 육군의 전역 기동화·통합화를 강화하고 있다.[78]

(1) 무인화 전략과 무인 무기장비체계 혁신

무인장비의 사용이 광범위해지는 것이 미래전의 핵심이고, 무인화는 세계 주요국들이 전장에서 본격적으로 도입하고 있는 주요한 군사기술 혁신의 방향이다. 중국도 무인화 군사기술 혁신에 주력하고 있다. 중국은 가까운 장래에 무수한 무인무기가 전장에서 활약해 '무인군'이 미래전쟁을 장악하고, 복잡하고 위험이 높은 어려운 전술들을 무인로봇으로 대체할 수 있으리라 전망하고 있다.[79] "적은 사상자", "사상자 제로"를 만드는 것이 새로운 형태의 육군이 추구하는 작

---

77 China Military Online, "PLA Army to host "Crossing Obstacles 2020" land-based unmanned system competition," 2020.3.11. http://eng.chinamil.com.cn/view/2020-03/11/content_9766029.htm (검색일: 2020.3.29)

78 中国军网综合, "陆军贯彻转型建设要求奋进新时代纪实," 2019.3.18. http://www.81.cn/jmywyl/2019-03/18/content_9451794.htm (검색일: 2020.4.12)

79 新浪网, "中国首款无人作战平台曝光！中国陆军的进攻将是机器人钢铁洪流," 2020.9.2. https://k.sina.com.cn/article_1183596331_468c3f2b00100tm8b.html (검색일: 2020.10.17)

전이고, 이러한 목표를 달성하려면 많은 무인장비를 개발해야 한다는 것이다.[80]

특히 육군 장비의 비행분야는 무기장비 무인화 혁신의 핵심이다. 드론은 중국 육군이 정찰과 타격을 통합하는 데 주요한 무기이다. 중국은 이미 무인기와 탱크를 일체화하는 '드론장갑차통합작전체계(蜂甲一体化作战系统)' 구축에 집중하고 있다.[81] 중국은 또한 무인지상차량(UGV) 분야에 대한 대규모 투자로 미국 등 선진국들과의 격차를 좁혀 가고 있다. 2020년 4월 중국 동부전구는 원격 제어모드를 사용할 수 있는 신형 무인전차 '루이과1(锐爪1)'를 육군부대에 실전 배치했다고 공식 표명했다.[82] 중국 육군은 지능형 전장시스템을 구축하기 위해 무인지상전차를 실전훈련에 활용하고 있으며, 무인시스템의 수준도 점차 고도화되면서 응용 프로그램이 점점 더 광범위해지고 있다. 중국의 무인전차는 높은 인공지능 기능을 갖추면서 정보의 수집과 전달, 공동작전에서 효율적이고 신속한 전투수행이 가능하도록 하고 있다.[83]

---

80 解放军报, "军报: 未来'飞行化无人化'的陆军将主导战场," 2017.11.23. https://www.guancha.cn/military-affairs/2017_11_23_436124.shtml

81 山峰, "国产蜂群系统再次亮相、坦克搭配无人机群、致命缺陷被弥补," 腾讯新闻, 2020.10.5. https://new.qq.com/omn/20201005/20201005A02EQ900.html (검색일: 2020.10.6)

82 大公报, "'锐爪'无人战车 增步兵杀伤力," 2020.6.8. http://www.takungpao.com/news/232108/2020/0608/460006.html (검색일: 2020.10.6)

83 CRS, "U.S. Ground Forces Robotics and Autonomous Systems (RAS) and Artificial Intelligence (AI): Considerations for Congress," 2018.11.20 (2019), pp. 13~14.

(2) 지능화 전략과 인공지능 무기장비체계 혁신

중국은 인공지능이 미래전의 결정적 요소라는 인식하에 중국군 현대화의 핵심과제로 규정하고, 인공지능 경쟁에서 승리하기 위해 주력하고 있다.[84] 국방과학기술대학의 주치차오(朱启超)는 “인공지능이 국방 및 군사정보화 발전의 중요한 원동력”이라고 강조하고 인공지능 기술, 빅데이터 기술, 클라우드 컴퓨팅 기술과 같은 차세대 정보기술이 국방분야에서 점점 더 중요한 역할을 할 것이라고 강조했다. 2018년 10월 중국군사과학원이 주관한 제8차 북경향산포럼(北京香山论坛)의 주제도 ‘인공지능과 전쟁 형태의 변화’였다. 중국은 인공지능이 국방과 군사정보화 건설의 중요 동력으로, 무인작전, 정보 수집과 처리, 군사훈련, 사이버 공방, 지능화 지휘통제 정책결정 군사분야에 광범위하게 적용되면 ‘게임체인저’의 역할을 할 가능성이 높다고 인식한다.[85] 중국 육군 지능화의 핵심 또한 인공지능 기술의 완전한 발전과 응용이며, 특히 작전지능화가 관건이라고 할 수 있다. 인공지능이 작전 태세를 스스로 감지하고, 작전효과를 평가하고, 전시에 전개되는 다양한 변화에 능동적으로 대응할 수 있는 작전의 혁신을 추구하고 있는 것이다.[86] 중국의 ‘전군무기장비구매정보망(全军

---

84 Harry Lye, “Could China dominate the AI arms race?,” *Army Technology*, 2020.1.20. https://www.army-technology.com/features/china-ai-arms-race/ (검색일: 2020.4.28)

85 “专家: 人工智能是推动新一轮军事革命的核心驱动力,” 人民网-军事频道, 2018.10.25. http://military.people.com.cn/n1/2018/1025/c1011-30361045.html (검색일: 2020.10.17)

86 科技日报, “‘陆上智能-2019’陆军无人化智能化建设运用论坛在京召开,” 2019.7.10. http://www.waihuigu.net/zonghe/20190710/943707.html (검색일: 2020.9.10)

武器装备采购信息网)'에 따르면, 중국 중앙군사위는 군사과학원, 전략지원부대 등과 함께 인공지능 기술의 군사화를 위한 다양한 R&D 프로젝트를 추진하고 있음을 알 수 있다.

(3) 정보화 전략과 5G 무기장비체계 혁신

1993년 류화칭은 미국이 걸프전에서 보여 준 정보전쟁, 전자전에 대응해 첨단기술의 필요성을 역설하면서도 한편으로는 모든 첨단기술 무기체계에도 약점이 있다고 강조하고, 이러한 첨단무기체계를 타격할 수 있는 방법을 찾을 수 있다고 언급한 바 있다.[87] 정보화 전쟁의 부상과 함께 중국에서는 미래 정보전쟁에서 전투의 기본 형태가 바이러스와 해커들이 될 것이라고 강조하고, 바이러스가 전투기, 전함, 탱크, 미사일 등에 있는 내비게이션과 공격무기는 물론, 지휘통제체계, 레이더와 센서를 공격하는 데 사용될 것이라는 인식이 존재한다.[88] 이러한 정보와 통신교란전에 대한 인식은 미국의 정보화에 기반한 군사혁신이 전장에 사용되는 것을 목격한 중국군 지도부들에게도 주요한 대응요소 중 하나였다. 정보전쟁, 지능화 전쟁의 첨단전쟁의 양상이 부상하면서 중국의 A2/AD 전략은 정보체계 교란을 주요한 전략적 과제로 제시하고 있다. 2020년 4월 13일 중국인민해방군 국방뉴스는 "미래전에 6G가 사용되면"이라는 제하의 기사에서 5G 시대보다 군사적 활용에 결정적 요소라고 강조하고, 6G를 군

---

87 刘华清, "坚定不移地沿着建设有中国特色现代化军队的道路前进," 人民网, 1993.5.20. http://www.china.com.cn/guoqing/2012-09/12/content_26748029.htm (검색일: 2020.10.16)

88 Jacqueline Newmyer, "The Revolution in Military Affairs with Chinese Characteristics," *Journal of Strategic Studies*, 33(4) (2010), pp. 483~554, 488.

사분야에 적용하는 것이 중국군이 미래 군사혁신에 적응하는 핵심 중점이라고 제시했다. 미래전쟁은 자동화, 데이터 기반 인공지능에 의존하게 되므로, 6G 기술은 중국 군사력이 최초로 미국을 추월하는 기반이 될 수 있다는 것이다.[89]

5. 결론

2014년 8월 시진핑이 주재하는 중국공산당 중앙정치국 집체학습(集體學習) 주제는 '세계 군사발전 추세와 중국 군사혁신'이었다. 시진핑은 "현재 세계는 제2차 세계대전 이후 유례가 없었던 광범위하고 급격한 군사혁명이 진행되고 있다"라고 언급하고 "정보화를 핵심으로 하여 군사전략, 군사기술, 작전교리, 작전역량, 조직체제와 군사관리 혁신을 기본 내용으로 하는 군사체제 재편"을 중국의 주요 목표로 제시하면서 이제 "기계화 전쟁의 관념을 버리고 정보화 전쟁이라는 사상관념을 수립하고, 단일 군종작전의 고정관념을 버리고 육·해·공 모든 군대의 일체화 연합작전의 사상관념을 수립해야 한다"라고 강조했다.[90] 이는 시진핑 시대 복합적 전면적 군사혁신의 방향을 함축한 메시지라고 할 수 있다. 시진핑 시대 중국군은 기술의 발전과

89 Brian McGleenon, "China's military developing 6G internet to power AI army of the future," Express, 2020.4.26. https://www.express.co.uk/news/world/1274075/china-military-latest-6G-technology-artificial-intelligence-AI-army-xi-jinping (검색일: 2020.4.28)

90 "习近平在中共中央政治局集体学习时强调 准确把握发展新趋势," 2014.8.31. http://news.sina.com.cn/c/2014-08-31/073430770795.shtml (검색일: 2020.10.21)

전략개념의 변화가 동시에 추동하는 전면적 군사혁신을 목표로 군사 전략, 군 조직과 작전지휘체계, 군사무기체계 혁신을 구체화하고 있다. 중국군은 전략과 기술 변화에 부응하여 전자전 등을 담당하는 전략지원부대를 창설하고, 대륙 중심의 군구체제를 해양안보통합의 전구체제로 개편하고, 육·해·공군 연합작전과 합동군사훈련을 강화하는 방향으로 대대적인 군 조직 개편을 단행했다. 또한 무기체계의 정보화 지능화 혁신을 가속화하고 있다.

중국의 지능화 혁신 가속화와 함께 정보화 지능화 기술에 기반한 군사혁신 경쟁은 미중 패권경쟁의 핵심 공간으로 부상하고 있다. 미국은 중국의 정보화 지능화 군사혁신이 성공할 경우 미국의 군사력을 상쇄할 것으로 보고 이에 대한 조치와 경계를 강조하고 있다.[91] 2018년 미국의 국방전략보고서는 중국인민해방군의 기술발전, 군사력 강화, 해외 영향력 확대와 공세적 태세의 위협을 강조하고, 이에 대응하기 위한 미국의 군 현대화와 파트너십을 강조했다.[92] 미국 군사혁신의 가속화는 중국, 러시아 등 강대국과의 장기적 경쟁에 진입하고 있는 상황에서 미국의 군사력이 기술적 측면, 작전 측면에서 뒤처질 수 있다는 인식에 근거한 것이라고 할 수 있다.[93] 한편으로 중

---

91 Elsa Kania, "Chinese Military Innovation in Artificial Intelligence: Testimony before the U.S.-China Economic and Security Review Commission," *Center for New American Security*, 1 (2019).

92 White House, "US Strategic Approach to the People's Republic of China," 2020.5.13. https://www.whitehouse.gov/wp-content/uploads/2020/05/U.S.-Strategic-Approach -to-The-Peoples-Republic-of-China-Report-5.20.20.pdf

93 Bryan Clark, Dan Patt, Harrison Schramm, "Mosaic Warfare: Exploiting Artificial Intelligence and Autonomous Systems to Implement Decision-Centric Operations," *Center for Strategic and Budgetary Assessments*, 1 (2020).

국은 미국의 대 중국 경계와 봉쇄가 점점 더 심화되고 있다고 인식하고, 미중 간 군사적 갈등과 긴장이 높아지고 있음을 주목하고 있다. 이러한 정세 변화와 기술혁신 속에서 중국의 전략가들은 중국의 군사혁신이 미국으로부터 오는 위협을 억지하고 극복하게 할 수 있을 것으로 기대한다.[94] 오늘날 미중 양국이 모두 자국의 군사독트린, 군 체계, 군장비 발전의 군사혁신 배경을 상대국으로부터 오는 위협으로 설정하고 있다는 점에서[95] 4차 산업혁명 시대 강대국 간 군사혁신 경쟁의 가속화는 세계 각국의 군사혁신과 협력에 주요한 도전이 되고 있다. 또한 중국 육군이 전통적인 대륙군체제에서 해양통합체제로, 기계화에서 지능화 체계로 전환되고 있는 과정에서 변화하고 있는 전략적 위상과 혁신의 방향, 미국 육군이 미래사령부와 AI TF를 창설하면서 미래전쟁에 대비하는 혁신의 모습 등은 한국의 군사혁신에 주요한 참고를 제공하고 있다.

---

94 Jacqueline Newmyer, "The Revolution in Military Affairs with Chinese Characteristics," *Journal of Strategic Studies*, 33(4) (2010), p. 502.

95 트럼프 정부의 국가안보전략과 국방전략보고서는 중국을 전략적 경쟁자로 규정하고 있으며, 2019년 중국국방백서는 미국의 국가안보전략과 국방전략이 강대국 경쟁과 군비경쟁을 촉진하고 우주와 사이버 능력 강화로 전 세계 질서 안정을 해치고 있다고 규정하고 있다.

제6장

미래 동아시아 안보환경의 변화와 지상군의 역할

박민형

1. 서론

세계는 하루가 다르게 변화하고 있다. 양적인 변화는 물론 질적인 변화도 놀라운 수준이다. 특히 변화의 속도는 미래에 대한 예측 가능성 자체를 어렵게 하고 있다. 하지만 미래를 준비하지 않을 수 없다. '준비를 누가 더 많이, 어떻게 하느냐'가 미래의 성패를 좌우하기 때문이다. 이는 군사분야에서도 마찬가지이다. 과학기술의 발전은 신무기체계를 포함한 전력건설은 물론 새로운 군사전략 개념을 요구하고 있다. 따라서 군도 변화를 두려워하지 말고 좀 더 적극적이면서도 선도적인 변화를 추진할 필요가 있다. 미래전장은 "급변하는 세계에 군이 어떻게 적응하느냐"가 아니라 이러한 변화를 "군이 어떻게 활용하느냐"가 더욱 중요하다고 할 수 있기 때문이다. 즉, 미래에는 과학기술을 포함한 제반 변화를 더 적극적으로 활용하여 이를 군에 효과적으로 접목시킴으로써 현재보다 더욱 강한 군을 만들어 나갈 수 있는 능력을 가진 국가가 군사강국이 될 것이다.

현재 한국 육군은 지속적으로 미래를 준비하고 있다. “한계를 넘어서는 초일류 육군”이라는 비전 아래 2030년을 준비하고 있고,[1] 먼 미래 시점에서의 개념적 군을 가시화하기 위한 노력도 게을리하지 않고 있다. 대한민국 육군은 국가방위의 중심군으로서의 역할을 추구하고 있는데 이를 위해 첫째, 전쟁 억제에 기여하고, 둘째, 지상전에서 승리하며, 셋째, 국민 편익을 지원하고, 넷째, 정예강군을 육성한다는 큰 목표를 제시하고 있다. 즉, 옛 조상들이 물려준 상무 전통과 불국의 정신을 창조적으로 계승 및 발전시켜 현대전 및 미래전에서 승리할 수 있는 지상군을 구축하고 있는 것이다.

이런 상황 속에서 이 글은 미래 동아시아 안보정세 평가를 바탕으로 지금까지 육군이 준비하고 있는 미래 지상군의 역할을 조금 더 명확하게 규명하고자 한다. 특히 군의 역할을 규명하는 데 있어 핵심 변수라고 할 수 있는 미래 위협변화 양상을 핵심적으로 분석하여 이를 바탕으로 과연 한국 지상군은 어떤 역할을 해야 하는지 제시하고자 한다. 즉, 2030년 이후 동아시아 안보정세 변화와 북한 위협변화에 집중하여 미래 지상군은 무엇에 중점을 가지고 발전해야 할 것인지를 도출할 것이다. 이를 위해, 동아시아 안보정세 변화의 경우 우선 전체적인 동아시아 안보정세 변화를 분석해야 하나 그중에서도 지역 안보에 핵심적으로 영향을 줄 수 있는 미중관계 변화를 집중적으로 살펴보고자 한다. 다시 말해 미래 미국과 중국의 전략 변화와 이에 따른 양국 간의 관계 변화에 집중할 것이다. 왜냐하면 한국의

---

1 육군, 『육군기본정책서』 (계룡: 육군본부, 2019).

미래 안보에 있어 가장 핵심 변수가 미중관계의 역학 변화라고 할 수 있기 때문이다. 이와 함께 현재 그리고 미래에도 한국에게 가장 위협으로 존재할 북한을 미래적인 시각에서 분석할 것이다. 단순히 현재 수준에서 북한의 군사적 위협을 분석하는 것이 아니라 미래 북한은 어떻게 변화할 것인가를 바탕으로 북한의 전력과 전략의 변화를 예측하고자 한다. 지금까지 많은 연구들이 미래를 예측해 왔다. 하지만 미래를 정확하게 예측한다는 것은 그리 쉬운 일은 아니며 어쩌면 불가능에 가까운 작업일지도 모른다. 하지만 현시점에서 더 다양하고 치열한 논쟁이 먼 미래를 좀 더 가시화하는 데 도움이 될 것이라는 점은 명확하다. 그리고 이것이 이 글이 추구하는 핵심 사고의 바탕이라고 할 수 있다.

따라서 이 글은 2030년 이후 정세 및 위협평가에 집중하여 육군비전 2030, 더 나아가 육군비전 2050을 더욱 정교하게 다듬는 데 기여하고자 한다. 이를 위해 우선 이 글은 미래 동아시아 지역 내 안보구도 형성에 가장 큰 변수라 할 수 있는 미중관계 변화를 우선 살펴보고 이후 미래 북한의 위협을 전망한다. 특히 북한군이 한국군에게 직접적인 위협임을 감안하여 과연 미래에 어떤 전력을 집중적으로 건설하고자 할 것인지를 분석함으로써 한국 육군이 직면하게 될 위협을 예측하고자 한다. 그리고 나서 이러한 분석을 바탕으로 미래 지상군의 역할을 제시할 것이다.

2. 미래 미중관계 변화 전망: 경쟁관계의 지속

1) 중국의 국가전략 및 군사력 건설

중국은 2050년까지 세계 초일류 국가로 발돋움하기 위한 '중국몽(中國夢)'을 국가 청사진으로 제시하고 있으며, 이를 군사적으로 뒷받침하기 위해 미국과 대등한 수준의 초일류 군대를 육성하겠다는 '강군몽(强軍夢)'을 천명하고 있다. 이러한 강군몽을 실현하기 위해 중국군은 "공세적 적극방어"를 핵심 군사전략으로 제시하고 있는데 적극방위 전략의 일환으로 미국, 미국의 동맹국, 인도-태평양 지역의 국가들과 '무력분쟁의 문턱 이전'에서 고도로 계산된 강압 활동, 즉 '회색지대(gray zone)' 전략을 전개하고 있다. 또한 중국은 여론전, 심리전, 법리전 등 '3전'을 강조하면서 대만 해협, 남중국해, 동중국해, 중인 국경지역, 북중 국경지역에서의 '영토주권'을 주요 사명으로 제시하고 있기도 하다.[2] 여기서 말하는 법리전은 법에 근거한 국익 추구 및 국내외 대의명분 유지를 말하는 것이며, 여론전은 개인의 인식과 사고에 영향을 주어 중국에 유리하도록 여론에 영향력을 발휘하는 것, 심리전은 상대방의 의사결정에 영향을 주거나 방해하여 전투의지를 약화시키는 전략을 의미한다.

또한 중국은 미래에도 미국에 비해 상대적으로 열세인 해양력을 고려하여 원해로부터 근해로의 접근을 거부하는 공세적 해양방어 전략인 반접근 지역거부(A2/AD: Anti-Access Area Denial) 전략을 지속적으로 수행할 것으로 보인다.[3] A2/AD 전략의 궁극적인 목적은 태평

2 DoD, *Annual Report to Congress* (2019).

양 섬들을 사슬처럼 이은 가상의 선인 도련선(Island Chain)을 토대로 "적 정보우세 능력 마비와 무력화를 통해 적의 전장 주도권 장악을 거부하고, 미국의 항모전단을 포함한 고가치 함정표적을 위협, 공격하여 적 전쟁수행 능력과 의지를 약화"시키는 것이다. 또한 대만, 남중국해, 동중국해 분쟁 도서지역에 대한 해역 봉쇄 및 접근로 차단을 통해 적 전력 투사와 군사 개입을 차단하고 미사일 방어, 교란능력을 통해 적의 공중미사일 공격 저지 및 피해 최소화, 적 전진기지의 사용 능력을 약화시켜 적 작전수행 역량을 제한하는 것이다.

이와 함께 미래전을 대비하기 위해 중국군은 최근 '광(光)전쟁' 개념을 발전시키고 있기도 하다. 이는 미래 전투는 빠른 속도로 이뤄진다는 것을 전제로 하고 있는 전략적 개념으로써 적 중심을 파괴하기 위해서는 전장정보 수집에서 타격에 이르는 전 과정이 빛과 같은 속도로 이뤄져야 하며 시·공간의 제약에서 벗어나 공격을 시작하는 시간과 타격 시간이 동일시되는 'Zero-hour 타격'을 달성해야 한다는 것이다. 이러한 광전쟁 개념은 최초에는 인지의 속도를 강조한 개념이었으나 미래에는 물리적 타격까지 확대될 것으로 보인다.

2021년 중국은 세계에서 세 번째로 강한 군사력을 보유하고 있는 것으로 평가된다. 미국 군사력 평가 기관인 '글로벌파이어파워'가 집계한 세계 군사력 랭킹에서 중국은 미국, 러시아에 이어 세 번째로 강력한 군사력을 보여 주고 있다. 그러나 2030년 이후 중국의 군사력은 미국과의 격차가 현재와는 다르게 줄어들 것으로 보인다. 이는

---

3 A2/AD는 "중장거리 무기체계를 이용하여 작전영역 내부로의 적세력 진입을 차단하는 것"을 의미하는 A2(Anti-Access, 반접근), 그리고 "단거리 무기로 작전영역 내부에서 적세력의 작전행동 자유를 제한하는 것"을 의미하는 AD(Area Denial, 지역거부)가 결합된 개념이다.

[그림 6-1] 세계 군사력 평가 순위

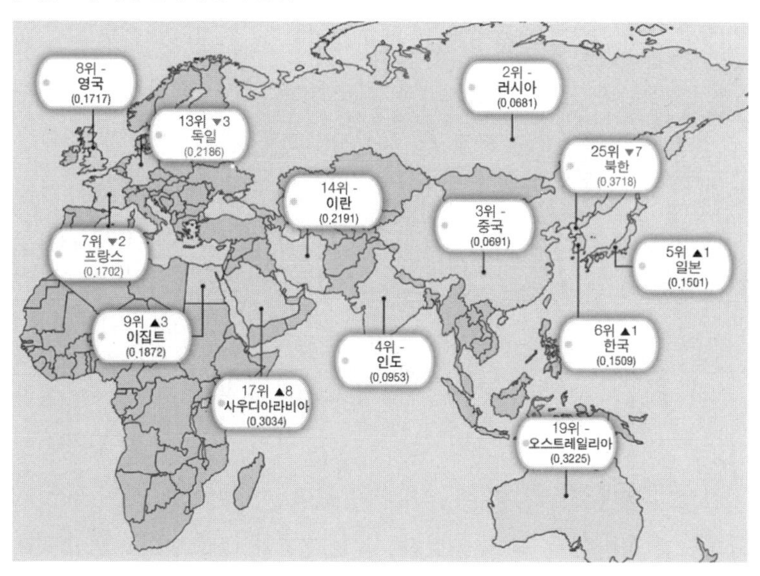

군사분야 투자비를 결정하는 경제력을 비교했을 때 어느 정도 예측할 수 있다.[4] 글로벌 컨설팅 전문기관인 맥킨지글로벌연구소(MGI)는 2020년 발간한 『중국과 세계: 변화하는 관계』 보고서에서 오는 2040년 중국 관련 경제가치를 22조~37조 달러로 추산했는데 이는 세계 모든 국가의 같은 해 국내총생산(GDP) 총액의 26%에 해당하는 수치로, 전 세계 경제의 4분의 1 수준이 중국과 직간접적으로 연관된다는 것이다. 따라서 중국은 강력한 경제력을 바탕으로 국방에 대한 투자를 증가시켜 나갈 것으로 보이며 이러한 투자가 미중 간의 미래 군사력 격차를 줄이는 데 작용할 것으로 보인다.

---

4 미국은 중국군의 막대한 국방비 투자로 인해 2035년 이후 중국이 러시아의 군사적 능력을 뛰어넘을 것으로 예상하고 있다.

이렇듯 중국의 군사적 성장이 예상되는 가운데 중국은 미래 과학기술의 획기적인 발전을 바탕으로 미래전은 첨단 군사과학기술이 주도하는 지능화전(Intelligentized Warfare)의 시대가 될 것으로 전망하고 있으며 ① 분쟁영역 확장, ② 무형적 대결 일반화, ③ 전투 주체의 변환 등이 이뤄질 것이라 예측하고 있다. 이에 따라 중국군은 미래 국방 및 군대 현대화 건설 3단계 작업인 ① 무기와 장비 최신화, ② 전역기동 및 입체공방 능력 배양, ③ 다차원 능력 배양을 추진하고 있으며 이는 2040년 이전 완료될 것으로 보인다.

각 군별 세부 추진과정을 간략히 살펴보면 우선 지상군은 "정밀하고 다차원적이고 다수 전구를 기준으로 다기능적이고 지속 가능한 작전능력을 배양"하기 위해 노력하고 있다.[5] 이를 위해 중국 육군은 규모는 감축하면서 '목표 중심전', '지상작전의 모델 변화', '첨단과학기술군'을 추구하고 있다. 해군은 핵심 목표를 '근해방어, 원해호위'로 설정하고 해양자원의 보호, 해양 권익수호, 해상 교통로 및 에너지 루트 확보 등을 위해 군사력을 건설하고 있다. 즉, 중국 해군은 1만 톤 이상인 런하이를 필두로 6척의 뤼양II(5700~6300톤급)와 6척의 뤼양III(6700~7300톤급) 구축함을 운용 중이며 프리깃함은 25척 이상의 장카이II가 운용 중이다. 이 외에도 잠수함의 경우, 핵추진 잠수함 6척, 핵추진 미사일 잠수함 4척, 재래식 잠수함 50여 척을 운용 중이며, 2020년대 중반 4~6척의 항공모함도 보유할 것으로 예상된다.[6]

---

5 김태호, "중국 국방개혁: 지상군, 정보화 중점… 헬기부대 능력도 키워", ≪중앙일보≫ 3월 9일 (2019); "중국 국방개혁: '해양강국' 노림수… 실제 전투력 수준은", ≪중앙일보≫ 3월 12일 (2019); "중국 국방개혁: 걸프전 충격 빠졌던 중국 공군… F-35스텔스 감당할 수 있나", ≪중앙일보≫ 4월 3일 (2019).

6 미국은 2020년에도 350여 척의 군함과 잠수함을 보유한 중국이 미국을 이미 추

한편 공군의 핵심 목표는 '전략 공군'이라고 할 수 있으며 이는 과거 국토방어형에서 공격과 방어 능력을 두루 갖춘 '공방겸비형'으로의 전환을 의미한다. 또한 중국 공군은 '공천일체(空天一體)' 전략을 추진하고 있는데 이는 항공과 우주 전력의 정보화 및 일체화를 의미한다.

2) 미국의 국가전략 및 위협인식 변화

미국은 2017년 1월 20일 도널드 트럼프(Donald Trump) 대통령이 취임식에서 밝혔듯이 통상, 외교, 국방 등 국정 제 분야에서 미국의 이익을 최우선한다는 '미국 우선주의(America First Policy)'를 추진해 왔다. 트럼프 대통령은 "지난 수년 동안 미국은 우리의 산업을 희생해서 다른 나라를 부강하게 했고, 우리 국방을 궁핍하게 만들며 다른 나라 군대를 지원했으며, 우리 국경 방어를 포기하고 다른 나라 국경을 지켜 줬다"라고 비판했다. 트럼프 대통령의 철학에서 시작된 이러한 정책 방향성은 미국이 자국의 경제, 국방 등에 대한 강화를 추진하고 과거의 강력한 미국으로 다시 태어날 것을 세계에 천명한 것이라 할 수 있다. 즉, 기존 오바마 정부가 국제사회와의 협력, 특히 국제기구를 중심으로 한 국가 간 협력을 바탕으로 정책을 추진했다면 트럼프 행정부는 군사력으로 대변할 수 있는 힘을 통한 평화 유지를 강조하고 있다고 볼 수 있다.

사실 미국은 9/11 사태 이후 테러와의 전쟁에 집중해 왔으며 이로 인해 중동과 중앙아시아 지역에 전략적 역량을 집중했다. 이것은 미군이 전면전보다는 비정규전에 치중하도록 했고 군사적인 발전도

월했다는 보고서를 발간하기도 했다.

이와 연계하여 진행되었다. 테러와의 전쟁 시 미국이 주로 상대했던 적은 정규적인 군사훈련을 받지도 않고 대규모 전투력을 가지고 있지도 않은 알카에다나 탈레반과 같은 조직들이었다. 당시(부시 및 오바마 행정부) 국가안보전략서에서도 테러위협, 불량국가의 대량살상무기에 대한 위협을 가장 중요하게 명시하고 있다.[7] 그러나 미국은 이러한 전쟁들을 수행하면서 재정적으로 막대한 비용을 부담했으며 군사력 최신화 분야에 있어서도 국내 경제의 어려움으로 적절한 시행을 하지 못했다.[8]

하지만 트럼프 행정부가 등장한 이후 미국의 위협인식은 크게 변화했다. 2017년 12월 발표된 『국가안보전략서(NSS: National Security Strategy)』에서 미국은 자국에 대한 위협을 세 가지로 상정하면서 그 중 첫 번째를 "수정주의 성향의 경쟁국인 중국과 러시아의 도전"으로 규정했다.[9] 또한 2018년 1월에 발표된 미국의 『국방전략서(NDS: National Defense Strategy)』에서도 미국의 핵심적 관심이 테러에서 강대국과의 전략적인 경쟁으로 바뀌고 있음을 밝히고 있다.[10] 미국은 중국, 러시아와 같은 경쟁국들이 상대적으로 강력한 미국의 군사적 우

---

7 The White House, *National Security Strategy of the United States of America* (Washington D.C.: The White House, 2015), p. 7.

8 Daniel S. Roper and Jessica Grassetti, "Seizing the High Ground: United States Army Futures Command," ILW SPOTLIGHT 18-4(2018), p. 1.

9 The White House, *National Security Strategy of the United States of America* (Washington D.C.: The White House, 2017), p. 2. 이와 함께 제시된 위협으로는 불량국가인 북한과 이란의 핵 및 미사일 개발, 테러조직과 국제범죄 조직 등 초국가 위협집단에 의한 위협을 꼽고 있다.

10 U.S. Department of Defense, *Summary of the 2018 National Defense Strategy of the United States of America* (US DoD: Washington D.C., 2018), p. 1.

위를 회피하기 위해서 무력분쟁이 발생하는 임계점 바로 아래인 이른바 회색지대에서 자신들의 전략적 목표를 달성하고자 할 것이며, 무력분쟁이 발생할 경우 미 합동전력의 원거리 투사능력에 지장을 줄 수 있도록 모든 영역에서 A2/AD 전략을 수행할 것이라고 판단하고 있다.[11]

한편, 미국은 자국의 군사력에 대해서는 오랜 기간 동안 테러와의 전쟁을 수행함으로써 장비, 교리, 정규전에 대한 대비 등에서 약화 또는 노후화되었다고 평가하고 있다. 반면 중국과 같이 미국에 도전 가능한 국가들은 전투수행 개념, 전력 등에서 상당한 발전을 이뤄 미국의 압도적인 군사적 우위를 상쇄시켰다고 분석한다. 물론 여전히 미국은 군사적으로 세계에서 가장 강한 국가이며 이러한 추세는

[그림 6-2] 2020년 세계 국방비 지출 현황

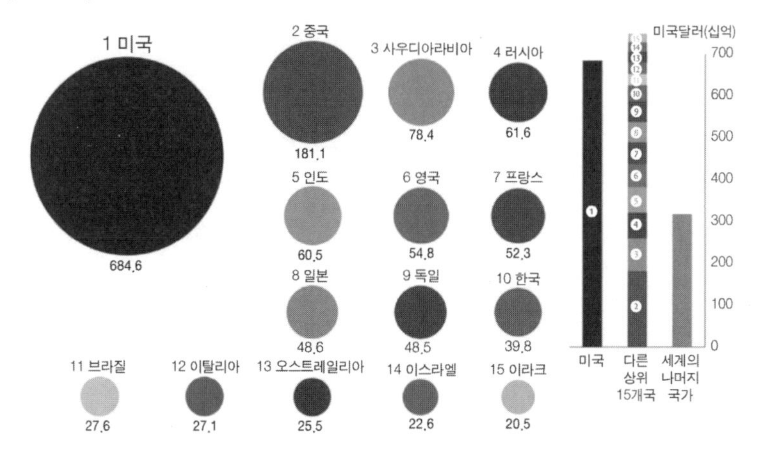

자료: IISS(2019).

11 US Army Training & Doctrine Command, "Multi-Domain Battle: Evolution of Combined Arms for the 21st Century, 2025-2040," (2017), pp. 1~6.

쉽게 바뀌지 않을 수도 있다. 2020년 세계 국방비 현황을 보면 당분간 미국의 군사적 우세가 계속될 것을 예측할 수 있다. 2020년 미국의 국방비는 2위부터 15개 국가를 합친 양과 그 규모가 유사할 정도이기 때문이다. 그러나 중국(2위)과 러시아(4위)가 지속적으로 성장한다면 현재 미국의 압도적인 지위는 위협받을 수 있다는 것이 미국의 인식이라고 할 수 있다. 즉, 미국은 군사적으로 중국과 격차가 지속적으로 줄어들 수 있다고 판단하고 있으며 이러한 격차 감소는 미국의 억제력을 약화시키고 미국이 지향하고 있는 자유롭고 개방된 규범에 도전적 요소로서 작용할 것으로 인식하고 있는 것이다.[12]

3) 미래 미중관계: 경쟁과 갈등의 심화

21세기 미국 안보전략의 핵심 기조 중 하나는 중국의 부상에 대한 견제라고 할 수 있다. 즉, 중국이 강대국으로 부상함으로써 미국의 국제적 영향력을 위협하고 더 나아가 양국 간의 충돌 가능성이 높아질 수 있다는 것을 우려해 왔던 것이다. 몇몇 연구들은 국제정치상 미국의 주도적 지위 상실을 예측하기도 했다.[13] 미국은 2019년 6월 1일 발간된 『인도-태평양 전략보고서(IPSR: Indo-Pacific Strategy Report)』에서 중국을 "자국의 정치·경제·안보 이익을 추구하기 위해서는 모든 마찰을 수용할 의사가 있음을 드러내고 있다"라고 평가하고 있다.[14] 특히 중국은 자유롭고 개방적인 지역 및 국제적 체계에서 가장

---

12 U.S. Army TRADOC, *The Operational Environment and the Changing Character of Future Warfare* (Washington D.C.: TRADOC, 2017), p. 2.

13 그래엄 앨리슨(Graham Allison), 『예정된 전쟁: 미국과 중국의 패권 경쟁, 그리고 한반도의 운명』, 정혜윤 옮김 (서울: 세종서적, 2018).

많이 이익을 본 국가임에도 불구하고 이러한 원칙과 질서를 폄하하고 있으며, 다양한 A2/AD 역량을 지속적으로 개발하여 공해 및 국제 공역 등에서 여타 국가들의 활동을 저지하려는 의지를 보이고 있다고 평가하고 있다. 게다가 미국은 같은 보고서에서 싱가포르, 대만, 뉴질랜드, 몽골을 미국이 신뢰할 수 있고 능력 있는 파트너들이라고 평가했다. 이는 공식 문서에서 대만을 국가로 지칭한 것으로 1979년 수교 이후 '하나의 중국'을 대중 외교의 기본 원칙으로 삼았던 것을 부정한 것이었다. 심지어 트럼프 정부는 대만에 탱크와 미사일 등 20억 달러 이상의 무기 판매를 추진 중으로 알려지고 있으며 이에 중국 외교부는 2019년 6월 6일 "대만에 대한 미국의 무기 판매는 고도로 민감하고 엄중한 위해성이 있다"라며 강하게 반발하고 있다.

2021년 1월 들어선 바이든 정부에서도 이러한 기조는 큰 변화가 없을 것으로 예상된다. 왜냐하면 대선 기간 중 바이든 캠프는 중국에 대한 강한 견제가 필요하다는 것은 인정해 왔기 때문이다.[15] 물론 미국의 새 행정부가 대외 전략을 완료하기까지는 상당한 시간이 필요할 것으로 보인다. 바이든 정부의 국가안보전략서와 국방전략서가 발간되는 2021년 말 또는 2022년 중반 정도가 되어서야 구체화될 것으로 보인다. 그러나 바이든 정부를 형성하고 있는 구성원들의 특징을 분석해 볼 때 트럼프 시기보다 경쟁력 있는 전략을 수립하여 중국을 압박하되 파국적인 충돌을 회피하는 전략적 방향성을 보일 것으로 전망된다.[16]

---

14 US DoD, *Indo-Pacific Strategy Report: Preparedness, Partnerships, and Promoting a Networked Region* (Washington D.C.: US DOD, 2019), pp. 7~10.

15 Thomas Wright, "The Point of No Return: The 2020 Election and The Crisis of America Foreign Policy," *Lowy Institute Report*, October (2020), pp. 1~7.

이런 상황 속에서 최근 미국과 중국은 이른바 무역전쟁 중이다. 그러나 이러한 무역전쟁의 본질은 단순히 경제분야에 한정된 것이 아니며 미래 국제사회의 주도권을 놓고 벌이는 패권전쟁이라고 할 수 있을 것이다. 미중의 갈등은 무역뿐만 아니라 남중국해 문제, 티베트, 사이버 해킹, 인권 등 다양한 분야에서 벌어지고 있으며 이 중 군사적으로는 미국이 남중국해에서 '항행의 자유작전(operation freedom of navigation)'을 전개하며 중국에게 경고를 하고 있기도 하다.

반면 중국은 자국의 국력이 커져 갈수록 공세적인 외교를 전개해 왔고 특히 최근에는 대외정책으로 조용히 때를 기다리는 '도광양회(韜光養晦)'에서 자신들의 발언권을 요구하는 '분발유위(奮發有爲)'를 지향하고 있다. 결국 이러한 미중 간의 전략 변화는 미래 미중 간에 갈등 구조를 더욱 강화하게 될 것으로 보인다. 물론 미중 간의 협력을 위한 다양한 협의체가 존재하고 있기도 하다. 하지만 국가 대전략적인 측면과 경제, 안보, 군사 등에 있어서 다양한 이슈들이 미래 양국의 경쟁관계를 더욱 고조시킬 가능성이 매우 높다고 할 수 있다. 더 나아가 아직도 진행 중인 코로나-19 사태에 대한 책임 공방은 미중 간 갈등의 골을 더 깊게 할 수 있을 것으로 보인다.

3. 미래 북한의 위협변화 전망: 비대칭 위협의 증가

미래에도 북한은 여전히 한국에게 있어 가장 위협적인 대상으로

---

16 Richard Hass, "The Pandemic Will Accelerate History Rather Than Reshape it: Not Every Crisis is a Turning Point," *Foreign Affairs*, April (2020).

남아 있을 가능성이 높다. 물론 현재 추진 중인 한반도 평화 정착을 위한 노력이 어느 정도 성과를 거둬 남북관계에 획기적인 새 지평이 열릴 가능성을 전혀 배제할 수는 없다. 하지만 군사적 차원에서 살펴볼 때 정치적 차원의 평화가 완성되기 전까지 북한이 보유하고 있는 핵을 포함한 비대칭적 무기와 재래식 무기 등은 명확한 군사적 위협이라고 말할 수 있을 것이다. 더욱이 최근 북한은 미래를 위한 새로운 군사력 강화를 실시하고 있는 것으로 알려지고 있다. 일례로 2020년 10월 10일 실시된 노동당 창건 제75주년 기념 열병식에서 북한은 최신 무기들을 공개하기도 했다. 그렇다면 미래 북한의 군사력 변화는 한국 지상군의 역할을 도출하는 데 있어 중요한 변수라 하지 않을 수 없다.

1) 미래 북한의 전력건설 방향성

북한의 전력건설을 위해서는 여러 가지 요인이 작동할 수 있다. 군사전략이 가장 핵심적으로 영향을 줄 것이며 안보환경 변화, 경제적인 제약요인 등이 있을 수 있다. 이 중에서도 가장 기본적인 영향요인은 북한의 입장에서 자신들의 군사적 역량을 어떻게 평가하느냐의 문제라고 할 수 있다. 북한은 남한에 비해 경제적·기술적·사회적 제 분야를 포함한 다양한 분야에서 열세이며 그들도 이를 명확하게 인식하고 있다. 북한 김정은 국방위원장은 남북 정상회담 간에 열악한 자신들의 상황을 언급하기도 했다.

이에 북한은 다음과 같은 방향성을 가지고 미래 군사력 건설을 할 것으로 보인다. 첫째, 북한은 장기적인 경제 침체로 인한 남한과의 경제적 격차로 발생하는 군사적 열세를 만회하기 위해서 "저비용

고효율"의 전력건설 방향을 상정할 가능성이 높다. 즉, 가능한 최소한의 비용을 들여 군사적 효과가 높은 전력으로 미래 군사력을 설계할 것이다. 예를 들어 '값싼 무인기'를 플랫폼으로 한 폭탄 투여 등의 방식과 상대적으로 비용이 들지 않으나 효과가 큰 사이버전, 심리전, 화생방전 등의 역량을 키워 나갈 것이다.

둘째, 기술분야에서 한국에 대한 열세를 만회하기 위해 고도로 전자화된 상대의 체계 자체를 공격할 수 있는 전력을 건설하고자 할 것이다. 즉, 자신들이 기술적으로 단기간 내에 극복할 수 없는 격차를 극복하고자 노력하기보다는 기술적으로 발전한 상대의 약점을 공격하려 할 것이다. 이는 곧 "기술체계 마비"를 위한 전력건설의 추구를 의미한다. 이러한 전력으로는 전자전, EMP 탄 등이 있을 수 있다.

셋째, 남한 사회는 북한에 비해 정치적으로 다양성이 존재하며 민주화로 인한 국민 여론의 중요성이 매우 크게 작동하고 있다. 특히 남한 사회는 군사적 대결보다는 국민 삶의 질적 향상에 더 큰 관심이 있으며 이는 결국 전쟁에 대한 무용성, 더 나아가 반전 여론으로 형성될 가능성이 높다. 따라서 북한은 국민 여론에 자유롭지 못한 한국의 정치사회적 시스템을 이용하려 할 것이다. 이를 위해 대규모 피해를 유발할 수 있는 전력을 보유 및 현시하여 남한 내 전쟁 공포감을 조성할 수 있는 능력을 구비하고자 할 것이다. 이러한 효과를 낼 수 있는 가장 좋은 전력은 핵을 포함한 대량살상무기로서 북한은 이와 같은 이유로 대량살상무기 보유를 지속적으로 추진하게 될 것이다.

2) 미래 북한의 세부 전력건설

북한은 자신들이 설정한 방향성을 바탕으로 다음과 같은 과정을 거쳐 세부적인 전력을 건설하고자 할 것이다. 즉, 우선적으로 ① 군사적인 목표를 설정하고, ② 목표를 달성하기 위한 군사력 건설 중점을 확정하며, ③ 이러한 중점을 실행할 수 있는 세부 전력건설 과정을 거치게 될 것이다. 2019년 건군절 ≪노동신문≫은 사설에서 군을 향해 "당의 정면 돌파전 사상을 충성으로 받들어 조국보위도 사회주의 건설도 우리가 다 맡자"라는 구호를 발표했다. 또한 김정은은 건군 제70주년 열병식 연설에서 "군은 당의 영도를 따라야 하며 당 중앙을 무장으로 옹위하는 제일결사대, 제일근위대가 돼야 한다"라는 임무를 강조하기도 했다. 같은 날 ≪노동신문≫ 사설은 "인민군대는 수령의 사상과 위업을 맨 앞장에서 충직하게 받들어나가는 전위대로, 최고사령관 동지의 작전적 구상을 철저히 실현하는 것도 인민군대이고 전후 반당혁명 종파분자들의 책동을 짓부시고 당 중앙을 결사 옹위하는 것도 우리의 혁명적 무장력이며 사회주의 위업수행에서 선도자적 역할을 수행하는 것도 조선인민군"이라고 언급했다. 따라서 북한군은 국가보위, 당보위, 인민보위라는 일반적인 목표는 물론 김정은 정권의 안보를 수호하는 친위부대적인 성격도 강하다고 할 수 있을 것이다.

북한의 미래 전력건설은 위에서 제시한 목표를 달성하기 위해 이뤄질 것이다. 이를 위해 우선, 북한은 한반도 군사 주도권을 확보하고자 할 것이다. 이를 달성하기 위해서는 현재 한국에게 있어 군사적 열세 분야를 상쇄할 수 있는 전력이 필요하다. 따라서 남북 간 군사적 균형을 맞출 수 있는 비대칭전력이 이러한 전력의 핵심이 될 수 있을 것이다. 한국군 더 나아가 한미연합군과의 재래식 격차를 상쇄하고 전쟁 지속능력에서의 약점을 보완할 수 있는 전력건설이 필요한 것이다. 북한은 한국과의 경제적 격차가 점차 커질 것이라는 점을 어느 정도 인식하고 있다. 이는 결국 국방비의 격차로 인해 최신 전력의 격차로 나타날 것이며 일반적인 재래식 전력에 있어서는 한국군의 우세가 점차 뚜렷해질 것이다. 이에 북한은 일부 결정적인 분야에서 한국을 압도하기 위한 전력을 건설하려고 할 것이다. 즉, 비대칭전력의 강화를 통해 이러한 열세를 극복하고자 할 것이다. 이러한 노력은 한국 사회의 특성을 고려하여 이뤄질 가능성이 있다. 한국군의 경우 고도로 과학화·기술화되어 가고 있다. 이 과정은 상당한 재정적 뒷받침이 필요하다. 따라서 북한이 이러한 경향에 동조할 경우 북한 스스로 소진될 경우가 발생할 수 있다. 따라서 북한은 저렴하면서도 큰 효과를 발휘할 수 있는 전력체계를 강화할 것이다. 예를 들어, 화생무기, 무인기 등이 대표적이라 할 수 있으며 기존에 우세를 가지고 있는 포병 화력체계와 단거리 미사일 등의 체계도 지속적으로 강화하고자 할 것이다.

둘째, 북한은 중국으로부터 지속적인 지원을 받기 위해 미중 군사경쟁 간 자신들이 어느 정도 역할을 수행하고자 할 것이다. 즉, 북한은 중국의 국제적 전략에 기여하고자 할 것이다. 이에 북한은 중국 대미전략의 핵심이라고 할 수 있는 A2/AD 전략에 기여한다거나 중국의 동맹국으로서 국제사회에서 중국의 다양한 노력들에 핵심적 역할을 할 수 있는 전력건설을 하고자 할 것이다. 북한은 자신 혼자만의 힘으로는 한국 및 한미연합군과 군사적 균형을 맞출 수 없다는 것을 잘 알고 있다. 그로 인해 북한은 오랜 기간 핵무기 개발에 심혈을 기울여 왔던 것이다. 그러나 북한의 핵무기 개발 및 보유는 국제사회의 지속적인 제재를 야기했으며 그로 인해 북한도 많은 어려움에 봉착해 왔다.

2021년까지 북미 간 협상은 정체되어 있으나 미래 어느 시점에 북한의 비핵화 협상이 다시 시작될 가능성이 여전히 존재하고 있다. 그러나 비핵화 협상 과정에서 북한의 핵 포기 여부와 상관없이 북한에게는 주변국 특히 중국의 지원이 매우 필요하다. 핵을 포기할 경우에는 자신들의 안전을 보장해 줄 수 있는 동맹국으로서, 핵을 포기하지 않을 경우에는 국제 제재상황에서 자신들의 지원을 위한 마지막 보루로서 역할이 필요하기 때문이다. 따라서 북한은 중국에게 환영받을 수 있는 전력건설을 추구하고자 할 것이다. 예를 들어 대함탄도유도탄(ASBM: Anti-Ship Ballistic Missile), 중·단거리 핵미사일 등이 될 수 있을 것이다.

셋째, 미국과의 협상에서 지렛대 역할을 할 수 있는 전력을 확보하고자 할 것이다. 즉, 이는 전략적 무기를 미국 본토에까지 투사할 수 있는 능력을 보유하는 것이라 할 수 있다. 북한은 "누구도 범접할 수 없는 무적의 군사력을 보유"하겠다고 계속해서 천명해 왔다. 이런 노력의 일환으로 북한은 국제사회의 지속적인 제재와 반대에도 불구하고 핵무기 개발을 추진해 왔다. 2019년 연말 실시된 조선노동당 중앙위원회 전원회의에서 김정은은 "적대적 행위와 핵위협 공갈이 증대되고 있는 현실에서 우리는 가시적 경제성과와 복락만을 보고 미래의 안전을 포기할 수 없다"며 "곧 머지않아 조선민주주의인민공화국이 보유하게 될 새로운 전략무기를 목격하게 될 것"이라고 주장했다.

북한에게 대량살상무기를 포함한 전략무기는 군사적 수단 이상의 가치가 있다. 즉, 세계적 최빈국인 북한이 최강대국인 미국과 협상 테이블에 앉을 수 있게 해 주는 정치적 수단이 바로 전략무기라고 할 수 있다. 따라서 북한은 미국과의 협상에서 레버리지로 활용할 수 있는 전략무기 개발을 지속할 가능성이 높다. 전략무기를 고도화하여 이것을 지렛대로 북미관계를 개선하고 체제를 보장하기 위한 협상을 하고자 할 것이기 때문이다. 또한 이러한 전략무기는 미국으로부터의 군사적 공격을 억제하는 기능을 수행할 수 있을 뿐만 아니라 한반도 유사사태 발생 시 미국의 개입을 최소화할 수 있다고 판단할 수 있을 것이다. 즉, 북한이 대륙간 탄도미사일(ICBM: Intercontinental Ballistic Missile) 및 잠수함 발사 탄도미사일(SLBM: Submarine-Launched Ballistic Missile) 능력을 극대화할 경우 "서울을 위해 뉴욕이나 로스앤젤레스를 희생할 수 있을 것인가"라는 전통적인 난제가 대두될 수 있기 때문이다. 실제로 한미상호방위조약에는 자동개입 조항이 없어 북한이 미국에 대한 전략무기 공격이 가능하다면 이러한 인식이 충분히 가능할 것이다.[17]

넷째, 북한 내부에서 발생할 가능성이 있는 다양한 규모의 반란 또는 저항 사태를 제압할 수 있는 능력을 추구할 것이다. 북한은 국제사회의 지속적인 제재로 인해 만성적인 경제난을 겪어 오고 있다. 특히 일부 통치세력을 제외한 주민의 삶은 많은 어려움이 있는 것으로 밝혀지고 있다. 이러한 어려움이 자연재난 또는 인적재난 등을 통해 더욱 가중될 경우 주민들의 정권에 대한 불만은 상대적으로 빈곤율이 심하다고 알려져 있는 평양의 통치력에서 지리적으로 멀리 떨어져 있는 지역 등으로부터 표출될 가능성이 매우 높다. 또한 이 과정에서 정권의 공포정치가 강화될 경우에는 경제난으로 유발된 민심

---

17 한미상호방위조약 제3조에는 "각 당사국은 타 당사국의 행정 지배하에 있는 영토와 각 당사국이 타 당사국의 행정 지배하에 합법적으로 들어갔다고 인정하는 금후의 영토에 있어서 타 당사국에 대한 태평양 지역에 있어서의 무력 공격을 자국의 평화와 안전을 위태롭게 하는 것이라 인정하고 공통한 위험에 대처하기 위하여 각자의 헌법상의 수속에 따라 행동할 것을 선언한다"라고 되어 있다.

[그림 6-3] 북한군 목표와 주요 노력선

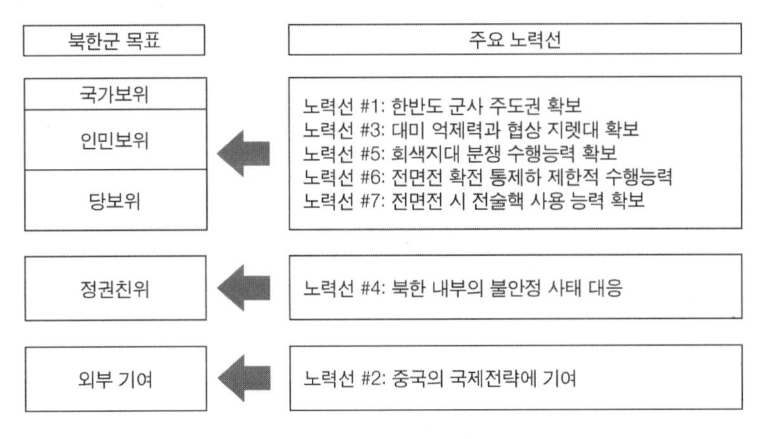

이반이 더욱 가속화될 수 있을 것이며 이는 결국 반정권 주민 봉기로 이어질 수 있을 것이다. 북한 정권이 이러한 봉기를 진압하는 과정에서 가장 중요하게 필요한 것은 '신속'하게 '극대화된 위협'을 보여 주는 것이라 할 수 있다. 즉, 반봉기세력의 공포를 극대화할 수 있는 전력을 가장 신속하게 해당 지역에 투사할 수 있는 능력이 필요할 것이다. 따라서 이러한 목적을 달성하기 위해서는 전차, 단거리 발사체 등을 강화하려 할 것이다. 한 가지 더욱 중요한 것은 북한 주민 자체에 살상을 가할 경우 국제사회로부터의 개입에서 자유롭지 않을 수 있다. 이에 북한 정권은 비살상무기체계 개발도 병행할 것으로 보인다.

다섯째, 전면전으로 확대되지 않으면서도 제한적인 목표를 달성할 수 있는 전력을 추구할 것이다. 북한은 한미관계 또는 북미관계에서 돌파구가 필요할 경우 국지적인 도발을 자행해 왔다. 즉, 이러한 도발을 통해 한국 또는 미국과의 협상에서 협상력을 제고하기 위한 목적으로 도발을 해 온 것이다. 그러나 도발의 규모가 커질 경우 북한은 상당한 위험을 감수해야 할 것이다. 즉, 한미연합군의 대규모 보복, 더 나아가 전면전 발발의 가능성까지 염두에 둬야 한다는 것이다. 따라서 회색지대 분쟁의 경우 전면전으로의 발발 가능성은 줄이면서 한국에게 자신들의 목적을 강압할 수 있는 수준으로 진행할 가능성이 높다. 이를 위해서는 제한된 지역 및 제한된 효과를 노린다는 측면에서 대규모 포병 사격과 같은 투발 수단보다는 사이버전, 전자전, 심리전 등의 수단과 좀 더 공격적인 수단으로는 소규모 무인기, 드론, 상륙정 등을 통한 공격이 가능할 것이다.

여섯째, 한반도에서 전면전 수행이 아닌 제한전 수행능력을 강화하고자 할 것이다.[18] 즉, 북한이 성취하고자 하는 목적을 달성하기 위해서 도발의 범위, 지역, 수준에서 전면전(all-out war)이 아닌 제한전(limited war)을 수행할 수 있는 능력을 보유하고자 할 것이다. 대부분의 군사 전문가들은 한반도에서 전면전의 가능성을 낮게 보고 있다. 물론 전면전의 가능성이 전혀 없다고 할 수는 없을 것이다. 그러나 북한이 전면전을 선택하려면 정권의 생존 자체가 크게 위협받을 것이라는 점을 감수해야 할 것이다. 따라서 북한은 이러한 위험성을 최소화하되 자신들의 정치적·군사적 목적을 달성하기 위한 기습적인 제한전 규모의 도발을 자행할 가능성이 높다. 예를 들어 수도권 일대에 대한 화력 공격, 서해 도서지역에 대한 상륙 점령 또는 강원도 동부지역 일대에 기습적인 공격 후 점령 등을 실시하고 이를 바탕으로 자신들의 목적을 달성하려 할 것이다. 이럴 경우 북한은 기습적

---

18 여기서 제한전이라 함은 전쟁을 통해 달성하고자 하는 전쟁의 목적과 전쟁에 이용하는 수단, 그리고 전쟁을 수행하는 방법 등에 있어서 일부 또는 모두를 제한하는 형태의 전쟁을 말한다. 자세한 내용은 온창일, 『전략론』(서울: 지문당, 2013), 164~165쪽 참조.

이면서도 파괴력이 강한 전력이 필요할 것으로 보이는데 특수전 전력, 해병상륙 전력, 포병 화력 및 단거리 미사일 전력 등이 중심이 될 수 있을 것이다.

일곱째, 실제 전쟁 시 사용 가능한 전술핵 사용 능력을 강화할 수 있을 것이다. 북한은 자신들의 정권 유지가 더 이상 쉽지 않다고 판단될 경우 어떠한 불이익을 감수하고라도 무모한 도발을 할 것이다. 기습공격으로 인한 전면전 발발 시에 북한은 전쟁 초기단계부터 핵무기를 사용할 가능성이 있다. 북한은 총력전 측면에서 자신들의 능력이 남한에 비해 부족하다는 것을 잘 알고 있다. 따라서 북한이 만일 전면전을 결정했다면 대량살상무기를 포함한 비대칭전력을 중심으로 기습공격을 시도하여 국민적 혼란, 공포감 조성 등을 불러일으켜 전쟁 초기 주도권을 장악하고자 할 것이다. 이럴 경우 전술핵무기 공격 예상지역은 도시 지역은 물론, 주요 국가지휘 시설, 육·해·공군 주요 기지와 미군의 증원이 이뤄지는 항만 지역 등이 될 것으로 보인다. 투발 수단으로는 야포, 미사일 등 북한이 가지고 있는 다양한 수단이 모두 동원될 것이다. 지금까지 논의된 미래 북한군 전력건설 중점을 요약하면 [표 6-1]과 같다.

[표 6-1] 북한 정권의 전력건설 중점 전망

① 비대칭전력 강화를 통한 대(對) 남한 재래식 전력 열세 만회
② 북한판 A2/AD 전력: 중국의 대(對) 미국 군사 경쟁관계에 기여
③ 대미 전략무기 투사능력 확대
④ 신속한 내부 사태진압 전력
⑤ 제한적 목표를 달성하기 위한 회색지대 분쟁수행 능력
⑥ 전면전으로의 확전을 통제할 수 있는 제한전 수행능력
⑦ 군사적으로 사용 가능한 전술핵 능력

4. 미래 한미동맹 변화 전망

한국군의 역할에 영향을 줄 수 있는 또 하나의 변수는 한미동맹의 변화라고 할 수 있다. 한미동맹은 잘 알려져 있다시피 미래 다양한 변화에 봉착할 가능성이 높다. 특히 현재 추진하고 있는 전시작전통제권 전환 등은 미래 한미동맹에 가장 큰 변화 중 하나라고 할 수 있으며 이는 한반도 안보에 있어 한국군의 역할을 확대시키는 계기가 될 것이다.

1) 미국의 미래 대(對) 한국의 전략

미국이 한국에게 과연 어떠한 요구를 할 것인지에 대해 알아보기 위해서는 미국이 발표한 다양한 문서들을 분석할 필요가 있다. 앞에서도 언급했듯이 미국은 중국을 미래 가장 위협적인 존재로 인식하고 있다. 따라서 미국이 중국을 가상 적국으로 상정하고 수립한 전략의 핵심이라고 할 수 있는 『인도-태평양 전략보고서』를 보면 미국이 과연 한국에게 어떠한 것을 요구할지 어느 정도 예상할 수 있을 것이다.

우선, 미국은 한국이 포함되어 있는 인도-태평양 지역을 미래 가장 중요한 지역으로 평가하고 있는 것은 확실하다. 단편적으로, 미국은 전 세계를 인도-태평양, 북부(북미), 남부(중남미), 유럽, 중동, 아프리카로 구분하여 6개의 지역사령부를 운영하고 있는데 인도-태평양 지역을 제외하고 다른 지역은 보고서 형태의 구체적인 전략 공개가 없다는 점을 보았을 때 이 지역의 중요성에 대한 미국의 인식을 알 수 있다. 이 전략보고서에서 미국은 인도-태평양 지역에서 자국의 영향력을 유지하기 위해 세 가지 세부 전략을 천명하고 있다. 첫째, 전투 준비태세를 완비하는 것이다. 이 전략의 목적은 언제든지 출동할 수 있는 전투 태세가 완비된 군을 전진 배치하여 경쟁국이 군사력으로 원하는 목표를 얻는 것이 곤란하다는 사실을 받아들이게 하는 것이다. 둘째, 미국과 다른 국가와의 관계를 강화하는 것이다. 이는 이른바 부담을 나누는 것으로 미국의 부담을 줄이는 대신 동맹국의 역할을 강화하는 것을 말한다. 즉, 공동의 위협에 서로 책임을 분담하여 대항하면 안보에 대한 짐을 덜고 비용을 절감할 수 있다는 것이다. 셋째, 미국과 개별 국가와의 양자관계를 연결하여 3자, 더 나아가 다자관계로 국제사회의 안보 체계를 변화시키겠다는 것이다. 즉, 미국은 집단 안보체제를 통해 지역 안보는 물론 세계 안보를 유지하고 자국의 영향력을 유지하고자 하는 것이다.

이러한 전략을 추진하기 위해서 미국은 동맹국인 한국에게 많은 역할을 요구하게 될 것으로 보인다. 우선, 인도-태평양 전략에 적극적으로 참여할 것을 요구할 수 있다. 미국은 인도-태평양 지역에서 아세안(ASEAN)이나 나토(NATO) 등과 같이 제도화를 추진하고자 하며 이에 따라 동맹국들은 물론 협력국들에게 동참을 지속적으로 요구하고 있다. 실제로 미국은 2019년 5월 9일 한미일 안보회의에서 한국의 인도-태평양 전략 참여를 제안하기도 했다.

둘째, 한미일 안보협력을 강화하고자 할 것이다. 공식적인 한미일 삼각동맹 추진까지는 아니더라도 우선적으로 한미일 군사협력의 외연 확대를 요구할 가능성이 있다. 이를 위해 현재 소강 상태에 있는 한일관계를 신속히 회복하고 군사적 관계 강화를 추진하고자 할 것이다. 일본의 전투장비 등이 한반도에 들어와서 훈련한다는 것에 대해 한국 내 감정적 문제 등이 있음에도 불구하고 미래에는 작전분야(전투분야) 훈련을 요구할 수 있을 것이다.

셋째, 미사일 방어 시스템 참여 요구 등 다양한 군사적 요구가 지속될 것이다. 미국은 『인도-태평양 전략보고서』에서 "정보·감시·정찰 역할을 강화하고 굳건하고 중층적인 탄도미사일 방어 계획을 발전시킨다"라고 밝히고 있다. 미국 정부는 공식적으로는 한국 MD 참여 등을 압박하고 있지는 않으나, 한국이 천명한 3불(不) 정책(MD 불참, 사드 추가배치 금지, 한미일 군사동맹 불추진)에도 불구하고 미국 내 군사안보 전문가들은 한국의 MD 참여 필요성을 지속적으로 강조하고 있기도 하다.

넷째, 남중국해 항행의 자유작전 참여도 요구할 수 있다. 중국은 스프래틀리 제도[중국명 난사(南沙) 군도, 필리핀명 칼라얀 군도], 파라셀 제도 등 남중국해 내 대부분의 섬과 암초 등을 자국 것이라고 주장하면서 남중국해 전체를 영향력 아래에 넣으려고 하고 있어 베트남, 필리핀 등 동남아시아 이웃 국가들과 오랜 갈등을 빚고 있다. 중국은 자국이 무력으로 점거한 남중국해 섬 곳곳에 인공 활주로를 건설하는 등 군사기지를 설치하고 무기를 증강 배치하면서 역내 국가는 물론 미국의 반발을 사고 있다. 이에 미국은 남중국해 분쟁 수역 지배력을 강화하려는 중국의 움직임에 맞서 이 지역에서 이른바 '항행의 자유작전'을 지속적으로 벌이고 있다. 또한 동맹국 및 우방국들에게 미국의 이러한 정당성 있는 작전에 적극적인 참여를 지속적으로 요구하고 있다. 현재는 이러한 요구가 강하지 않다고 하더라도 미래 안보상황이 더욱 복합성을 띠게 될 경우에는 해당 요구가 점차 강화될 가능성도 있는 것이다.

다섯째, 방위비 분담금 인상을 지속 요구할 수 있다. 2019년 한국과 미국은 긴 진통 끝에 제10차 방위비 분담금 협상의 결과를 발표했다. 기존보다 8.2% 상승한 1조 389억 원이었으며 기한은 1년이었다.

한국과 미국의 제11차 방위비 분담금 협상은 트럼프 정부가 계속되었던 2021년 1월까지 마무리되지 못하고 예년보다 더욱 치열하게 논의되었다. 트럼프 대통령은 한국이 경제 상황에 비해 분담하는 방위비가 너무 적다며 방위비 대폭 인상을 계속 주장해 왔기 때문이다. 그리고 바이든 정부가 들어서고 2021년 3월 방위비 분담금 협상의 결과는 기존보다 13.9% 증가하여 가서명되었다. 미래 방위비 분담금의 인상 요구는 앞으로도 지속될 것이며, 특히 동맹의 역할이 강조됨에 따라 이러한 요구는 더욱 심화될 것으로 보인다.

2) 미래 한미동맹의 변화

이 같은 상황에서 한국 정부는 지속적으로 국방개혁을 추진함과 동시에 자주국방과 공고한 동맹의 양립을 추진하고 있다. 즉, "한미동맹과 자주국방의 병행 발전을 추구"하는 것으로 이는 곧 "동맹을 발전시키고 대외 안보협력의 능동적 활용을 통해 북한의 전쟁 도발을 억제하고 도발 시 이를 격퇴하는 데 우리가 주도적인 역할을 수행할 수 있는 능력과 체제를 구비"하려는 것이다.[19] 제임스 모로(James Morrow)는 동맹관계를 설명하면서 안보와 자주성의 상호 교환을 주장했다. 즉, 비대칭 동맹에서 약소국이 자주성을 강화하고자 한다면 일정 부분의 안보 약화가 수반된다는 것이다. 하지만 국가는 자국의 능력에 변화가 생기면 이를 국제관계에 반영하려 한다. 일반적으로 국가는 자신의 이익은 최대화하고 손실은 최소화(Maximum Benefit Mini-

---

19 국가안전보장회의, 『평화번영과 국가안보』 (서울: 국가안전보장회의 사무처, 2004).

[표 6-2] 상대적 약소국의 선택

구분	이익 1(안보)	이익 2(자율성)	평가
정책 추진 결과	상승	상승	최선
	상승	유지	차선
	유지	상승	
	하락	상승	차악
	상승	하락	
	하락	하락	최악

mum Cost)하고자 국가정책을 추진하기 때문에 능력의 변화는 새로운 이익 추구로 나타나게 되는 것이다. 따라서 만일 국가가 동맹관계에서 획득할 수 있는 이익이 모로가 주장했듯이 자율성과 안보라는 두 가지 재화라면 국가가 선택할 수 있는 최선의 정책은 자율성과 안보를 둘 다 얻는(높이는) 것이고 차선의 경우는 하나의 재화의 수준에는 변화가 없이 다른 한 재화를 높이는 것이라 할 수 있다.[20]

이렇듯 한국은 미래에도 국력이 점차 상승함에 따라 한국의 역할을 확대하고자 할 것이다. 그러나 한국은 이러한 과정을 강한 한미동맹관계 유지를 바탕으로 하고자 할 것이다. 반면 미국은 강력한 한미동맹 유지를 위해서는 앞서 논의했듯이 한국의 국제적 역할과 미국이 추진하는 정책에 대한 지지를 요구하게 될 것이다. 특히 미중관계가 갈등 상황에 놓이게 된다면 미국의 이러한 요구는 점차 강해질 수 있을 것이다. 한미 모두 한국의 역할 확대를 추구하지만 한국 입장에서는 "한반도 내에서 한국의 역할 확대"를 추구하고자 하는 반면, 미

---

20 Park, M. H. and Chun K. H., "An Alternative to the Autonomy-Security Trade-off Model: The Case of the ROK-U.S. Alliance," *The Korean Journal of Defense Analysis*, Vol. 27, No. 1 (2015), pp. 41~56.

국 입장에서는 "미국의 세계전략 차원에서 한국의 역할 확대"를 요구하는 상황이 되는 것이다. 이런 인식의 격차는 결국 한미 간 군사안보 분야에서 한국에게는 딜레마 상황을 가져오게 할 수 있을 것이다.

5. 결론: 미래 한국 지상군의 역할

미래 미중 간의 경쟁, 한미동맹의 변화, 북한 위협의 상존 등은 미래 한국군에게 지금과는 다른 역할을 요구할 것이다. 따라서 지상군도 새로운 변화에 발맞춰 역할을 규명해야 한다.

우선, 미중 간 갈등은 한국에게 있어 정책 선택의 딜레마를 가져올 수 있을 것이다. 현재 한국은 안보 차원에서는 미국에, 경제 차원에서는 중국에 많이 의존하고 있는 것이 사실이다. 따라서 미중 패권 경쟁은 한국에게 있어 최악의 상황이 될 수 있을 것이다. 따라서 미국과 중국이 갈등 국면에 접어들 경우 마치 샌드위치가 된 것처럼 어려운 상황에 처할 수 있을 것이다. 즉, 한국에게 강대국을 이웃으로 둔 '지정학의 딜레마'가 생기게 되는 것이다. 물론 이러한 상황이 둘 중 하나를 선택하는 문제는 아닐 수 있지만 실제로 미국이 중국과 심각한 군사적 갈등관계에 놓일 경우 한국에게 동맹국으로서의 역할을 요구할 수 있을 것이다. 미국의 논리는 다음과 같은 인식을 바탕으로

[표 6-3] 미중 간 관계 시나리오

구분		중국	
		협력 우선	국익 우선
미국	협력 우선	협력적 관계	불안한 협력/갈등
	국익 우선	불안한 협력/갈등	심각한 갈등

할 것이다. 첫째, 동맹은 서로에 대한 국제적 지지를 가장 기본으로 하고 있으므로 미국은 이러한 지지를 요구하는 것이 당연한 것이라 생각할 것이다. 둘째, 한국과 미국은 자유민주주의와 시장경제, 인권의 가치 등을 공유하고 있어 이를 공유하고 있지 않은 중국이 아닌 미국을 지지하는 것이 당연하다고 생각할 것이다. 셋째, 군사력 측면에서 여전히 미국이 중국을 압도하고 있기 때문에 한국은 중국보다 미국을 선택해야 한다고 인식할 것이다. 넷째, 미국은 중국과 달리 한국과 지리적으로 떨어져 있기 때문에 한국과 영토적인 분쟁 가능성이 없음으로 한국은 중국보다 미국을 택하게 될 것이라고 생각할 것이다.

실제로 미국은 중국이 추진하고 있는 일대일로와 같은 주요 전략들에 참여하고 있는 국가들에게 불편한 시선을 보이고 있다. 미국은 미일 무역협상에서 일본의 일대일로 불참을 강하게 압박해 왔으며, 최근에는 이탈리아의 일대일로 참여를 비판하면서 "미중 사이에서 양다리를 걸칠 수 없다는 것을 곧 알게 될 것"이라고 경고하기도 했다.[21]

이러한 딜레마를 국가적 차원에서 최소화하려 노력하겠지만, 한국군도 최악의 상황에 대비하지 않을 수 없다. 한국은 경제력 측면에서 세계 10위, 군사력 측면에서 세계 6위로 평가받고 있지만 동아시아 지역 내에서는 여전히 상대적으로 약소국이라 할 수 있다. 특히 중국의 경우 2040년 단순한 선진국이 아닌 세계 리더국의 지위를 확보할 것으로 보인다. 이는 경제적 측면에서는 2035년, 군사적 능력면에서는 2040년 이후 중국이 미국을 능가할 것이라는 많은 전망에

21 한준규, "장기전 돌입한 미중 패권경쟁, 한국의 선택은", ≪서울신문≫, 2019년 6월 9일 자.

바탕을 두고 있다. 따라서 한국이 주변국들과 무제한적인 군사적 경쟁을 하는 것은 지혜롭지 못한 결정이라 할 수 있다. 군사적 차원에서 최소한의 억제 전력확보를 위해 노력할 필요가 있을 것이며 지상군도 이러한 대 주변국 억제 전력건설을 위한 노력에 기여해야 할 것이다. 한미동맹 변화 차원에서는 '한반도 안보의 한국화'에 기여할 필요가 있을 것이다. 이는 대 북한 억제와 연결된다고 할 수 있는데 미래에는 북한에 대한 군사적 억제가 한국군에 의해 이뤄질 가능성이 높다. 따라서 한국군은 독자적으로 대 북한 억제력을 키우는 데 매진할 필요가 있을 것이다. 물론 그렇다고 해서 한미동맹이 약화된다는 것은 아니다. 굳건한 한미동맹 아래 유사시를 대비할 필요가 있다는 것이다. 따라서 한국군은 북한에 비해 상대적으로 우위가 있는 분야를 우선적으로 발전시킬 필요가 있을 것이며, 현재 미국에 의존도가 높은 분야를 조금씩 완화시키는 방향성을 가지고 군을 건설해 나갈 필요가 있을 것이다. 이를 위해 지상군은 무인기술, 사이버, 우주, 인공지능 등 첨단 과학기술을 접목시킨 과학화된 정예군 건설을 할 필요가 있을 것이며 이를 통해 주도적인 한반도 안보의 중심군으로서의 역할을 수행할 수 있을 것이다.

제3부

2030년, 육군은 국방 우주력 발전에 어떻게 기여할 것인가

2030, Army and Development of the Defense Space Force

우주는 육군의 영역은 아니다. 하지만 2020/21년 시점에 우주는 어떠한 군종(軍種, service)의 영역도 아니다. 공식적으로 우주는 평화적 방법으로만 사용할 수 있으며, 따라서 달과 기타 천체에 군사력을 배치하거나 지구 궤도에 핵무기 등을 배치할 수 없다. 이러한 원칙 자체는 향후 오랫동안 유지될 것이며, 따라서 우주공간을 군사적 용도로 직접 사용하는 것은 결정적으로 제한될 것이다. 하지만 우주공간을 군사적 용도로 간접 사용하는 것은 현재 제도에서도 가능하며, 이후 우주공간을 군사적 용도로 간접 이용하는 행동은 더욱 증가할 것이다. 그렇다면 향후 10년간 한국 육군은 우주공간의 군사적 이용 문제에 어떻게 접근할 것인가? 지금까지 이에 대한 논의는 매우 제한적이었으며, 현재 진행되는 국방 우주력 관련 논의는 이후 한국 육군의 그리고 한국의 우주공간 활용에 대한 중요한 지침이 될 것이다.

첫 번째로 검토해야 할 사항은 국방 우주력의 개념이며, 특히 육군의 관점에서 우주기술의 활용전략이다. 지금까지 한국 육군은 우주공간의 활용에 대해 많은 관심을 기울이지 않았으나, 2020/21년 시점에서는 개선되어야 하는 사항이다. 현재 주요 국가들은 우주기술의 확보에 많은 자원을 투자하고 있으며, 한국 또한 국가 차원에서 우주기술을 확보하기 위해 많은 노력을 기울이고 있다. 그렇다면 국방 차원에서 한국이 보유해야 하는 미래 과학기술은 무엇이며, 이를 확보하기 위해서는 어떠한 노력이 필요한가? 현재 한국이 보유하고 있는 그리고 보유할 계획인 우주기술에는 어떠한 것들이 있는가? 그리고 육군의 관점에서 향후 우주기술을 더욱 효과적으로 활용하기 위해서는 어떠한 노력이 필요한가? 최근까지 한국은 우주공간을 군사적으로 활용하는 방안을 심각하게 고민하지 않았고, 따라서 지금부터 이 부분을 고민하고 국방 우주력 건설을 위한 체계적인 전략을 수립해야 한다.

두 번째 사항은 우주기술의 변화와 그 군사적 활용이다. 지난 20년간 우주기술은 어떻게 변화했는가? 최근까지 우주기술의 발전은 정치적/군사적 차원에서 정당화되었으며, 냉전 경쟁의 한 부분으로 미국과 소련은 우주기술에 많은 자원을 투입했다. 그 결과 대형 인공위성의 활용과 달 착륙 등의 업적이 가능했으며, 지구 궤도에 배치된 국제우주정거장 등을 성취했다. 하지만 지난 20년간 우주기술의 발전은 국가 주도의 정치적/군사적 역동성이 아니라 민간부분의 상업적 이윤 추구에 의해 주도되었으며, 이전과는 다른 우주기술이 등장했다. 이전의 대형 인공위성 대신 소형 인공위성이 본격적으로 활용되었으며, 이에 기초한 위성정찰의 가능성이 현실화되었다. 이전까지는 위성정찰 능력을 보유하기 위해서 해당 국가가 정찰위성을 발사하고 그 위성을 직접 운용해야 했지만, 2020/21년 시점에서는 위성정찰 능력을 서비스 차원에서 구입할 수 있다. 그렇다면 현시점에서 국방 우주력 사용의 패러다임은 어떠한 방향으로 변화하고 있으며, 이에 어떻게 적응하고 민간의 우주기술을 군사적으로 어떻게 활용할 것인가?

제7장

2030년 육군의 우주작전 발전 전망

김종범

1. 육군 우주력의 의의

국방부는 국방 우주력 발전을 위한 노력을 기울이고 있으며, 특히 2020년을 계기로 육군 우주력 발전을 위한 부서 신설, 전투발전 요소별 세부 과제를 추진하고 있다. 육군은 합동 우주전력의 주요 수행군으로서, 단말기 기준 위성통신의 70%를 육군이 사용하고 있다. 육군은 기존에 이미 우주능력을 활용한 우주작전을 수행해 왔으며, 합동 우주작전은 전 제대의 작전에 긴요한 요소이다. 육군 우주력의 합동성 강화를 위한 국방 우주력 발전전략이 긴요한 시점이다.

2000년대 들어 우주활동을 둘러싼 국제사회의 화두는 '우주활동의 안전·안보·지속 가능성'이다. 상기 슬로건에 대한 국제사회의 합의된 개념은 없지만, '우주안전'은 소행성이 충돌하거나 우주 물체가 지구로 낙하하는 것으로부터 안전한 상태, 그리고 '우주안보'는 우주에서 우주 물체 간 충돌 등 의도적인 우주 물체의 사고 예방 및 사고로부터 안전한 상태라고 설명할 수 있다. 따라서 안전과 안보가 보장되면 우주활동의 지속 가능성(sustainability)이 확보되는 것이다.

이를 위해 2010년부터 유럽연합(EU) 주도로 '우주활동 국제행동규범안'과 유엔의 '우주활동 장기 지속성 가이드라인안'이 논의되기 시작했다. 양자 모두 국제사회에서 첨예한 논쟁을 불러일으켰고, 결국 우주활동 국제행동규범안은 논의가 정지되어 사실상 폐기에 이르렀다. 다행히도 우주활동 장기 지속성 가이드라인은 2019년 유엔 우주평화적이용위원회(UN COPUOS)에서 채택되었다. 향후 UN COPUOS 회원국들은 가이드라인의 국내 이행을 위한 방안들을 논의할 것으로 예상된다.

우주개발은 정치적 힘으로서 '하드파워'의 측면을 유지하면서, 전 세계의 일상생활에 편의성을 제공하는 '사회 인프라'의 성격도 강화되고 있다. 수많은 국가들이 우주기술에 접근할 수 있게 되면서 우주개발 능력을 국민의 자긍심을 높이는 '소프트파워'로 이용하는 신흥국가와 개발도상국이 늘어났다. 또한 '시장 실패'를 극복하는 정부 '공공사업'의 특성이 강함에도 불구하고, 최근에는 미국뿐만 아니라 중국 또한 우주기술을 '상품'으로 활용하여 주요한 역할을 하고 있다.[1]

4차 산업혁명이라는 변혁의 문턱에 있는 지금, 우리의 우주개발 잠재력을 재발견하고, 돌파구를 모색하는 지름길을 찾아야 할 것이다. 정부의 체계적인 전략을 바탕으로 산·학·연이 연계하여 R&D 역량을 모은다면 우주분야는 향후 우리의 기술혁신과 국민경제의 중심

1 스즈키 가즈토(鈴木一人), 『우주개발과 국제정치』, 이용빈 옮김 (한울아카데미, 2011).

적인 역할을 수행할 수 있다.

우주는 지·해·공·사이버 공간과 함께 미래 5차원 전장의 하나이다. 현재는 우주공간의 상황 파악·관리, 우주공간에서 지구상의 전쟁과 작전에 필요한 정보와 통신을 지원하는 수준이다. 미래에는 우주에서 지구상의 전장을 화력으로 지원하고, 더 나아가 우주공간에서 적대적 쌍방이 전투 또는 전쟁을 벌이는 시점 도래가 예상된다. 이러한 상황 인식을 토대로 우리 육군도 우주력 발전 방향을 설정하고 중·장기적 실천과제를 체계화하기 위한 적극 논의가 필요하다. 특히 미국을 비롯한 우주분야 선진국의 군사적 동향을 평가하여 우주전력 보호와 공세적 운용의 특성 등을 파악할 필요가 있다. 한국과 공군 이외에 육군 차원의 우주정책, 전력운용 실상과 발전 노력 등을 진단할 필요가 있다. 우주 궤도상 위협과 킬러위성, 지향성 에너지 무기 개발 및 운용 등 육군의 지상작전에도 영향을 줄 수 있는 것들의 실태와 기술적 진화를 전망할 필요가 있다. 미래 다차원 전장에서 우주력 운용개념 정립, 합동성 구현의 관점에서 육군의 역할과 추진과제를 제시해 볼 필요가 있다.

육군은 국방부 및 합참의 우주력 발전 추진과제를 지원하고, 타군과의 협력도 추진하고 있다. 우주를 위해 육군이 내딛는 노력들은 대한민국 국방 우주력 발전에 큰 도약이 될 것이다. 이러한 대내외 환경 변화를 통해 국제사회에서의 우주군사력 동향 분석을 통한 2030년 육군의 우주작전 발전 전망을 이 글에서 제시해 보고자 한다.

2. 국내외 우주개발의 현황

1) 국내 우주개발 현황

제3차 우주개발진흥기본계획(2018년 2월) 수립 후 시험발사체, 천리안 2A·2B호, 차세대 소형위성 1호 발사 성공 등 가시적인 우주개발 성과가 도출되고 있다.

정부의 안정적인 투자와 산업체 참여 확대를 통해 우주개발 연구역량과 기술 수준도 지속적으로 향상되고 있다. 한국의 우주개발 역

[그림 7-1] (위 왼쪽) 시험발사체 발사 성공(2018년 11월)/ (위 오른쪽) 차세대 소형위성 1호 발사(2018년 12월)/ (아래) 천리안 2A·2B호 발사(2018년 12월, 2020년 2월)

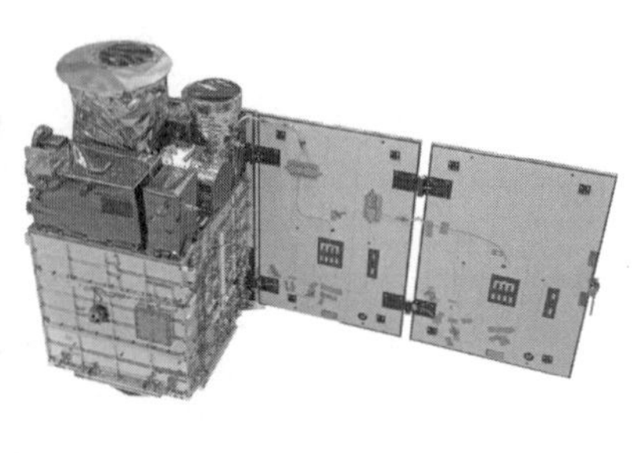

량에 걸맞는 국제협력 전략을 마련하고 미국 등 주요국과의 우주개발 프로젝트에도 참여하고 있다. 천문연구원-NASA, 미국 민간 달 착륙선 실무그룹 구성(2019년 5월), 한국형위성항법시스템(KPS: Korea Positioning System) 구축을 위한 UN ICG(UN International Committee on Global Navigation Satellite Systems) 가입 신청 중이다.

국가의 우주개발 역량 강화에도 불구하고 국가의 우주개발 수요가 성장 중인 산업계의 수요를 충족시키기에 다소 부족하다. 특히 전 세계를 선도하는 혁신적 기술이나 부가가치 창출에 한계를 보이고 있다. 산업체는 부분품을 출연(연)에 제작·납품하는 수준에 제한되어 있고, 산업계의 글로벌 성장을 위해 우주공간을 활용하는 공공수요의 지속적인 발굴과 적극적인 제도적 지원이 필요하다.

2) 국외 우주개발 현황

세계적으로 국가 인프라로서의 우주 시스템 확보·활용이 확대되고 있다. 위성정보는 환경, 에너지, 자원, 식량안보, 재난 대응 등 다양한 사회문제 해결을 위한 지구관측 정보 제공의 필수 인프라로 자리매김하고 있다. 국가안보의 목적에서 벗어나 기상예측, 지질탐사, 해양탐사, 천문관측 및 우주탐사 등 위성자료를 다양하게 활용함으로써 가치를 창출하고 있다. 2018년 세계 각국의 우주개발 정부예산은 859억 달러로 전년 대비 12.7% 상승했다. 2018년 세계 각국에서 발사한 위성은 138기(50kg 이상)로 2017년 대비(75기) 약 1.8배 증가하여 역대 최고를 기록했다. 우주개발에 투자하고 있는 국가는 2018년 기준 88개국으로 이는 10년 전 대비 약 두 배 증가한 수치이다.[2]

세계 시장에서의 경쟁이 치열해짐에 따라 각국 정부-산업체의 대용이 강화되고 있다. 저비용·소형화 등 새로운 우주개발 패러다임인 뉴 스페이스(new space)의 등장으로 민간기업에 의한 우주산업이 급성장 중이다. 2018년 전 세계 우주시장은 3600억 달러(약 422조 원) 규모로 전년 대비 3% 성장(위성 서비스 분야가 1265억 달러로 가장 큰 비중을 차지)했다. 지상장비 1252억 달러, 위성체 제작 195억 달러, 발사체 62억 달러의 순이다. 주요국은 민관협력파트너십(PPP), 세제 혜택과 같은 혁신정책 적용 우주산업 경쟁력 강화 및 미래산업 선점을 위한 제도 구축 중이다.

3. 주요국 우주력 동향

1) 미국

2018년 3월 트럼프 행정부는 취임식 때부터 표명해 온 미국의 우주개발 프로그램에 대한 강력한 지지 의사를 실천에 옮기기 위해 예산 지원을 강화하고 규제 개혁 및 정책 변화를 주 내용으로 하는 새로운 우주전략을 발표했다. 새로운 우주전략의 목적은 기존의 군사적 우주공간 활용방식 개선 및 상업적 이용에 대한 규제 개혁을 통해 우주에 대한 미국인들의 관심을 유지하는 것이다.

새로운 우주전략의 네 가지 핵심 내용은 다음과 같다. 첫째, 우주 구조물에 대한 기능 복구이다. 기존의 우주 인프라 및 방어 시설에 대한 복원력을 강화하고 손상된 기능에 대한 복구를 추진한다. 둘째,

---

2 The Space Report, Space Foundation (2019).

전쟁 억지력 및 전투옵션 강화이다. 우주공간에서 잠재적 적성국과의 분쟁에 대비하고 전쟁억지 실패 시, 위협에 대처하기 위해 미국 및 동맹국들의 옵션을 강화한다. 셋째, 기초 능력 및 의사결정 구조, 처리절차 개선이다. 우주에 대한 상황인식 능력 및 정보 수집절차 강화를 통한 기초 능력 및 의사결정 구조, 처리절차 개선 등을 통해 국내외에 유리한 환경을 조성하는 것이다. 미국의 우주산업을 지원하기 위해 우주 관련 규제 프레임워크(Frameworks) 및 정책, 프로세스(Processes)를 간소화하고 유인 우주탐사 활성화를 위한 양자 및 다자 협약 체계를 추진한다.

미국의 역대 대통령은 자신의 임기 중 우주정책에 대한 지침을 발표한다. 우주정책지침(SPD)은 우주활동과 관련된 미국의 정책과 절차에 대한 정보를 제공한다. 지금까지 트럼프 행정부는 4개의 SPD를 발표한 바 있으며, 이는 미국의 우주정책의 방향을 명확히 설명해 주고 있다.

SPD-1은 미국의 유인 우주탐사 프로그램 활성화(2017년)이다. 대통령정책지침(2010년)을 개정하여 저궤도위성(LEO: Low Earth Orbit Satellite)를 넘어, 특히 달에, 그리고 최종적으로는 화성과 다른 천체들에 대한 직접적인 우주임무 요청을 명시한다. SPD-2는 우주의 상업적 이용에 대한 효율화 규정(2018년)이다. 행정 각부 기관에 기존의 규제를 검토하고 규칙이 중복되지 않도록 하는 동시에 경제성장을 촉진하고 국가안보와 외교정책 목표를 향상시키며 미국의 우주 상업 리더십 장려를 요청한다. SPD-3는 국가 우주교통관리(STM) 정책(2018년)이다. 현재와 미래의 위험을 충족하고, 우주상황 인식과 STM 혁신을 위한 우선순위를 설정하고, 국가안보 우선순위에 부합하며, 미국의 상업적 공간 성장을 장려하는 새로운 STM 방법을 요청한다.

SPD-4는 미국 우주군 창설(2019년)이다. 미 국방부에 미 육군의 제6 지부를 창설하는 입법 제안서와 미 우주사령부 창설 등을 지시한다.

트럼프 행정부는 우주정책 전환을 신속하게 추진할 수 있는 제도적 기반을 형성하는 작업도 병행했다. 그 결과 2017년 7월 국가우주위원회(National Space Council)를 부활시킨 것이 그 대표적 사례이다. 이어 같은 해 10월 국가우주위원회 의장인 부통령 마이크 펜스(Mike Pence)는 첫 번째 회의를 소집하여 화성탐사계획을 뒷받침하기 위한 정책적 지원을 구체화하기 시작했다.[3]

2019년 8월 우주군 창설 준비를 위해 미합중국 우주사령부가 재창설되었고, 2019년 12월 20일 트럼프 대통령이 국방수권법에 서명하여 우주군 창설이 확정되었다.

2) 인도

인도는 국가안보 목적으로 우주를 활용하기 위해 2018년 10월 DSA(Defence Space Agency)의 설립을 의회로부터 승인받았고 2019년 4월 정식 설립되었다. DSA는 국방 이미지 처리 및 분석 센터(Defence Imagery Processing and Analysis Center)와 국방위성제어센터(Defence Satellite Control Center)를 통합하여 우주안보에 관한 임무 및 인도우주연구소(ISRO: Indian Space Research Organization)와 긴밀한 업무 공조를 추진할 계획이다. 한편 인도 정부는 무기 시스템 및 군사기술 개발을 담당하는 새로운 기관인 DSRO(Defence Space Research

---

3 이승주, 「우주공간, 국제정치의 새로운 동향」, ≪우주정책연구≫, Vol. 1 (2019. 12).

Organization)의 설립을 허가했다. 이러한 우주 관련조직의 재편은 인도 우주전략의 전환을 위한 초기 증거로 평가받는다.

3) 중국

중국은 우주개혁을 위해 '국제화' 및 '상업화'를 병행 추진하는 전략을 추구하고 있다. 국제화를 추진하는 방식은 자국의 우주 관련 프로젝트에 외국의 회사를 참여시키는 방식과 자국의 우주시장에 국내기업과 외국 기업이 합작 투자하여 일정 부분 또는 제한적으로 참여하게 하는 방식이 그것이다. 2014년 이전 중국의 우주산업은 국가가 주도하여 운영하는 국영사업이었으나 스페이스엑스(SpaceX) 등 일부 우주 선진국의 민간기업에 의한 우주산업 재편 움직임에 대응하기 위해 2014년 관련 법 개정을 통해 우주산업에 대한 민간투자를 허용하기 시작했다. 상업화로 인해 액체엔진과 같은 부분품을 생산하는 신생 스타트업 기업의 수가 증가했다.

중국의 위성항법시스템인 베이두(BeiDou)는 핵심 우주개발 프로그램 중 하나이다. 중국 정부는 2012년부터 2022년까지 약 70억 달러의 예산을 투입하여 베이두 위성 2세대 및 3세대를 우주공간에 배치할 계획이다. 이와는 별개로 위성항법 어플리케이션 개발을 통해 해외 내비게이션 서비스 시장에서의 점유율 확대를 위한 적극적인 움직임을 보이고 있다. 이러한 움직임의 일환으로 현재 GPS 칩셋 대비 두 배가량 더 비싼 베이두 호환 칩셋의 가격을 낮추기 위해 20억 위안을 투자하여 태국의 유안(Yuan) 센터를 건설한 것을 비롯해 튀니지에도 관련 연구센터 건설을 추진하고 있다. 이처럼 중국은 베이두위성항법시스템 및 관련 제반기술 개발, 해외교류 확대 등 다양한 육성정책을 통해 위성항법 분야에서의 영향력을 점진적으로 넓혀 나가고 있는 것으로 분석된다.

중국은 현재 개발 중인 신형 발사체에 대한 재사용성(reusability) 및 액체 추진제 엔진 개발, 발사중량 확대 등에 초점을 맞추고 있다. 상하이항천기술연구소(SAST: Shanghai Academy of Spaceflight Technology)가 개발한 창정(Long March)-6호를 제외하고 중국의 대부분 발사체는 CALT(China Academy of Launch Vehicle Technology)가 맡아 진행 중이다. 또한 최근 민간투자를 허용함에 따라 다수의 스타트업 기업들이 등장했으며 CASIC(China Aerospace Science and Industry Corporation)의 자회사인 엑스페이스(Expace)가 개발한 콰이저우(Kuaizhou)-11호처럼 독자적인 중소형 발사체 개발을 목표로 하고 있다. 이에 따라 중국 정부는 중대형 발사체 개발에 초점을 맞추고 있으며 민감도가 낮고 기술적 성숙도가 높은 기술의 경우 관련 규제를 완화하는 한편, 그렇지 않은 기술에 대해서는 국가 관리를 지속할 것으로 보인다.

중국이 개발 중인 신형 발사체 가운데 창정-5호와 창정-7호는 가장 중요한 역할을 수행할 것으로 보인다. 창정-7호는 기존의 정지궤도용 발사체인 창정-2F호를 효과적으로 대체하는 동시에 중국이 추진 중인 우주정거장의 재보급 임무를 병행할 것으로 보여 중국 우주개발 프로그램 수행에 있어 중추적인 역할을 수행할 것으로 보인다. 창정-5호는 가까운 미래에 중국의 주력 중형 발사체로 활용될 계획이며 다양한 페이로드(payload)가 탑재될 예정이고 그중에서도 특히 창어(Chang'e)-5호 및 톈궁(Tiangong)-3호에 대한 발사임무 수행이 두드러진다.

중국의 '우주굴기'는 미중 우주경쟁을 촉발하고 있는데, 군사적 차원에서 미국의 대 중국 위협인식은, 중국이 우주를 현대전을 수행하고 미국과 연합국들의 군사적 효능을 축소하는 데 효과적인 공간으로 보고 있다는 점을 알려 준다. 중국의 우주감시 네트워크는 탐색과 추적 능력을 갖추고 있어 상대국의 우주활동을 저해할 수 있다는 것 역시 미국이 중국을 견제하는 이유다.[4]

4) 러시아

러시아 정부는 지난 2016년 향후 10년간(2016~2025년) 우주분야 전략계획인 연방우주프로그램(FSP: Federation Space Program)을 발표했다. 이 계획에 따르면 향후 10년간 러시아는 통신위성을 최우선순위 전략개발 과제로 명시하고 있으며 정부투자가 경제적·사회적으로 실효적 이익을 강화할 필요가 있음을 강조하고 있다. 또한 이전 계획보다 더 많은 과학 관련 프로젝트가 포함되어 있는 점이 눈길을 끈다.

FSP와는 별개로 러시아는 자국의 국영 우주회사인 로스코스모스(Roscosmos)의 발전을 위해 새로운 우주전략을 준비 중으로 이 전략을 통해 향후 우주 관련 프로젝트 수행에 있어 러시아의 독자성을 강화할 것으로 기대하는 한편, 기회가 주어질 경우 국제협력을 추진하는 동시에 전문인력 양성 역시 적극적으로 추진할 계획이다. 이에 대해 블라드미르 푸틴(Vladimir Putin) 대통령은 2018년 7월 로스코스모스에 대해 내비게이션, 위성통신, 위성정보 등의 분야에서 사회의 다른 분야로 파생되는 서비스로부터 발생하는 수익의 꾸준한 흐름을 보장할 수 있고 보장해야 한다고 역설한 바 있다. 대표적인 예로 내

4 이승주, 앞의 글.

비게이션, 통신, 원격탐사 어플리케이션 분야에서의 서비스 제공을 위해 2028년까지 약 640기의 위성군을 발사하는 '스피어(Sphere)' 프로젝트를 추진 중으로 이는 로스코스모스가 상업적으로 이행 가능한 프로젝트 중 하나로 꼽히고 있다. 이러한 러시아의 움직임은 우주산업의 상업화 및 국제시장에서의 점유율을 높이기 위한 것으로 내비게이션 서비스 및 위성통신, 위성 이미지 시장이 그 대상이 될 것으로 보인다.

2017년 4월 채택되어 현재 시행 중인 'Roscosmos Development Strategy until 2030'은 러시아의 우주시장 점유율인 4~5%를 2030년까지 9%로 상승시키는 것을 목표로 설정했고, 이를 위해 미국 및 유럽연합을 제외한 과거 전통적 우방인 인도, 중국 및 독립국가연합 소속 국가들과의 협력을 추진하고 있으며, 특히 아랍 국가들과의 새로운 협력관계를 모색하고 있다. 그러나 러시아의 우주개발에 중요한 역할을 수행하는 로스코스모스는 약 2000억 루블(30억 달러)에 달하는 막대한 부채로 어려움을 겪고 있는 것으로 알려졌다. 이를 해결하기 위해 푸틴 대통령은 로스코스모스에 대한 엄격한 재무관리를 지시한 바 있어 향후 이 문제가 러시아 우주개발에 어떠한 영향을 미칠 것인지 예의 주시되는 상황이다.

2018년 3월 러시아 국방장관은 러시아 해군과 육군을 지원하기 위한 군용위성의 필요성을 언급하면서 차세대 정찰위성인 Pion-NKS와 러시아의 최신 전자광학 프로그램인 Bars-M을 최우선 도입 순위로 고려하고 있음을 밝혔다. 이 같은 러시아의 군사자산 현대화 움직임에 따라 러시아군은 군에 제공되는 우주 관련 서비스에 대한 통합작업에 나서고 있으며 현재는 위성 데이터 보완을 위해 해상 및 항공, 지상 기반 정찰자산에 의존하고 있는 상황이다.[5]

5) 일본

민간부문 우주활동을 수행하는 일본우주항공국(JAXA)은 2018년 예산으로 1831억 엔을 지급받았다. JAXA의 가장 주된 투자분야는 우주 비행 및 운영과 관련된 영역으로 전체의 26%에 해당하는 예산이 사용되었고 이어 국제 공동으로 추진하고 있는 우주사업에 19%의 예산을 사용한 것으로 분석된다. 또한 우주 활용분야 및 우주기술, 항공부문 예산을 합칠 경우 전체의 23%(356억 엔)를 차지하며 우주 과학 및 탐사 관련예산은 8%(122억 엔)에 해당하는 것으로 나타났다. 이를 통해 2018년 JAXA는 하야부사(Hayabusa)-2호를 류구(Ryugu) 소행성에 착륙시켰으며 유럽우주국(ESA: European Space Agency)과 공동으로 추진하고 있는 수성 탐사선 베피콜롬보(BepiColombo) 발사에 성공하는 등 다수의 성과를 이뤘다.

일본 우주산업협회(SJAC)의 조사에 따르면 일본의 2017년 우주산업 인력은 8696명으로 조사되었다. 이는 2016년 8980명보다 3.2%p 감소한 수치이나 지난 10년간 평균치보다는 15.6%p 높은 수치인 것으로 나타났다. 감소한 세부 분야로는 소프트웨어 분야의 인력이 이 기간 9.8%p(118명) 감소했고 발사체 분야의 인력 역시 2.6%p(163명) 감소한 것으로 나타났다. 반면 발사체 분야는 10년 전 인력과 비교했을 때 크게 증가한 것으로 나타났다. 이는 지난 10년간 일본이 H-IIA, H-IIB 및 엡실론(Epsilon) 등 다수의 발사체를 개발함에 따른 결과로 풀이된다. 한편 JAXA의 2018년 인력은 2017년과 비슷한 1520명 규모를 유지했으며 지난 10년간 안정적인 수준을 유지하고

---

5 과학기술정보통신부, 「2019년 우주산업 실태조사」(2019).

있는 것으로 조사되었다. JAXA의 인력 분포를 살펴보면 엔지니어 및 연구직이 전체 근로자의 68.6%를 차지하고 있는 것으로 나타났으며 인력 연령대는 35세 이하가 23.2%, 54세 이상이 14.2%를 차지하고 있는 것으로 나타났다.[6]

4. 국가 우주개발 중점 추진전략

1) 독자 발사체 기술 확보

한국은 1.5톤급 위성 저궤도 발사능력 확보 후, 3톤급 정지궤도 발사까지 확대하려고 한다. 2020년에는 누리호(한국형발사체) 개발 집중 수행해야 할 것이 요구되며 2021년에는 누리호 발사 예정이다. 시험발사체 성공(2018년 11월)으로 검증된 75톤 엔진 4기를 클러스터링하는 누리호 1단부 인증모델(QM) 개발 중인데, 2020년 하반기부터 비행모델(FM) 조립에 착수할 예정이며, 2020년 말까지 누리호(탑재중량 1.5톤) 발사 목적의 제2발사대를 구축 예정으로 75톤급 및 7톤급 엔진의 신뢰성 확보를 위한 연소시험을 지속 중이다. 발사체에서 가장 큰 추력을 내는 1단부 클러스터링(75톤급 4기) 개발·검증을 위해 인증모델 총 조립 및 종합연소시험 추진 중으로 2020년 하반기에 FM 조립에 착수하고, 연말까지는 발사대 구축 완료 예정이다.

---

6 최성환, 『주변국 우주위협 평가』, 한국항공우주학회 2019 추계학술대회 논문집 (2019).

[그림 7-2] 우주발사체 로드맵

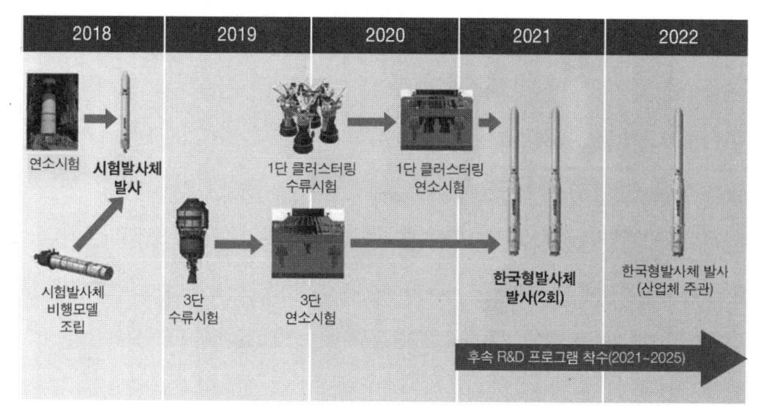

자료: 과학기술정보통신부(2020).

2) 민간 우주역량 향상

민간의 우주개발 역량 향상, 다양한 공공수요 충족 등을 위해 500kg급 차세대 중형위성 위성 1·2호기를 개발 중이며, 2020년 현재 개발 마무리 단계이다. 산업체 주관 위성개발로서, 차세대 중형위성 3·4·5호기를 개발 예정이며, 2023년 이후 발사 예정이다.

산업체 주도의 위성개발을 통해 탑재체 및 핵심 부품 등을 국산화할 수 있고, 표준 플랫폼 개발을 통해 위성개발비용 기간 단축 및 수출 경쟁력 확보가 가능할 것이다.

3) 인공위성 활용 서비스 및 개발 고도화·다양화

기상·환경·해양 정보를 위해, 천리안 2A호(2018년 12월 발사), 천리안 2B호(2020년 2월 발사) 모두 성공적으로 발사되어 현재 안정적으

[그림 7-3] 천리안 2B호 발사 장면

[그림 7-4] (왼쪽) 천리안 2A호/ (오른쪽) 천리안 2B호

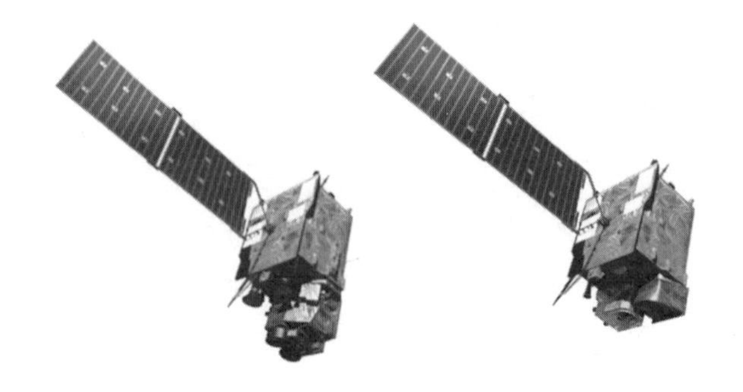

로 운영 중이다. 기상·우주기상 관측을 위한 천리안 2A호는 현재 정상 서비스를 제공(2019년 7월~) 중으로 기상예보 정확도 향상에 기여하고 있다. 대기·해양환경 관측을 위한 천리안 2B호는 현재 궤도 안착 후 영상 보정 등을 수행 중으로 2020년 하반기 서비스 공급을 시작했다. 정지궤도위성(본체) 독자개발 능력을 확보하고, 관련 핵심기술의 자립화·국산화 및 대 국민 밀착 서비스를 제공하게 될 것이다.

공공·안보 위성영상 수요 대응을 위해 다목적 실용위성 6호·7호가 발사(2021년~)된다. 세계적 수준의 서브미터(sub-meter)급 영상레이더(SAR)(6호), 0.3m급 이하 초고해상도 광학 탑재체(7호/7A호) 위성을 국내 주도 개발 중이다. 7호부터 시스템/탑재체는 한국항공우주연구원(KARI: Korea Aerospace Research Institute) 주관으로, 본체는 산업체 주관으로 개발하여 산업역량 강화 및 우주개발 경쟁력을 제고하게 될 것이다. 사업기간 내 위성 본체 및 탑재체 개발을 완료하고, 비행모델 통합시험을 거쳐 국가안보 및 공공수요에 대응할 예정이다.

한반도 관측성능 향상 및 관측빈도 극대화를 위해 해상도 향상(광학: 2020년 0.5m → 2022년 0.3m/ 레이더: 2020년 1.0m → 2022년 0.5m), 한반도 관측빈도 향상(야간관측위성: 2020년 3개 → 2025년 6개) 등을 가져오게 된다. 적외선 탑재체의 성능 개선을 통한 적외선 영상 품질향상 및 광학 탑재체 핵심 부품의 국내 독자개발로 고사양 위성개발 역량을 확보하게 된다.

4) 한국 최초 우주탐사

처음 시도하는 우주탐사 사업의 시행착오를 줄이고 우주탐사 기술역량 강화를 위해 미국 나사(NASA)와의 협력을 기반으로 달 궤도선을 2022년 발사 예정이다. 한국형발사체를 이용한 달 착륙, 소행성 귀환임무 완수와 전략기술의 확보가 요구된다.[7]

---

7 과학기술정보통신부, 「제3차우주개발진흥기본계획」(2018).

5. 과학기술의 발전과 미래 국방

1) 과학기술 환경의 변화

최근 사물인터넷, 인공지능, 빅데이터 등으로 알려진 최신 기술의 등장으로 4차 산업혁명 시대의 도래를 맞이하고 있어, 인간의 분석 및 해석 능력이 필요한 부분 등이 컴퓨터의 계산으로 대체되고, 다양한 제품들의 원격 연결이 가능해진다. 이러한 기술의 등장으로 기존 기술들의 최적화와 효율성의 극대화가 가능해졌고, 인간이 할 수 있는 업무를 보다 정확하게 대체하는 한편, 독립적으로 활용되던 기술들도 다양한 융합 형태로 적용되는 특징을 보인다.

국방과 관련해서는 과거 1·2차 산업혁명을 통해 기계화, 전력, 철도, 자동차 등의 발전이 전차, 항공기, 폭격기 등과 같은 대량파괴 전쟁 양상으로 반영되었고, 3차 산업혁명 시대의 컴퓨터 및 통신 기술의 발전은 위성 감시정찰, 정밀유도무기 등 네트워크 중심전 양상으로 변화하고 있다.

4차 산업혁명의 시기를 맞이하는 현재, 선진국들은 앞서 언급한 4차 산업기술을 바탕으로 기술혁신을 주도하고 있고, 이를 위한 무기획득체계 변화에서부터 실제 기술의 적용까지 적극적인 투자와 연구를 진행하고 있다.

국내에서도 기존 국방 R&D 또는 민군 기술협력 R&D 체계 안에서 전장환경 변화 및 첨단무기체계 개발에 필요한 핵심기술을 지속적으로 개발하고자 노력하고 있다. 그러나 선진국과 대비하여 제한적인 재원과 분야에서, 빠르게 변화하는 미래전장 환경에서의 전력우위 확보를 위해 광범위한 기초·원천 국가 R&D 결과가 국방력 강화로 연결될 수 있는 효율적 R&D 체계와 이 체계에 담을 수 있는 도전적(Game Changing) 요소의 기술 개발이 필요하다.[8]

2) 미래전장의 변화

역사적으로 전장은 육상전을 기반으로, 해상전, 그리고 제2차 세계대전 중 공중전이 시작되어 최근까지도 육·해·공 전장을 기반으로 형성된다. 특히 2차 산업혁명 이후 대량생산의 결과물로서, 많은 종류의 화기 및 개인 화기가 보급되었고, 전차, 전투기, 전함, 미사일, 로켓 등의 생산이 보다 용이해지면서 대량파괴, 살상 위주의 전장이 형성된다. 3차 산업혁명 이후에는 지휘통제와 네트워크 중심전의 양상이 형성된다. 상대 지휘통제부나 핵심적인 시설의 요격을 가능하게 하는 유도무기, 정찰위성 등이 사용되었고 전장무기가 사용 가능한 물리적인 범위가 확장되었으나, 전체적인 양상은 기존의 육·해·공 전장 내에서 형성되었다고 할 수 있다.

그러나 가까운 미래전장은 각국의 최첨단 과학기술 경연장으로서 형성될 것으로 보인다. 전장환경 및 무기체계의 적용이 앞선 전장에서 보다 빠르고 적극적으로 적용되리라 예상되고, 과학기술에 대한 의존성과 변화 속도는 더욱 가속화될 것으로 전망된다. 공간적으로는 기존 육·해·공의 전통적인 전장에서 우주 및 사이버 공간까지 포함한 4차원 전장이 될 것으로 보고 있고, 이러한 공간에서 사용되는 무기체계의 도입 및 활용이 이미 증가하고 있는 추세이다. 전쟁의 방식에서도 실시간으로 전장상황 정보를 공유하는 것이 가능해지고,

---

8 과학기술정보통신부, 「미래국방가교기술개발사업 기획보고서」(2019.8).

고효율의 무기를 사용하는 통합 스마트전 양상이 형성될 것으로 전망된다.

3) 정책환경 변화

미래 국방을 한마디로 정의하기에는 매우 포괄적으로, 앞 항에서 안보, 과학기술, 미래전장의 변화에 대해 언급한 대로 미래 국방은 기존의 국방 개념을 뛰어넘어, 4차 산업혁명 및 정보통신기술을 포함한 과학기술 기반의 다차원화된 전쟁수행 능력과 동시적인 전력통합 능력이 펼쳐지는 전장이다. 또한 이와 같은 구현을 위해 선행적으로 개발되어야 하는 미래적인 원천기술 또한 미래 국방의 한 부분이라고 할 수 있기 때문에, 무기체계 개발을 위한 정책 역시 이에 포함될 수 있다. 따라서 기존 국방분야의 폐쇄성, 경직성의 한계를 극복하고 과학기술이 곧 국방력이 되는 미래전에 대비하는 기초·원천 기술의 개발 정책이 필수적이다.

이미 많은 선진국들이 미래전장에 핵심적인 기술을 획득하기 위한 정책과 예산을 투입하고 있는 현재, 한국도 장기적인 기술 트렌드와 미래전장의 전망 및 국방 수요와의 연계성을 고려하여 미래 국방의 요소 기술을 조사·발굴할 필요가 있다.[9]

---

9 김종범, 「국제사회에서의 우주군사력 동향과 한국의 우주전략」, ≪항공우주력 연구≫, 제8집 (2020.6).

4) 과학기술 국제 규제의 극복

2020년 7월 28일 한미 양국이 기존 민수분야 우주발사체(Space Launch Vehicle)에의 고체연료 사용 100만 파운드·초 역적 제한을 해제하면서, 우주발사체 개발의 장애물을 제거하는 과학기술 국제협력 성과를 거두었다. 금번 해제에 군용 사거리 800km 이상 제한(중량은 무제한)이 풀린 것은 아니다.

한국의 우주발사체 개발은 한국 정부가 1979년 미국으로부터 미사일 기술이전을 받기 위해 사거리 180km로 제한한 한미지대지(地對地)미사일각서에 서명함으로써, 결과적으로 한국의 우주발사체 개발을 저해하는 결과를 가져왔다. 더구나 1990년, 1991년 미국에 재차 전달한 서한은 민간용 로켓 개발까지 제한한 것이어서 기상위성과 통신위성 발사 등 우주개발의 걸림돌로까지 작용했다. 이 같은 불합리를 풀기 위해 1995년 한미미사일협상이 시작되어 수많은 협의가 진행되었으며, 2001년 3월 26일 프랑스 파리에서 열린 미사일기술통제체제(MTCR: Missile Technology Control Regime) 특별회의에서 한국이 33번째 정회원국으로 가입함으로써 일부나마 미사일 주권을 되찾게 되었다.[10]

MTCR과 한미미사일협정은 탑재중량이나 사정거리 면에서 일정한 기준을 넘는 군용로켓, 무인비행체, 우주발사체 관련 장비 및 기술 등을 제약한다. 다만, 전자는 수출 및 기술이전을 통제하는 것이고, 후자는 개발 및 보유를 통제하는 것이다.

---

10 김종범, 「우주개발 혁신체제 특성과 영향요인에 관한 국가간 비교연구」, 고려대학교 박사학위논문 (2006.6).

위성정보를 활용한 국민의 삶의 질 향상을 목적으로 글로벌 우주개발에 참여하는 나라는 70개국 이상이다. 우주 선진국과 일부 개도국은 발사체, 위성항법 등 국력 향상을 위한 독자적인 우주개발 능력을 강화하고 있다. 우주 선진국뿐만 아니라 북한, 이란 등 일부 개도국도 발사체 기술을 보유하고 있다. 위성을 자력으로 발사할 수 있는 나라는 러시아·미국·유럽연합·중국·일본·인도 등 9개국 이상이며, 한국·브라질 등 6개국은 기술개발 중에 있다.

미국·일본·유럽은 민간 주도로 비용 절감을 위한 새로운 발사체 기술을 확보하고 있고, 인도·러시아·중국은 해외 의존을 탈피하기 위해 독자 역량을 강화하고 있다. 우주 선진국은 초기에 정부투자로 기반을 조성하고 이후 민간 참여를 유도(일본·유럽)한 후, 민간이 주도하는 혁신을 통해 신 산업 창출 단계까지 진입(미국)하고 있다. 2018년 기준 전 세계 우주시장 규모는 3600억 달러(약 422조 원)로 전년 대비 3% 성장했다. 위성 서비스 분야가 1265억 달러로 가장 큰 비중을 차지하고 있으며, 지상장비 1252억 달러, 위성체 제작 195억 달러, 발사체 62억 달러 순이다.

금번 미사일지침 개정의 경제적 측면을 살펴보면, 경제적인 발사체 개발이 가능할 것이다. 고체엔진 발사체는 액체엔진 대비 상대적으로 단순하고 개발비용이 적으며 개발일정이 짧아 좀 더 경제적이다. 뉴 스페이스 시대의 저비용·단기·혁신적 우주개발 방식인 민간주도 소형 발사체를 고체연료 기반으로 개발 가능한데, 실제로 한국 민간업체가 소형 발사체를 개발 중으로, 이들 업체가 고체연료 사용시 개발 성공 가능성을 높이고 발사비 경쟁력 확보가 가능할 것이다.

과학기술적 측면에서는 다양한 조합의 발사체(고체+액체) 개발이 가능할 것이다. 고체연료는 액체연료 대비 발사 준비기간이 짧고 발사절차가 단순한 장점이 있어, 우주 선진국 다수는 고체·액체 연료를 병행 중이다. 유럽의 아리안(Ariane) 발사체는 '액체+고체(부스터)', 일본의 H-2 발사체는 '액체+고체(부스터)', 인도가 개발한 일회용 소모성 우주발사체인 PSLV(Polar Satellite Launch Vehicle)는 '액체+고체'를 활용하고 있다. 한국은 고체 추진제를 사용한 1단형 과학로켓 KSR-I(1993년), 2단형 과학로켓 KSR-II(1998년)와 나로호 2단(2013년) 개발 경험이 있어, 후속 R&D를 통해 역량 확보가 가능할 것이다. 유럽의 아리안 5, 미국의 아틀라스, 일본의 H-2B, 인도의 GSLV 등 '액체엔진 코어+고체 부스터' 형태로 성능을 향상시킨 선진 우주개발국 사례를 참조할 수 있다.

우주개발은 기술 자체의 속성상 국제협력 방식이 보편화되어 있다. 위성분야 국제 공동연구 사업에서, 다목적 실용위성 1호는 1995년부터 미국 TRW 사와 공동개발 방식으로 추진되어 1999년 12월 21일, 한국항공우주연구원의 위성조립시험동(AITC)에서 조립된 위성이 성공적으로 발사되었다. TRW 사로부터 위성 공동개발을 통한 기술이전을 통해 독자적인 위성개발 능력을 확보했다. 2005년, 다목적 실용위성 2호는 시스템 및 본체에 대해 한국항공우주연구원이 전체 책임하에 국내 주도로 개발하고 유럽의 EADS-아스트리움(Astrium) 사와 일부 미흡한 기술을 보완하기 위한 기술자문 계약을 체결했고, 탑재체는 고해상도 카메라(MSC) 개발을 위해 이스라엘의 ELOP 사와 공동개발 계약을 통한 제작 및 기술개발을 했다.

발사체 분야에서도 과학로켓 KSR-I, II, IIII는 국내기술로 개발에 성공했으나, 선진기술 도입을 통해 발사체 핵심기술을 단기간에 획득하고 개발기간을 단축하고자 첫 우주발사체 나로호(KSLV-1)에서는 러시아와 기술협력을 추진했다. 이러한 우주개발 국제협력사업을 전개함에 있어서 국제과학기술 환경의 영향을 전략적으로 극복해야 하는 것이다.

5) 미래국방 기술개발사업의 추진 필요성

4차 산업혁명 시대에 미래 국방력 우위로 직결되는 기초·원천 기술의 확보를 위해, 정부와 민간의 과학기술 역량을 총체적으로 결집·활용하여, 국방 R&D만으로는 확보하기 어려운 혁신적 국방기술 확보 지원이 요구된다. 기존 국방 R&D의 한계를 극복하고, 미래전장 변화에 선제적으로 대응하기 위해 국가 R&D 역량을 결집·활용한 미래국방 핵심원천기술 개발 추진이 요구되는 것이다.

미래전장 환경 변화를 살펴보면, 전장공간 측면에서, 전장이 지상·해상·공중에서 우주·사이버 공간으로 확장되어 다양하고 복잡한 다차원으로 진화하며, 첨단 정보매체가 등장하면서 정보공간에서의 우위 확보를 위한 정보작전의 중요성이 증대되고 있다.

전투수단 측면에서, 피아 표적의 실시간 탐지·식별로 주야간 및 전천후 작전을 수행하고, 위험도가 높거나 인간이 수행하기 곤란한 전투 상황에서 무인체계 활용이 증대되며, 첨단 지휘통제체계를 이용하여 신속하고 정확한 의사 판단 및 작전수행과 비살상무기체계를 통한 적 전력의 운용을 마비시키는 개념으로 발전하고 있다.

전투형태 측면에서, 다양한 작전요소들을 연결하여 실시간 정보를 공유하는 네트워크 중심 작전환경(NCOE)으로 변화하고, '다차원 동시·통합 전투'를 통해 개별 전력의 능력을 극대화하며, 정밀 파괴·살상에 의한 최소 파괴 및 효과 위주의 전쟁 양상으로의 전환과 군사적·비군사적 제반 수단을 활용하여 적의 정치적 의지에 타격을 주어

승리하려는 전쟁수행이 요구된다.[11]

6. 2030년 육군의 우주전략

1) 감시정찰

센싱분야의 국내 기술개발 동향을 보면 지금까지 선진국의 기술을 모방하여 재현시키는 연구 과정을 시도해 왔으며, 기술 보호의 장벽 때문에 우리 것으로 만드는 데 많은 시일이 소요되고 있다. 원천소재인 감지 물질을 수입하여 이것을 응용한 모듈화 기술을 개발하는 데 있어서 검출 가능한 가스 종류로는 CO, VOCs, NOx, SOx, O2 등이 연구되고 있지만, 국내의 경우 산·학·연에서의 활발한 연구 진행에도 불구하고 산업화는 활성화되지 못한 상황이다.

북한은 10여 종의 세균무기를 최소한 1000톤 이상 배양 보유하고 있는 것으로 파악되며, 미국은 국제 테러조직이나 북한의 특수 8군단 등 고도로 훈련된 병력이 생물학 테러로 한미연합방위시설이나 후방 민간시설에 심각한 타격을 입힐 가능성이 높다고 판단하고 있다.

북한은 연간 4~5톤의 생물화학무기를 생산할 수 있는 것으로 파악되고 있으며, 최근 VX 가스에 의한 테러를 자행하는 등 실질적인 위협이 되고 있어 이에 대한 탐지기술이 절실히 필요하다. 최근 급속히 증대되고 있는 북한 및 국제 테러조직의 화생방 공격에 대한 위협을 고려할 때, 이에 대한 탐지기술 확보가 시급한 상황이다. 화생방

---

11 과학기술정보통신부, 「미래국방가교기술개발사업 기획보고서」 (2019.8).

센서 관련 기술은 선진국을 중심으로 다양하게 개발되고 있으나, 소형 무인이동체, 군복, 개인 휴대장비 등에 적용할 수 있는 저전력 고감도 나노기반 센서기술은 선진국에서도 아직 원천 연구개발 단계이므로 우리 기술이 독창성을 확보할 수 있다. 미래전장은 첨단 과학기술의 시험장으로서 민간의 첨단기술 발전은 기술분야별로 기초·원천 기술에서 발굴될 수 있으며 핵심기술로의 전환은 응용연구의 목표 설정(→ 국방무기) 후 구체화되어야 한다.

현재 및 향후 한국 감시정찰을 위한 위성으로는 다목적 실용위성, 차세대 중형위성, 425위성 등이 있다. 위성의 관측자료를 활용하기 위해 고해상도 위성영상이 요구되고, 고해상도 위성영상의 대용량 데이터에 대한 실시간 지상전송의 필요성이 요구된다. 수십 기 위성의 데이터를 처리할 수 있는 위성 자체적 자료처리 시스템이 요구되며, 위성 운용궤도 면에서 관측 가능한 국가들과 정부 공유 등의 수단으로 활용하여 우방국과의 결속력 강화가 요구된다.

2) 통신

통신분야는 4차 산업혁명과 미래의 다양한 새로운 서비스에 대응하여 대용량 트래픽을 실시간으로 처리하고, 다양한 서비스 수요에 탄력적으로 대응하기 위한 클라우드 기술, 어떤 상황에서도 고신뢰·고가용도를 제공하는 자율 네트워킹 인프라를 구현하기 위한 핵심기술 분야로서, 강화학습 기반의 네트워크 관리기술, 그리고 정보중심의 지능 네트워크, 종단 간 안전한 정보 전달을 보장하는 신뢰 네트워크 기술로서의 국방 스텔스 인터넷 기술로 구성된다.

무선통신 분야는 현재 5G 및 5G 고도화 그리고 B5G(6G) 이동통신기술을 기반으로 미래 국방 무선통신 인프라를 고도화(초공간, 초이동, 초성능, 초신뢰, 초정밀, 초연결 등)하기 위한 원천 핵심요소 기술 및 시스템 기술 개발을 추진해야 한다.

전파 위성통신 시스템은 위성통신 탑재체와 지상에서 사용되는 위성통신 시스템으로 구성된다. 디지털 중계용 위성 탑재체 기술개발사업은 디지털 중계가 가능한 위성통신 탑재체를 개발하는 사업이며, 위치/전황 정보 공유 기술개발사업은 통신 탑재체를 이용하여 군에 필요한 아군 위치/전황 정보를 공유하기 위한 위성통신 응용 서비스 개발사업으로서 위성통신 시스템 개발을 포함하고 있다. 탑재체용 내방사선 부품기술 개발사업은 통신 탑재체의 구현에 필요한 우주급 부품을 개발하는 사업이다.

사이버 보안 분야는 초연결 전장에서 적의 사이버전 공격으로부터 아군의 공유정보와 정보통신체계를 보호하고 전·후방 전·평시에 무관한 안전한 국방망 실현을 위한 인공지능 기반의 능동적 사이버 공격 예방·탐지·대응 핵심기술 분야이다.

3) 무인화

무인화는 사람을 대신해 외부 환경을 인식한 후, 스스로 상황을 판단하고 이동하여 주어진 작업을 수행하는 이동체 설계기술로, 미래전쟁 양상의 다양화 및 전쟁 수단의 다변화로 인해 국방분야에서의 활용이 증대되고 있다. 미래전장은 과학기술의 발달로 지상·해상·공중·우주 등 모든 영역에서 감시정찰 및 타격이 가능한 무인체계로 발전하고 있다. 정보통신, 센서기술 등의 발달로 실시간 통합 전장인식 및 자율주행이 가능하고, 지상-해양-공중의 복합 임무수행이 가능한 융복합형 무인체로 발전할 것이다. 또한 다수·다종의 무인이동체 통합 시스템 운용이 증대할 것이다.

국방로봇에 대한 소요는 병력 감축 및 유무인 복합체계 운용 등으로 2018년 1% 수준에서 2030년 10% 수준으로 증대되고 있으며, 생체모방형·착용형 로봇 등 다양한 플랫폼으로 소요가 확대되고 있다. 현재까지의 국방 무인화는 대부분 방위사업청/국방과학연구소 주관의 기술개발사업으로 추진됨에 따라 소요군과의 공감대 형성이 미흡했고, 선기술개발 후체계개발로 연결되는 무기체계 획득 절차로 인해 개발 완료까지는 장기간이 소요되고 있다. 따라서 무인화는 산·학·연의 우수한 기술을 바탕으로 민간이 주도하여 원천기술을 확보한 후 성숙된 기술을 활용하여 군 적용 사업을 추진할 필요가 있다.

최근 안보 상황의 변화로 국방개혁 2.0 추진(병력 감축 등)과 2023년 예상되는 인구절벽 시대의 대안으로 국방 무인화를 통한 유·무인 복합 전투체계로의 전환이 요구된다. 2018년 남북정상회담, 미북정상회담을 계기로 한반도 평화 정착을 위한 동북아시아 안보환경 변화는 무기체계 획득 환경의 변화를 요구하고 있는 것이다. 완성장비 구매 → 기술개발을 통한 연구개발 확대(민간참여 확대)가 요구되고, 비무장지대(DMZ) 지뢰제거무인화 체계는 4차 산업혁명의 핵심기술인 사물인터넷, 빅데이터, 인공지능 등을 융합하여 초연결·초지능화하는 융합 플랫폼으로, 감시정찰, 지휘통제, 정밀타격 등의 기능을 네트워크로 연결하여 전투 효율을 극대화하는 중요한 플랫폼이다.

정찰 및 타격 수단으로 활용이 가능하고, 생체모방형·군집 로봇 등의 운용을 통해 전투력 우위 확보 및 인명 손실을 최소화할 수 있다. 특히 장거리, 원격운용을 통한 지능화·자동화로 전투병력의 리스크를 획기적으로 줄일 수 있다. 플랫폼 설계기술, 소재·통신 기술의 발달로 시가전, 테러전, 항만과 연안의 정찰/경비 등 지상·해상·공중 등 다목적 임무수행용 무인체계 개발이 가능하다. 최근 육군을 중심으로 드론봇 전투단 부대 창설, 드론봇 챌린지(Challenge) 대회 등을 통해 무인화 체계의 군 적용을 검토하고 있는 상황을 활용하여 산·학·연에서 보유한 기술을 바탕으로 군사적 응용이 가능한 핵심·원천 기술을 적극적으로 개발할 필요가 있다.

4) 항법

국가적인 독자 항법정보 제공을 위해 한국형위성항법시스템(KPS)이 2022년부터 구축 예정이다. 길찾기부터 코로나-19 대응까지 PNT[위치(Positioning), 항법(Navigation), 시각(Timing) 정보]는 경제·사회 전 분야에서 활용되는 필수 인프라이며, 관련 시장도 성장 중이다. 그러나 현재는 해외 시스템(미 GPS 등)에 전적으로 의존하고 있어 국제환경 변화, 신호 장애 등의 위험에 상시 노출되어 있다. 평시에는 GPS를 보완하여 신산업용 초정밀 항법정보를 제공하고, 유사시에는 기본적인 PNT 정보 제공이 가능한 인프라가 필요하다. 8기의 KPS 위성을 배치하여 초정밀 PNT 정보를 제공하고, 유사시 교통·금융·통신 등 국가 인프라 운영의 완전성을 보장하는 것으로, ① 일반 서비스(상용 GPS급), ② 공공안전 서비스, ③ SBAS 서비스(국제민간항공기구 표준 보강서비스), ④ 미터급 서비스(m급 정확도), ⑤ 센티미터급 서비스(cm급 정확도), ⑥ 탐색구조 서비스 등을 추진하게 된다. 이로써, 초정밀 PNT 정보 인프라 구축을 통한 직간접적인 경제효과 창출 및 세계 7대 우주강국으로의 도약 기반이 마련될 것이다. 현재는 6대 우주강국(미국·러시아·유럽연합·중국·인도·일본)만이 독자 항법위성을 보유하고 있다. (2022년) 사업 착수 → (2024년) 설계 완료 → (2027년) 위성 1호기 발사 → (2032년~) 위성 2~8호기 발사 → (2034년) 시험운용 → (2035년) 위성배치 완료 등의 로드맵을 가지고 있다.

정확한 PNT 정보 없이는 현대전/미래전에서 승리하기 어렵다. 북한도 사용할 수 있는 공개된 위성항법 신호는 전쟁 시 차단될 수 있으며, 이때 독자 시스템이 있다면 전장에서 매우 유리해진다. 또한 다양한 위성항법 신호를 사용할 수 있다면 적의 항재밍 능력도 향상된다. 육군에서는 현재 상용/군용 GPS 수신기를 사용 중이지만, 특수한 경우를 제외하고는 대부분의 KPS 군용 수신기를 사용할 수 있다. 미래 모든 전투병들에게 통신장비가 제공될 수 있고, 이 장비에 항법수신기를 장착할 수 있는 것이다.

제8장

뉴 스페이스 시대의 국가우주자산 활용 방안

주광혁

1. 서론: 우주개발과 과학혁신

기원전부터 구축되어 1400년 이상 인류사회를 지배해 왔던 프톨레마이오스(Ptolemy)의 지구 중심적 우주론(천동설)과 세계관은 16세기 들어 폴란드의 성직자 니콜라우스 코페르니쿠스(Nicolaus Copernicus)에 의해 혁명적 변화의 전기를 마련하게 된다. 1543년 코페르니쿠스는 저서 『천구의 회전에 관하여』에서 지구가 태양 주위를 돈다는 혁명적인 우주론(지동설)을 제기함으로써 당시 천문학자들 사이에서 큰 논란이 대상이 되었으나 일반 시민사회에까지 인식될 만큼 큰 반향을 불러일으키지는 못했다고 전해진다.

이후 16세기 후반에 나타난 신학생이자 천재 천문학자 요하네스 케플러(Johannes Kepler)는 지동설에 근거한 태양계 행성 운행의 원리를 밝힌 케플러의 법칙을 발표하여 코페르니쿠스의 우주론을 지지하는 과학적 혁신의 이론적 근거를 마련하게 된다.

동시대인 1608년 네덜란드에서 한스 리퍼세이(Hans Lippershey) 등이 발명한 세계 최초의 망원경에서 힌트를 얻은 갈릴레오 갈릴레이(Galileo Galilei)는 이듬해인 1609년에 굴절망원경을 개선한 천체망원경을 발명한다. 갈릴레이가 이 망원경을 천문학 관측에 사용하여 케플러가 주장한 새로운 우주론을 뒷받침하고 증명함으로써 당대의 사회와 종교계에 혁신적인 세계관의 변화를 견인하는 주인공이 되어 교황이 주관하는 종교재판에 회부된 일화는 유명하다. 갈릴레이가 가져다준 과학의 혁신은, 이미 존재했으나 인간의 눈으로만 볼 수 있었던 감춰진 우주를 인류역사상 최초로 기계의 힘을 빌려 관측함으로써 탐사와 과학으로서의 대상인 '새로운 우주', 즉 뉴 스페이스(New Space) 시대를 불러왔다고 해석해도 무리가 없다 하겠다.

19세기 후반에 와서는 나름의 과학적 근거를 가지고 유행했던 과학소설이 일반인들로 하여금 우주관의 확장과 더불어 우주탐사와 우주여행, '뉴 스페이스'를 동경하게 하는 데 큰 도움을 주었다. 콘스탄틴 치올콥스키(Konstantin Tsiolkovsky), 헤르만 오베르트(Hermann Oberth), 로버트 고다드(Robert Goddard) 등은 젊은 시절 과학소설에서 영감을 얻고 그것을 자신들의 천재적인 과학 재능과 결합시켜 우주여행을 실현할 수 있는 로켓의 이론적 기초와 제작을 마련했으며, 이로써 우주여행의 실험적 기반을 다진 우주분야의 선각자가 되었다.[1]

20세기 들어 세계대전과 냉전시대를 거치면서 전략무기의 일환

---

1 일각에서는 13세기 중국에서 불화살을 쏘아 외부의 침입을 막아 내고 조선시대에 신무기로 각광받았던 '신기전'의 개발을 로켓 개발의 시초로 보는 시각이 존재한다. 당대의 신무기가 로켓의 추진 원리와 동일하나 우주의 영역까지 미치지는 못했다는 점에서 엄밀한 의미의 우주 로켓이라고는 할 수 없다.

으로 시작된 우주개발은 국가 간의 경쟁을 위한 대표적인 전략적 도구로 자리매김하게 되었다. 세계 최초의 인공위성인 '스푸트니크(Sputnik)' 발사로 인해 첨예화되었던 미소 냉전시대의 우주경쟁은 양국을 둘러싼 세계정세의 주도권과 더불어 과학기술적 우위를 선점하기 위해 민간과 국방의 경계를 구분하지 않고 우주개발의 가속화를 가져왔다. 최초의 인공위성, 최초의 무인 달 착륙, 최초의 유인 우주비행사 등 번번이 우주개발 분야에서 우위를 선점한 미국은 아폴로(Apollo) 계획 수립과 인류 달 착륙의 실현을 통해 우주기술 개발의 도전에서 절정에 이르게 되었다.

아폴로 계획이 종료되고 데탕트 추진과 붕괴의 시기를 거쳐 페레스트로이카(Perestroika)로 대표되는 개혁 실패로 소련은 붕괴한다. 이로써 냉전시대가 종결을 맞이하고 러시아는 구소련의 국제적 지위를 계승하게 된다. 1998년 착수한 국제우주정거장(ISS: International Space Station) 건설을 계기로 미국, 유럽, 캐나다, 일본 등이 러시아와 우주 협력을 하게 됨으로써 정치적인 대립관계가 부침을 맞았다. 지속적인 동맹 체제가 유지되고 있지만, '기술굴기' 및 '군사굴기'와 더불어 '우주굴기'를 목표로 세계 제일이 되고자 하는 중국은 달 탐사와 화성탐사, 초대형 로켓 개발, 독자 우주정거장, 독자 위성항법, 유인 우주비행사 배출 등 미국과 러시아가 추진했던 거의 모든 면에서 거침없는 우주개발의 독자적 행보를 거듭하고 있다. 최근 미중 간 정치안보 이슈와 무역·기술 분야에 이르기까지 전쟁 수준의 긴장과 대립이 격화되고 있는바, '신냉전'시대에 돌입한 징후를 쉽게 체감할 수 있다.

2024년까지 인류가 다시 달에 가고 2028년까지는 달에 장기간 사람이 거주할 예정이며, 국제우주정거장을 퇴역시키는 대신 달 궤도 국제우주정거장 건설에 착수 2025년경 1단계 구축을 계획 중이다. 민간까지 나서서 화성 거주를 계획하고 있을 뿐 아니라 우주탐사선 2기가 태양계를 벗어나 성간(Interstellar) 지대를 비행하고 있을 만큼 오늘날의 우주개발은 지속적이고도 괄목할 만한 성장을 이뤘다.

우주의 군사적 응용도 활발하게 다변화되어 우주개발 초기의 로켓기술을 활용한 유도무기 개발 수준에서 벗어났다. 21세기 들어 미사일이나 레이저를 이용해 인공위성을 파괴하고, 인공위성으로 적국의 미사일 발사를 실시간 감시하며, 10cm 수준의 해상도를 가진 정찰위성으로 적의 안마당을 환히 들여다볼 뿐 아니라, 통신위성을 이용해 전 세계인의 감청정보를 동시다발적으로 수집하여 지상의 네트워크로 전달하는 수준까지 우주기술이 발전하기에 이르렀다.

현재 미국, 중국, 러시아가 주도하는 우주개발 경쟁체제의 다른 한편에서는 민간이 주도하는 우주개발 활성화 뉴 스페이스 시대가 펼쳐지고 있다. 이른바 패러다임(paradigm) 전환의 시대를 맞이한 것이다. 우주분야에서 게임의 룰이나 패러다임의 변화를 추구하는 측면에서의 뉴 스페이스 시대는 앞서 언급한 바와 같이 500년 전 중세시대부터 이미 시작되었다고 할 수 있으며, 소수의 파이오니어에 의해 새로운 패러다임으로 전환하여 우주적 세계관이 바뀌고 우주 연구와 개발의 주체가 변화하는 역사가 지속되어 왔다고 할 수 있다.

아폴로로 대변되는 냉전체제의 경쟁구도가 끝난 후 효율적인 우주개발을 위해 나사(NASA)가 내세운 슬로건 '더 빨리, 더 작게, 더 싸게'는 미국 우주개발 철학이 되어 인공위성과 로켓 및 유도무기에 이르기까지 광범위하게 적용되었으나 수십 년간 유지해 왔던 기술의 헤리티지(heritage) 한계를 크게 벗어나지 못해 기술혁신이 가격과 규모의 건설적인 변화로 쉽게 이어지지는 않았다.

1999년 캘리포니아폴리테크닉(Cal-Poly)대학교와 스탠퍼드(Stanford)대학교의 연구진들이 학생 교육용으로 공동 개발한 1kg의 큐브위성이 처음 소개되었을 때, 이 작은 위성이 우주개발의 패러다임을 뒤흔들 것이라고는 아무도 쉽사리 예측하지 못했다. 기계분야에 비해 개발주기와 패러다임의 변화가 빠른 전자 및 소재기술의 발전에 힘입어, 특히 인공위성 분야에 중량 대비 임무성능과 가격이 10~20년 전에 비해 열 배 이상 증가하고 인공지능 기술이 신속하게 적용되는 양상을 보이면서 개발 및 임무운영의 패러다임이 변화하고 있는 실정이다.[2]

20년이 흐른 지금 세계 우주시장은 민간영역이나 군사·정보 영역을 가리지 않고 (초)소형위성의 군집화를 통한 서비스의 글로벌화 변혁을 경험하고 있다.

이 글에서는 우주분야에서의 새로운 혁신이 시대를 달리하며 어떻게 군사적으로 활용되어 왔는지를 고찰하고, 민간 주도 우주개발, (초)소형위성, 발사체 재사용 등을 특징으로 하는 뉴 스페이스 시대를 소개하고 이 시대의 패러다임 변화가 미국 중심의 군사분야 우주개발과 활용에 어떻게 적용되는지를 살펴본다. 그리고 마지막으로 소형위성을 기반으로 한 뉴 스페이스의 개념을 도입하여 한국군의 우주자산 활용 제고를 위한 제언을 기술하고자 한다.

---

2 우주발사체(로켓) 분야에서는 아직도 재사용의 개념을 제외하고는 상당수의 발사체 서비스 업체들이 우주개발 초기의 화학식 연료와 산화제를 사용한 로켓의 원리와 구성을 유지하고 있어 중량 대비 발사성능을 획기적으로 개선할 만한 로켓이 상용화되지 않았다는 의견이 우세한 실정이다.

2. 냉전시대의 우주개발과 군사 활용

1) 우주개발 조직

1949년 소련의 첫 번째 원자폭탄 실험, 1955년 소련의 첫 번째 수소폭탄 실험 소식이 연이어 전해진 후, 미국의 아이젠하워 정부는 더 크고 빠른 미사일을 개발하기로 결정함으로써 소련의 충격에 맞서는 노력을 경주하고 있었다. 1957년 10월 소련이 발사한 세계 최초의 인공위성 '스푸트니크 1호'는 소련이 우주경쟁에서 미국을 이겼으며 진주만 공격보다 더한 참사라고 언급될 만큼 미국 사회 전반에 엄청난 충격을 가져다주었다.

미소 간 냉전시대의 우주경쟁이 곧 국방분야의 경쟁으로 직결된다는 미국 내부의 상황 인식은 아이젠하워 행정부의 반응에서도 증명되었다. 스푸트니크 발사 후 일주일이 지나지 않아 미국 국방장관이 조기 사임을 발표했고, 후임으로 기술 및 군사 분야에서는 전혀 경험이 없던 브랜드 경영의 귀재, P&G 출신 기업인 닐 맥엘로이(Neil H. McElroy)가 임명되었다. 드와이트 아이젠하워(Dwight D. Eisenhower) 대통령은 군 출신이었다. 그는 육·해·공군 내부의 경쟁이 혁신과 진보를 저해하고 거대 조직이 주도하는 분위기에서는 혁신적인 아이디어가 내부 저항에 부딪힌다는 것을 경험으로 알고 있었고, 스푸트니크 쇼크를 계기로 외부인 출신의 국방장관이 군 내부의 혁신을 가져올 수 있는 적임자라고 판단했다.

1958년 2월 맥엘로이 장관은 스푸트니크 쇼크를 극복하는 하나의 해결책으로, 군 내부에서는 재정지원을 필요로 하지만 아직 성숙되지 않은 기술의 연구개발을 전담하는 고등연구계획국(ARPA: Advanced Research Projects Agency)이 신규 발족한다. 그리고 1996년에는 방위(defense)의 명칭이 더해져 미 국방분야의 기술혁신으로 유명한 방위고등연구계획국(DARPA: Defense Advanced Research Projects Agency)으로 거듭나게 된다. 200여 명의 과학자들로 이뤄진 ARPA에서 GPS(Global Positioning System), 드론, 인공지능 음성인식 시리 등의 혁신적인 아이템들이 만들어졌다. DARPA는 새로운 아이디어를 발굴하기 위해 다양한 챌린지를 매년 개최할뿐더러 2018년에는 위성 간 통신이 가능한 저예산 군집형 소형위성을 이용해 신개념의 스파이 위성망을 형성하려는 시도를 승인했다. 이런 모습들은 설립 초기의 초심을 잃지 않고 뉴 스페이스의 흐름을 잘 반영하여 미래의 수요와 패러다임 변화에 부응하는 미국 국방부의 끊임없는 혁신 노력을 대변하는 산실이라 하겠다.

아울러, 과학을 중시하는 방향으로 국가 전체의 교육체계를 바꾸고 군 내부에서도 나눠져 있는 우주개발 조직과 군 지원을 받는 대학부설연구소 등을 단계적으로 흡수하여 우주개발을 전담하는 NASA의 탄생을 가져왔다. 1915년 설립되어 미국의 항공연구 개발을 주도해 오던 미국 국가항공자문회의(NACA: The National Advisory Committee for Aeronautics) 조직과 부설연구소(랭글리연구소, 아메스항공연구소, 루이스항공추진연구소)를 기반으로 베르너 폰 브라운(Berner von Braun) 박사가 소속되어 있던 육군탄도미사일국과 해군조사연구소를 흡수하여 민간 우주개발을 전담하는 NASA가 탄생했다. 1958년 캘리포니아 공대(Caltech)가 운영하는 제트추진연구소(Jet Propulsion Lab)도 NASA에 병합되어 외계탐사를 주도하는 우주탐사의 산실로 자리매김하고 있다. 오늘날 본부 조직 외에 10개의 연구센터에서 연 21조 원 규모의 예산과 4만여 명의 조직을 기반으로 항공, 우주탐사, 우주

과학/지구과학, 우주기술 등 민간분야에서 우주개발로 전 세계를 이끌고 있다.

현재 미국은 한국과 마찬가지로 우주탐사, 우주과학, 지구과학 등과 관련된 민간 우주개발은 NASA에서 총괄하고, 국방 관련 신기술개발은 DARPA가 총괄하며 육·해·공군 부설연구기관 등에서 국방 우주임무와 관련된 드레이퍼연구소(Draper Lab)나 존스홉킨스대학교 부설연구기관인 응용물리연구소(Applied Physics Lab)와 보잉(Boeing), 록히드 마틴(Lockheed Martin), 맥사(MAXAR), 레이시언(Raytheon) 등 굴지의 우주 전문기업과의 협업을 통해 연구와 획득임무를 수행하고 있다.

2) 로켓 개발

20세기 초반 우주분야의 선각자들이 쌓아 놓은 이론과 실험적 경험을 바탕으로 로켓기술은 군사 및 과학 면에서 중요하게 자리매김하게 되었다. 아메리카와 유럽이라는 서로 다른 지리적 위치와 전시상황을 사이에 두고 미국과 독일에서 나타난 과학자 그룹들은 에틸알코올이나 가솔린을 연료로 하고 액체산소를 산화제로 채택해 터보펌프로 연료를 공급하는 방식의 거의 유사한 로켓을 만들어 냈다.

당시 로켓의 선구자 오베르트가 회장을 역임하던 독일 우주여행협회는 로켓기술의 정당성을 세계에 증명하고자 했으며 이러한 그들의 노력은 독일 육군의 주목을 받게 되었다. 특히 독일의 한 천재청년 폰 브라운을 중심으로 젊은이들의 재능을 주목한 이는 공학박사이자 독일 육군대위인 발터 도른베르거(Walter Dornberger)였다. 폰 브라운은 1932년부터 독일 육군병기국로켓연구소에서 로켓을 연구하게 되고 이후 히틀러는 페네뮨데(Peenemünde)로켓연구소를 설립하도록 지원하여 1942년 당대 최고의 로켓인 V-2를 개발해 발사에 성공했다. 1944년 영국을 공격할 목적으로 V-2를 실용화한 독일이 연합군에 비해 군사적 우위를 유지한 것은 사실이다.

1945년 제2차 세계대전이 종식되기 몇 달 전에 V-2의 산실인 페네뮨데의 시설은 거의 파괴되고 독일군은 과학자와 기술자들을 철수시키고 있었다. 한편, 미 국방성은 '페이퍼클립(Paper Clip) 작전'을 세워 폰 브라운 박사를 비롯한 독일의 최고 과학자들을 미국 뉴멕시코로 데려와 핵탄두를 장착한 유도미사일 연구를 계속한다. 폰 브라운은 1958년 창설된 NASA의 마셜우주비행센터(Marshall Space Flight Center) 책임자로 임명되고 미국의 로켓기술 수준을 업그레이드하는 데 결정적인 기여를 하게 된다. 폰 브라운이 이끄는 과학자들은 V-2를 개량한 중거리 탄도미사일 주피터(Jupiter) G와 미국 최초의 인공위성 익스플로러(Explorer) 1호 발사체인 주노(Juno) 개발에서부터 아폴로 11호 발사체인 새턴(Saturn) 5호의 성공적인 개발을 통해 최초의 유인 달 착륙에도 기여함으로써 초기 냉전시대에 소련에 비해 열세였던 미국 우주기술의 자존심을 회복하는 데 지대한 공헌을 하게 된다.

결과적으로, 미소 간의 냉전체제 아래 군사적 활용을 염두에 둔 로켓 개발은 전후 독일이 V-2를 중심으로 남겨 놓은 인적·물적·지적 재산을 기반으로 급속히 발전하게 되었다.

한편, 폰 브라운보다 다소 앞선 시대에 태어난 고다드는 1911년 클라크대학교에서 물리학 박사학위를 받은 후에 프린스턴대학교에서 특별연구원으로 일하면서 1914년 스미소니언(Smithonian) 협회로부터 재정지원을 받아 로켓 연구에 착수, 1926년 최초의 액체연료로켓 발사에 성공하게 된다. 이후 찰스 린드버그(Charles Lindburg)의 지원을 받아 뉴멕시코 로스웰에서 로켓 연구와 실험을 계속할 수 있게 되었다. 제2차 세계대전이 발발하면서 미국 해군을 위해 로켓 연구를 계속했지만 그 가치를 충분히 인정받지는 못했고, 오히려 나치독일의 폰 브라운이 고다드의 이론을 참조해 V-2를 개발하기에 이르렀다고 하는 역설적인 역사가 전해진다.

이 시대에는 우주군이 따로 존재하지 않았으나, 대부분의 민간로켓이 탄도미사일 기술에 비롯되고 군의 전폭적인 재정지원을 받았을 뿐 아니라, 최초의 우주비행사를 비롯하여 아폴로 우주비행사들 대부분이 육군이나 공군 출신의 조종사였던 점을 감안하면, 냉전시대의 우주개발과 우주탐사가 서로 상대의 자산과 진영을 파괴하는 형식으로 이뤄지지 않았을 뿐, 우주군의 활동을 방불케 할 정도로 군과 밀접하게 이뤄졌다.

3) 인공위성 개발

냉전시대의 로켓 개발이 역사가 기록하는 뛰어난 천재 과학자에 의해 좌우된 반면, 인공위성의 개발은 이를 필요로 하는 조직의 프로그램에 의해 진행되어 온 경향이 크다고 할 수 있다. 1957년 소련이 세계 최초의 인공위성 스푸트니크를 발사한 뒤 1958년 1월 미국은 자국 최초의 인공위성인 익스플로러 1호를 발사했다. 이듬해 8월, 미국 아이젠하워 대통령은 해군연구소(NRL: Naval Research Lab)로 하여금 소련의 항공방위력으로부터 레이더 신호를 감지하고 분석하도록 설계된 세계 최초의 전자신호 정보위성인 GRAB(Galactic Radiation and Background)의 개발을 승인한다. 1960년 GRAB-1의 발사가

플로리다 케이프 커내버럴(Cape Canaveral) 발사장에서 이뤄지고 3개월의 임무수명을 완수하게 된다. 1961년 국가정찰국(National Reconnaissance Office)이 설립된 후, NRL의 전자정보위성 연구와 GRAB 위성 프로그램을 흡수하여 15년간 7기의 정보위성으로 구성된 POPPY 프로그램이 가동되며 7기의 위성 모두 캘리포니아 반덴버그(Vandenberg) 공군기지에서 발사했다. POPPY는 확장된 구형과 12면의 다각형 구조 두 가지 설계를 채택했으며 POPPY 위성 중 가장 큰 것이 130kg 수준의 소형위성이었다. 1960년대 GRAB와 POPPY 위성 시리즈는 소련 영내의 레이더 기지 및 대공기지의 위치와 방어역량, 해양감시체계 정보 등 전자정보 수집능력 제고에 크게 기여했다. 그러나 이들 위성 시리즈가 소련의 핵위협이나 소련의 결정적인 전략적 정보를 구분할 정도의 기술적인 한계를 극복하지는 못했다.

또한 미국은 비슷한 시기에 소련에 대한 영상정보 수집을 위해 코로나(CORONA) 임무에 착수하게 된다. 13번의 실패 후 공군의 디스커버러(Discoverer)-14버스에 KH-1 카메라를 탑재한 위성이 성공리에 발사됨에 따라 미국은 12m 수준의 영상정보를 이용, 소련의 핵위협과 전략무기 정보를 분석할 능력을 갖춘 정찰위성을 보유하게 된다. 1972년까지 145개의 위성이 발사되며 지속된 CORONA는 GRAB와 POPPY 프로그램과 더불어 소련 영내의 유례없는 정보를 제공하는 데 기여했으며, 냉전시대에 미국이 우위를 선점하는 데 큰 기여를 했다. 또한 이 프로그램에 사용된 소형위성 시스템이 오늘날 국가정찰국(NRO: National Reconnaissance Office)이 보유한 정찰능력의 기초를 제공했다는 사실에는 이론의 여지가 없다.

한편, 미국 공군의 자산이기는 하지만 전 세계가 자동차 내비게이션, 이동통신, 농업, 해양, 항공을 비롯한 제반 군사 및 전략무기에 이르기까지 널리 활용하는 대표적인 우주기술인 GPS 역시 미소 양국 간 군사경쟁체제 아래 탄생한 냉전시대의 산물이라 할 수 있다. 1950년대 후반과 1960년대 초기에 걸쳐 미 해군은 위성에 기초한 두 종류의 측량 및 항해 체계를 마련했다. 트랜짓(Transit)이라고 불린 시스템은 1964년부터 가동되기 시작했고 1969년 일반에 공개되었다. 한편 티메이션(Timation)은 위성에 기초한 측량 및 항해 체계의 원형으로만 자리 잡았을 뿐 실행에 옮겨지지 못했다.

때를 같이하여 시스템 621B라고 일컬어지는 계획을 미 공군에서 착수했는데 1973년에 미 국방차관이 해군에서 계획했던 티메이션과 시스템 621B의 통합을 지시했고 이것이 DNSS(Defense Navigation Satellite System)으로 명명되었으며 훗날 냅스타(Navstar: Navigation System with Timing And Ranging) GPS로 발전되었다. 위성항해 개념을 검증하기 위한 1단계가 1970년대에 착수되었는데 최초로 위성이 제작되고 여러 실험이 행해졌다. 1977년 6월에 최초로 기능을 수행할 수 있는 Navstar 위성이 발사되었고 NTS(Navigation Technology Satellite)-2라고 불렸다. NTS-2는 단지 일곱 달 동안만 운영되었으나 위성에 기초한 항해이론이 타당함을 입증했고 1978년 2월 최초의 Block I 위성이 발사되었다. 1979년에 2단계로 전체 규모의 설계와 검증이 행해졌는데 9개의 Block I 위성이 이후 6년간 추가로 발사되었다. 3단계는 1985년 말에 2세대의 Block II 위성이 제작되면서 시작했다. GPS 신호의 민간 수신은 1983년 소련에 의한 한국 항공기 KAL-007 격추 사건을 계기로 1984년 로널드 레이건(Ronald Reagan) 대통령이 공식 선언했다. Block I 위성들은 2003년 모두 수명이 다하여 운영되고 있지 않으며, 이들을 대체한 Block II, Block IIA, Block IIR 위성 등 총 28개의 위성들이 운영되고 있다. 현재 4세대

위성인 Block IIR 위성들이 새롭게 계획되고 있는데, 보잉 사가 12기의 위성을 제작 중이다.

3. 뉴 스페이스 시대의 우주개발 동향

1) 뉴 스페이스의 개념

뉴 스페이스란 우주공간의 상업화와 민간의 우주개발 참여가 극적으로 확대되면서 기존의 국가-거대기업 중심의 우주개발이 민간-중소기업으로 옮아 가면서 나타나는 우주산업 생태계의 변화를 의미한다. 뉴 스페이스는 발사체와 위성 분야의 기술혁신 그리고 산업의 융합으로 우주산업 진입장벽이 낮아지면서 민간투자와 새로운 우주서비스 시장이 폭발적으로 증가하고 있는 현상으로 요약된다.[3]

기존의 우주개발 방식은 국가 우주기관이 정책과 예산을 조달하고 소수의 항공 우주기업들과의 계약을 통해 거의 독점적으로 진행해 오는 방식이었다면, 뉴 스페이스 시대의 우주개발은 특히 미국을 중심으로 민간기업이 직접 투자를 유치하여 미리 구축한 우주 자산과 서비스를 정부나 국가 우주기관이 구매하는 방식으로 개발 패러다임의 전환이 일어난 것이 특징이라 하겠다.

한편, 유럽우주국(ESA)이 4차 산업혁명에 비교하여 제시한 우주의 발달단계를 4세대로 나누면, 우주 1.0 시대는 고전적 천문 관측,

---

3 안형준 외, 「뉴 스페이스(New Space) 시대, 국내우주산업 현황 진단과 정책대응」, ≪과학기술정책연구원 정책연구 2019-20≫ (2019), 23쪽.

[그림 8-1] 뉴 스페이스 시대의 새로운 비즈니스 모델

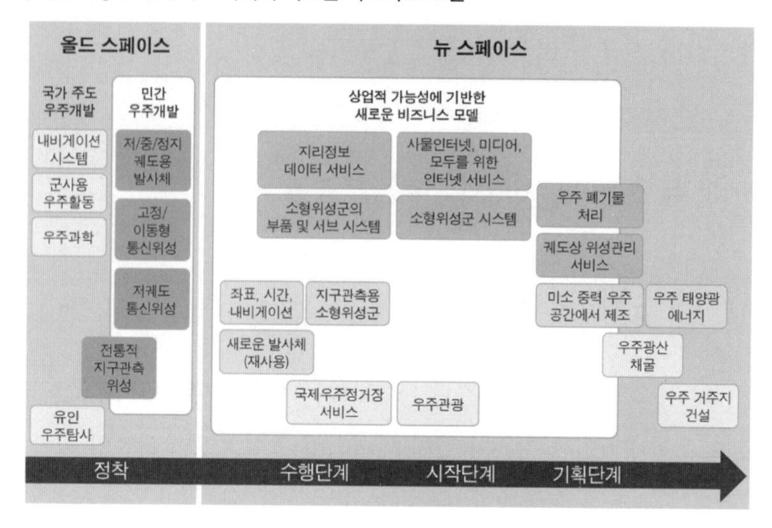

우주 2.0 시대는 냉전시대 우주경쟁과 아폴로의 시대, 우주 3.0 시대는 국제우주정거장과 국제협력의 시대를 거쳐 현재는 다양한 국가와 형태의 우주개발 주체가 등장하고, 우주기술의 확대 적용을 통해 소비자와 사회에 가까이 다가가는 우주, 우주관광이 보편화되는 스페이스 4.0 시대에 이미 돌입했다. 다양한 우주개발 주체가 주도하는 시대를 강조하고 있는 측면에서 뉴 스페이스 시대의 특징과 크게 다르지 않은 양상을 보여 주고 있다.

뉴 스페이스 시대의 **다양한 민간주체**(Player) 가운데 대표주자는 화성 거주를 꿈꾸며 로켓의 재사용을 통한 가격경쟁력으로 발사 서비스 시장을 주도하고 있는 스페이스X의 **일론 머스크**(Elon Musk)와 우주여행과 달 탐사의 기회를 저렴한 비용으로 누구에게나 부여한다는 비전을 갖고 있는 아마존 창립자이자 우주기업 블루오리진의 **제프 베조스**(Jeff Bezos)이다. 일반인의 우주여행에 대한 접근성을 완화

하기 위해 재사용을 통한 발사 서비스를 제공한다는 점과 IT분야에서 자신들이 벌어들인 돈을 우주에 재투자하여 많은 이들에게 혜택을 주려는 비전을 실현하고자 한다는 점에서 이 두 명은 국가 주도하에 제한된 사람과 특정 기업의 전유물이었던 민간 주도로 전환하는 뉴 스페이스 시대의 정신과 부합하는 인물들이다. 이 밖에도 엑스프라이즈(XPrize) 재단이 시행한 무인 달 착륙 도전 프로그램인 구글 루나 엑스프라이즈(Google Lunar XPrize)를 거치면서 국내외의 투자를 유치하여 탄생한 스타트업 기업들이 대거 등장하게 된다. 주최 측이 설정한 기한 내에 달 착륙에 성공한 기업은 하나도 없었으나 그들이 개발했던 달 착륙선과 관련 기술은 때마침 착수한 트럼프 정부의 유인 달 착륙 프로그램 추진에 힘입어 NASA가 달 착륙 기술을 보유한 스타트업 기업들과 2018년부터 순차적으로 계약을 맺고 과학, 기술 검증, 현지자원활용(ISRU: In-Situ Resource Utilization) 장비나 유인 착륙에 필요한 보급품들을 달 표면의 지정된 지점까지 배달하는 민간 상업 서비스인 CLPS(Commercial Lunar Payload Service)를 2021년부터 개시할 예정이다. 이 프로그램에 필요한 달 착륙선이나 탐사 로버는 NASA가 직접 개발하지 않고 민간기업을 통해 서비스만 공급받는 형태로 추진하여 우주탐사 분야에서 뉴 스페이스 시대 비즈니스 모델의 대표 사례로 자리매김하게 되었다.[4]

유럽의 강소국 **룩셈부르크**에서는 소행성에서의 우주광산 채굴을 통한 우주자원 확보를 대표적인 목표로 내세워 국가가 주도하는 선행투자를 통해 자국 내 스타트업 기업과 해외 혁신우주기업을 유치

4 Space-tec Partners, New Business Models at the Interface of the Space Industry and Digital Economy (2019).

함으로써 자국 내 우주산업 활성화를 꾀하는 형태로 뉴 스페이스 시대를 견인하는 사례도 있다.

2017년 7월 룩셈부르크 국회는 우주자원의 탐사와 이용에 관한 법률을 제정해 룩셈부르크가 우주자원 활용의 글로벌 허브로 발돋움하기 위한 법률적 토대를 마련하고 민간기업의 상업적 활동을 위해 1억 유로 규모의 정부지원을 선언한 바 있으며, 플래니터리 리소시스(Planetary Resources), DSI(Deep Space Industries), 곰스페이스(Gom Space), 아이스페이스(iSpace) 등 해외 스타트업 기업들과 협약을 맺고 룩셈부르크 내 산업활동을 전제로 투자재정을 지원하고 있다.

기술적인 측면에서 볼 때, 뉴 스페이스 시대에 가장 두드러지는 특징 중 하나는 인공위성의 소형화와 군집화를 통한 신규 서비스의 창출이다. 전자 및 재료 기술의 발달로 예전의 성능을 상회하면서도 소형화가 가능해지고 스마트형 공정을 통해 단기간 내에 대량생산이 가능해지면서 (초)소형위성을 구현하여 기존 임무를 대체하거나 상용화가 가능한 서비스를 창출할 수 있는 수준으로 발전하게 되었다. 또한 1999년에 캘리포니아폴리테크닉대학교와 스탠퍼드대학교의 협동 프로젝트로 개발되고 2003년에 최초 발사되어 급속한 기술발전과 더불어 기하급수적인 민간수요 시장을 형성하게 된 큐브위성도 대학을 비롯한 민간주체들이 우주영역과 우주기술에 대한 접근성을 높이는 데 크게 기여하여 민간수요를 기반으로 하는 민간 주도형 뉴 스페이스 시대를 견인하는 중요한 축을 담당하고 있다.

2) (초)소형위성 시장의 분석 및 전망

일반적으로 500kg 이하 중량[미국 연방항공국(FAA: Federal Aviation Administration) 기준은 600kg]의 인공위성을 소형위성(SmallSats)으로 통칭하나 100kg 이하를 초소형위성급으로 분류하고 10kg 이하를 나노위성급으로 분류하고 있다. 세계 유수의 전문기관인 유로컨설트(Euroconsult), 스페이스웍스(SpaceWorks), NSR, 브라이스 스페이스 앤 테크놀로지(Bryce Space & Technology) 등에서는 매년 소형 또는 초소형위성의 시장동향을 조사·수집하여 보고서를 공개하고 있다. 기술 및 소재의 발전과 함께 저비용으로 단기간에 개발이 가능한 소형위성(500kg급 이하) 시장은 1990년대 후반부터 점차적으로 개발이 활성화되어 위성통신, 지구관측, 정보, 기술검증, 보안, 과학/탐사, 궤도상 서비스 등의 다양한 분야에서 활용되고 있다. 또한 나노위성

[그림 8-2] 소형위성의 시장 분석(Euroconsult 2020)

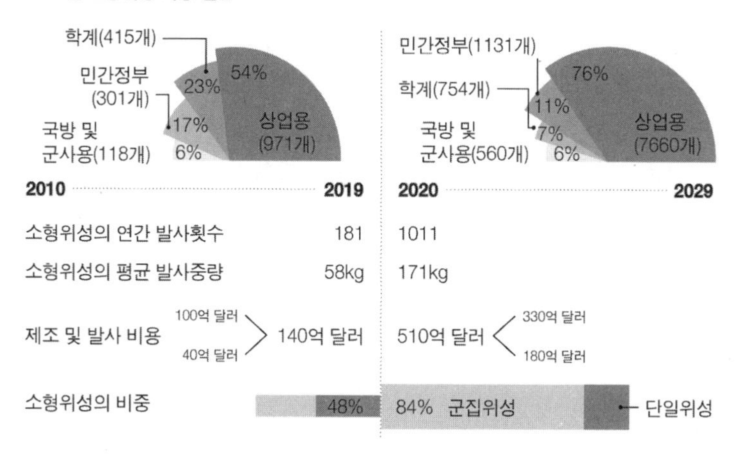

[그림 8-3] 초소형위성의 발사시장 분석

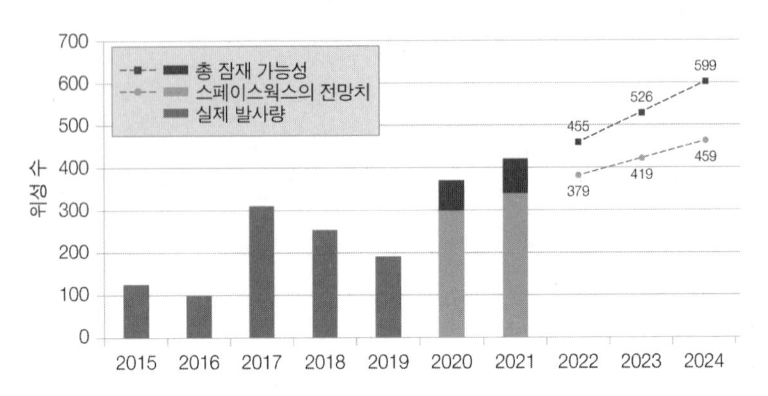

은 교육 목적과 기술검증을 위한 단기간 임무에서 출발했으나, 능력이나 응용성이 커지면서 보다 복잡한 임무를 수행하기 위해 전반적으로 크기가 증가하고 있는 추세이다.

최신 전문기관의 보고서를 종합하여 500kg급 이하 소형위성([그림 8-2] 참조)과 50kg급 이하 초소형위성([그림 8-3] 참조)의 시장 주요특징을 요약해 보면 다음과 같다.

① 소형위성[5]

- 1m급 고해상도를 구현할 수 있게 되면서 위성군 구축 등 지구관측 목적의 소형위성 개발이 증가추세를 보임.
- 2020년을 기준으로 과거 10년간 연평균 181기의 소형위성이 발사된 것에 비해 향후 10년간 연평균 1000기 이상의 발사수요가 전망됨.

5 Euroconsult, Prospects for the Small Satellite Market: An Extract (2020).

- 2020년을 기준으로 과거 10년간 총 14억 달러 규모의 위성 제조 및 발사 시장이 향후 10년간 총 51억 달러 규모로 성장할 것.
- 소형위성 시장은 2016년 기준으로 2억 5810만 달러 수익을 보였으며, 지난 10년간 12% 이상의 성장률을 보임.
- 향후 10년간 소형위성 시장에서 84%가 군집형위성으로 발사될 전망임.

② 초소형위성[6]

- 초반에는 기술검증형의 수요가 대다수를 차지했으나, 산업체가 신속히 성능을 고도화하고 비즈니스 모델을 발굴하여 지구관측, 원격탐사, 통신 등의 수요로 다변화됨.
- 2011년 20기 수준의 초소형위성 발사 규모가 2019년에 약 200기 수준으로 10배 성장함.
- 향후 5년간 1800~2400기의 초소형위성 발사 수요를 전망함.
- 스파이어(Spire)와 플래닛(Planet)과 같은 주요 사업자들이 시장성장에 기여했으며 신규 사업자들이 새로운 비즈니스 모델을 창출함에 따라 지속적인 성장을 뒷받침함.
- 지난 5년간 처음으로 상용 운영자보다 민간 운영자들의 초소형위성 발사가 초과현상을 보임.

초소형위성 개발국이 총 68여 개국에 이르나 이 중 80% 이상이 민간(기업, 대학)에 의해 개발이 주도되어 온 통계를 감안해 볼 때 뉴스페이스 시대의 주요 특징과도 부합하는 경향을 확인할 수 있다.

---

6 SpaceWorks, *Nano/MicroSatellite Market Forecast*, 10th Edition (2020).

[그림 8-4] 개발 주체별 나노위성 개발 현황

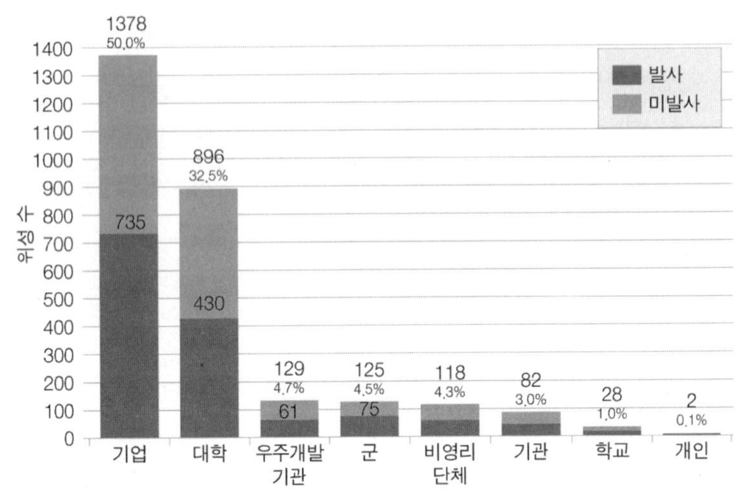

자료: www.nanosats.eu

[그림 8-5] (초)소형위성 시장의 연도별 투자 및 투자자 증감 현황

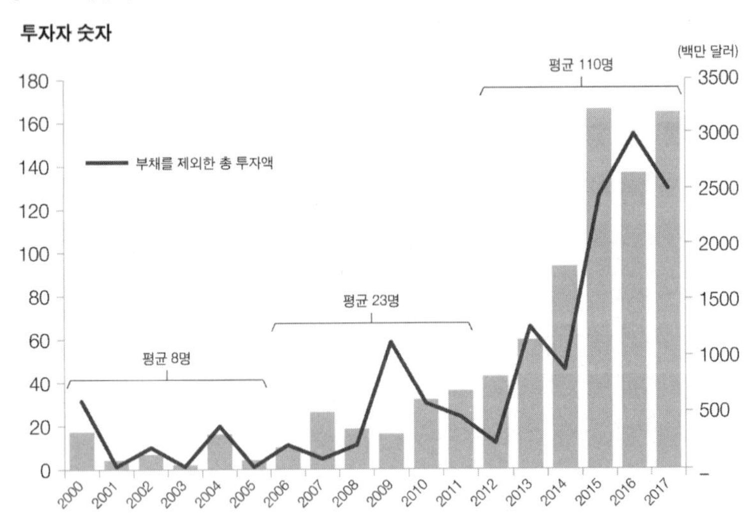

아울러, 2017년을 기준으로 최근 5년간 초소형위성 관련 스타트업 기업에 평균 5배 이상 규모의 투자가 확대된 것으로 보아 (초)소형위성 시장의 성장 가능성과 실질적인 가치를 인정받아 당분간 상승세를 기대할 수 있는 여건이 조성되었다고 판단된다([그림 8-5]).[7]

3) (초)소형위성의 개발 동향

저가형 초소형위성을 군집형으로 발사하여 위성 서비스를 창출한 플래닛랩스(PlanetLabs), 대학 중심의 해외기관에 공모하여 과학실험을 수행한 QB50 등을 필두로 정지궤도 통신위성을 대체하려는 군집형 통신위성 및 사물인터넷 위성 등에 이르기까지 (초)소형위성을 활용한 군집형 임무와 관련된 업체 및 비즈니스가 급격히 증가하는 추세이다. 2016년 이후 군집형 임무를 위해 일부 또는 전부를 발사하여 운영/계획 중인 사업이 200여 개에 달하는 것으로 알려져 있다([표 8-1], [그림 8-6] 참조).[8]

500kg 이하의 소형위성 활용 분야는 2020년 기준으로 이전 10년간은 기술검증의 비중이 가장 많은 39%(709기)를 차지했으나 이후 10년간은 통신 서비스를 위한 SpaceX의 스타링크(StarLink) 및 원웹(OneWeb) 등 초대형 군집형 위성 서비스 플랫폼의 구축을 반영한 우주통신의 활용이 56%(5687기)를 차지하는 형태로 활용분야의 지각변동을 예고하고 있다([표 8-2] 참조).[9]

---

7 BRYCE Space and Technology, 2019, Start-Up Space.

8 http://www.newspace.im

9 Euroconsult, Prospects for the Small Satellite Market: An Extract (2020).

[표 8-1] 주요 군집형 (초)소형위성 운영 현황

국가	운영 업체	위성군 이름	중량	주요 사양	고도	위성 수	발사 연도	임무
미국	Planet	Planet Scope	<5kg	3.0~3.7m	475km	175+	2016 ~	지구 관측
		Rapid Eye	150kg	6.5m	630km	5	2008	토지 관측, 재해 감시
		SkySat	≤120kg	Pan: 0.9m Multispectral: 2.0m Video: 1.1m	450km (1~2) 515km (3) 695km (4~7) 500km (8~13)	13+	2013 ~	지구 관측
	BlackSky	Path finder	50kg	1.0m	500km	60	2016	지구 관측
	Spire	Lemur-2	4kg	STRATOS (GPS radio occultation payload), SENSE (AIS payload)	400km	175	2015 ~ 2018	지구 관측, 선박 추적
	Swarm Techno logies	Space BEE	0.3kg	-	500km	21+	2018 ~	통신
아르헨티나	Satellogic	NuSat (Aleph-1)	37kg	Pan: 1.0m Multispectral: 1.0m Hyperspectral: 30m Thermal Infrared: 90m Video: 1.0m	500km	6	2016 ~ 2018	지구 관측
덴마크	ESA, GOM Space, ApS	GomX-4	8kg	40m	500km	2	2018	기술 시험 목적
핀란드	ICEYE	ICEYE	70kg	10m	500km	7+	2018 ~	지구 관측
중국	Commsat	Lady bird/ Lady bug	100kg, 4kg, 8kg	-	475km	8+	2018 ~	통신

[그림 8-6] 군집형 나노위성 사업 현황

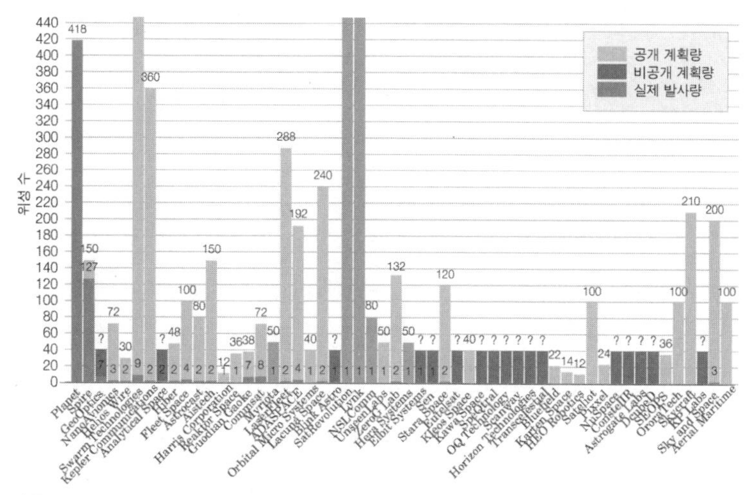

자료: www.nanosats.im

[표 8-2] 소형위성의 주요 활용분야 전망

시기	1순위	2순위	3순위
2010~2019	기술검증(709기, 39%)	지구관측(576기, 32%)	위성통신(205기,11%)
2020~2029	위성통신(5687기, 56%)	지구관측(1521기, 15%)	기술검증(1175기,12%)

[그림 8-7] 적용분야별 초소형위성의 개발 동향

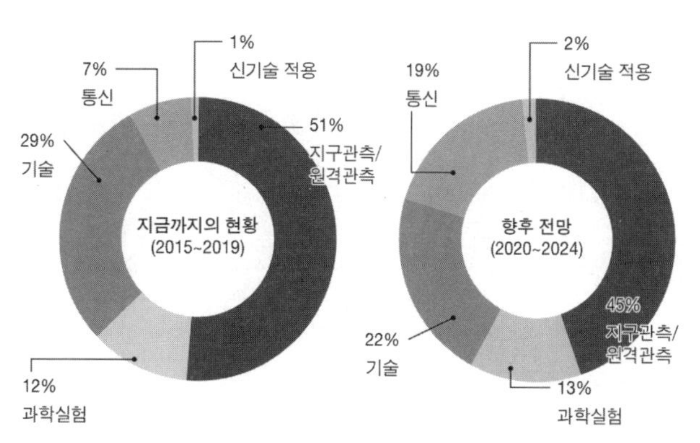

50kg 이하 초소형위성의 임무 형태는 향후 5년간 지구관측이 45%를 차지하고, 2019년까지 7%에 해당했던 통신임무의 초소형위성이 19%로 증가하리라 전망된다([그림 8-7] 참조).[10]

위성정보의 수요가 증가함에 따라 지구관측, 통신, 위성항법 등 분야별 위성기술 발전 및 활용가치가 상승하여 (초)소형위성이 가진 광역성·시계열성·준실시간성 등의 특성을 정부 국제기구 중심으로 환경·에너지·자원·식량안보 및 재난대응 등 다양한 분야에서 폭넓게 활용하고 있다.

오비탈 인사이트(Orbital Insight)와 같이 위성영상 데이터에 인공지능 기술을 접목하여 새로운 정보 분석 서비스를 제공하는 등 방대한 정보량·복잡성을 해결하는 기술이 발전하면서 활용성은 더욱 증가하고, 통신방송 위성에 대한 채널수요 또한 증가할 것으로 전망된다. 이러한 증가는 빠르게 성장하고 있는 사물인터넷과 사물통신(M2M: Machine to Machine) 분야에 서비스를 제공하기 위한 것으로 보이며 원웹이나 스페이스엑스와 같은 기업에서 사물인터넷 서비스 제공을 목표로 통신 목적의 저궤도 (초)소형위성을 개발하고 있다. 최근 들어 로켓랩(Rocket Lab)은 2019년에 여섯 차례에 걸쳐 10기의 초소형위성을 발사, 상용 발사 서비스를 본격화하여 초소형위성 전용 발사체 시장의 활성화가 예상되며, 카펠라 스페이스(Capella Space)는 2019년 세계 최초로 50kg 이하 위성으로 영상 레이더(SAR: Synthetic Aperture Radar)를 탑재하여 서비스를 개시함으로써 10년 전까지는 소형위성으로 구현 불가능했던 다양한 우주임무들이 뉴 스페이스 시대를 맞아 초소형위성으로도 구현되는 패러다임 전환의 변혁이 지속

---

10 SpaceWorks, *Nano/MicroSatellite Market Forecast*, 10th Edition (2020).

적으로 진행 중이다.

4) (초)소형위성의 대표 운영사례

(1) 스타링크 프로젝트(스페이스엑스)[11]

스타링크는 스페이스엑스에 의해 구축되고 있으며, 전 세계에 광범위한 위성 인터넷 서비스 제공을 목표로 하는 소형위성군으로 2015년에 착수, 2018년 2월에 2기의 테스트 위성을 팔콘(Falcon)-9으로 발사한 이래 2020년 10월 600기 이상 발사(1회 60기 발사)되어 궤도에서 시험 운용 중이다. 1만 2000여 개(최대 4만 2000개)의 대량 생산된 250kg급 소형위성으로 구성 예정이며 2018년 5월 추산된 비용은 총 10억 달러, 2020년 중반부터 미국 북부와 캐나다의 개인 고객을 대상으로 서비스 유치 중이며 이와 병행해 이 위성들의 일부를 군사, 과학 등의 목적으로 별도 활용할 계획이 있는 것으로 알려져 있다.

[그림 8-8] (왼쪽) 스타링크 60기 탑재/ (오른쪽) 스타링크 위성군의 궤도 배치

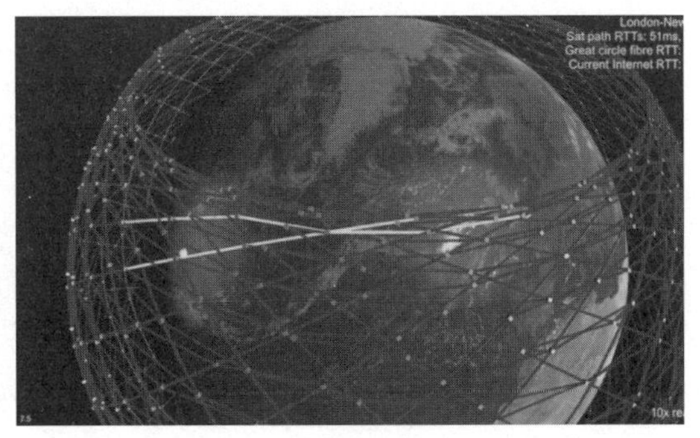

---

11 Wikipedia, http://www.starlink.com

(2) 플래닛랩스

2010년 NASA 아메스 연구센터 출신의 과학자 3명이 당초 NASA에서 연구 중이던 폰샛(PhoneSat) 설계를 기반으로 차고에서 창업하여 600여 명의 규모로 성장한 샌프란시스코 소재 초소형위성 서비스의 대표적인 스타트업 기업이다. 위성 설계에 대한 실리콘밸리식 혁신적인 접근법을 채택, 역량(핵심기술) 기반, 단기간 개발 발사와 빈번한 발사, 시뮬레이션을 통한 테스트, 3년간 열두 차례의 전 위성개발 되풀이 등을 적용하는 등 기술혁신을 이뤄내 일주일에 큐브위성 40대를 제작할 수 있는 능력을 보유하고 있다. 최장 수명이 3년으로 고도 600km에서 3~5m 해상도 영상을 촬영 가능한 5kg의 3U급 초소형위성 170기 이상과 미터 및 서브미터 급 정밀관측위성 18기를 동시 운영하여 세계 어느 지역에서든 시간당 영상정보를 수집, 빅데이터화하여 북한 핵시설 등 보안지역 감시부터 곡물작황 예측, 원유저장량, 주택 위험도 영상 데이터베이스를 통한 보험평가자료 제공까지 다양한 정보 제공 서비스를 운영하고 있다.

[그림 8-9] 플래닛스쿠프(PlanetScope) 큐브위성[일명 도브(Dove), 2018년 12월 발사 B14 모델]

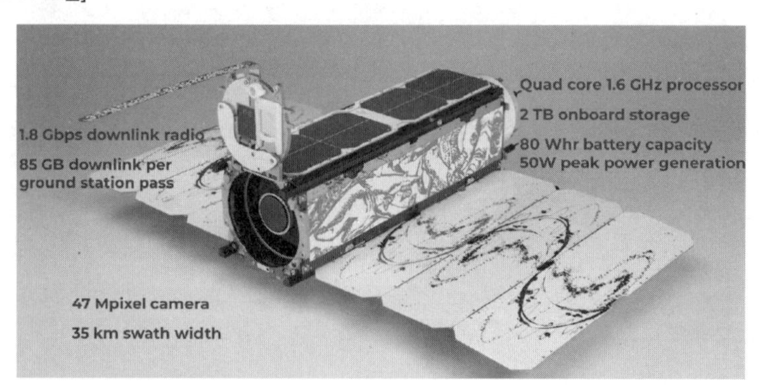

(3) 블랙스카이

[그림 8-10]
블랙스카이-1 패스파인더

50kg급 초소형위성 60기를 발사, 신속한 재방문 주기와 스마트폰 친화 환경을 목표로 온디맨드(on-demand), 보증(as-sured), 지역감시(site monitoring), 위성 및 임무설계 기술 제공 등 솔루션을 제공하는 뉴 스페이스형 스타트업 기업 블랙스카이(BlackSky)의 군집형 초소형위성의 프로그램명이다. 2016년 9월 26일에 720km 고도에 무게 45kg 위성 블랙스카이-1 패스파인더(Blacksky-1 Pathfinder)를 인도 ISRO의 PSLV로 발사(수명 3년)한 후에 블랙스카이 글로벌(BlackSky-Global)1 위성(2018년 11월 29일, PSLV), 블랙스카이 글로벌(BlackSky-Global)2 위성(2018년 12월 3일, Flacon-9)을 각각 발사했다. 10kg 이하의 탑재 카메라인 스페이스뷰(SpaceView)24를 채택(구경 24cm 주경)하여, 500km 고도에서 0.9~1.1m 수준 30km^2 영상을 제공하며 해리스(Harris)[전 이스트먼 코닥, 엑셀리스(Eastman Kodak, Exelis)] 사의 스페이스뷰 탑재체 소형위성 이미징 솔루션을 이용, 컨스털레이션을 통해 재방문 주기를 높이고, 고해상도 이미지 인테리전스를 얻도록 설계했다.

4. 해외 우주자산 현황 및 뉴 스페이스의 국방활용 현황

1) 해외 우주자산 현황

앞서 살펴본 우주개발의 역사에서 확인한 바와 같이 우주 강대국들은 우주개발 초기부터 우주의 전략적 가치를 염두에 두고 개발을 지속해 왔다. 냉전시대 이후 미국은 우주개발을 주도해 왔으나 21세기 들어 중국의 부상과 러시아의 부활은 우주분야에 있어 새로운 경쟁구도와 균형을 가져왔다. 아울러 우주기술과 적대적 우주기술이 결합하여 타국의 우주자산을 파괴하고 전략 자산화하여 군사적·전략적인 목적으로 활용하는 사례가 빈번해지면서, 민간과 국방을 분리 또는 결합한 형태로 각국의 전략적 우주자산을 구축하고 활용하는 우주정책이 구체화되어 세계 전략적 우주개발의 근간이 되고 있다.

[그림 8-11] 궤도상 운영 중인 세계 우주자산 현황(2018년 기준)

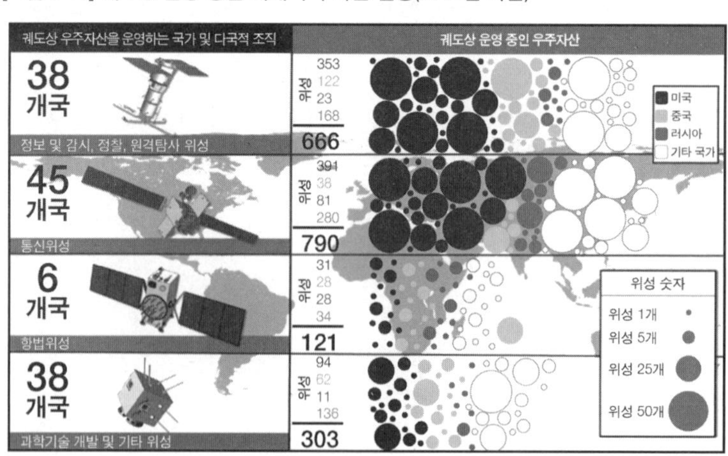

2018년도 통계([그림 8-11])에 의하면[12] 궤도상 운영 중인 전 세계 우주자산(위성)의 70% 이상이 정보, 감시, 정찰, 원격탐사 및 통신용으로 활용되며 오직 6개국만이 자국의 항법위성을 운영 중이다. 미국이 전 세계 위성의 절반 이상을 운영하며, 70% 이상의 위성이 미국·중국·러시아 3개국에 의해 운영되고 있으며, 이들 중 절반가량의 위성이 국가안보 및 군사적 목적으로 사용되는 것으로 알려져 있다. 2020년 기준으로 초소형위성을 제외하고 2800여 개의 위성이 운영 중이다.[13]

일본의 우주기술은 우주개발의 역사나 예산의 규모, 우주발사체의 발사역량, 소행성 샘플 귀환과 국제우주정거장의 자체모듈 보유, 미국이 주도하는 유인 달 탐사 프로그램 참여에 이르기까지 한국에 비해 모든 면에서 상당한 우위를 점하고 있는 것으로 평가된다. 그럼에도 불구하고 미국과의 동맹우산 속에 자위대의 형태로 존재하는 일본 국방의 형태가 일본의 경제 규모에 걸맞는 수준의 군사력 확장 한계를 가지고 있는 배경이 있겠지만, 한국의 전략적 국가우주자산의 구축 과정과 운용, 형태 면에 있어 일본의 경우와 많은 유사성을 발견하게 된다. 일본 방위를 위한 우주자산의 구축 근거를 북한의 핵과 군사적 위협에 대비하는 데 우선순위와 명분을 두고 2017년에야 일본 최초의 군 통신 정지궤도위성을 발사했고, 해상도 면에서는 한국의 기술 수준을 상회하지만 저궤도 관측위성을 광학(EO: Electro-Optic)과 SAR 두 가지 트랙으로 2000년도 초반부터 현재까지 광학위성 11기, 영상 레이더 위성 5기를 발사하여 30cm 해상도 수준의 감

12 Competing in Space (2018, The National Air and Space Intelligence Center)

13 https://www.ucsusa.org/resources/satellite-database

시·관측 능력을 갖췄으며, 한국이 2030년대 중반에 구축하려는 한국형위성항법시스템(KPS)과 구성과 궤도 운영 면에서 매우 유사한 준천정위성항법시스템(QZSS: Quasi-Zenith Satellite System)의 구축 등 통신, 감시관측, 항법위성 분야의 주요 세 가지 우주자산의 성능과 구축 과정 진척도에서 차이가 날 뿐이다.

한편, 전 세계 우주자산의 절반 이상을 차지하고 그중 절반을 국토방위와 정보수집를 위한 전략자산으로 확보하고 있는 미국은 우주에서의 중국과 러시아의 안보위협에 대비해 2019년 12월에 우주군을 창설하고 국방을 위한 우주자산의 구축과 활용을 규정하는 '국방우주전략(Defense Space Strategy)'을 2020년 6월 미 국방부가 발표한 바 있다. 이 계획은 2011년 오바마 행정부 때 발표되었으며 향후 10년의 우주국방계획을 담은 것으로 해외 국가에 대해 ① 우주에서의 완벽한 군사적 우위를 구축하고, ② 국방 우주력을 국가 차원과 연합작전 등에 결합하며, ③ 전략적 환경을 조성하고, ④ 동맹국과 파트

[그림 8-12] 우주 군사 아키텍처 구상(U.S. SDA)

니, 산업체 및 미국 내 정부부처 및 기관 등 네 곳과의 노력을 단계적으로 추구하여 미국의 국가전략 우주 프로그램 역사상 가장 중요한 변화를 지향하도록 규정하고 있다. 또한 미 국방부 산하에 2019년 설립된 우주개발청(SDA: Space Development Agency)은 국방부가 발표한 국가안보를 위한 우주 구성요소가 가져야 할 여덟 가지 역량[미사일 감시와 조기경보 능력, 항법, 지상 인프라, 우주상황 인식(Space Situational Awareness) 등이 포함]에 근거하고 향후 소형위성과 민간 상용 시스템을 포함하는 등 뉴 스페이스의 철학을 가미하여 미국의 미래 전략적 우주자산의 구축 개념이 담긴 관념적 우주 아키텍처(Notional Space Architecture)를 제안한 바 있다. 이는 미래에 구축될 미국의 우주자산 형성에도 뉴 스페이스 시대가 본격화될 것을 예고하는 의미가 담겨 있다.[14]

2) 뉴 스페이스의 국방활용 현황 및 개발 사례

제2절에서 언급한 바와 같이 미소 냉전상황에서의 우주개발은 양국 간 경쟁적 우위를 선점하려는 구도 아래 민간과 국방의 경계가 불분명한 경우가 적지 않았다. 기술적 한계에서 비롯된 면도 있지만 미국과 소련이 처음 발사한 인공위성을 비롯해, 우주개발 초기의 위성 상당수가 초소형위성 또는 소형위성의 범주에 속하는 규모였다. 당시 전자기술의 한계로 인해 기존에 개발되었던 모델보다 더 나은 기능을 업그레이드하려면 상당한 중량의 장비를 탑재하여 중량의 증

14 Space Development Agency, Next Generation Space Architecture, Request for Information, SDA-SN-19-0001 (2019).

가를 가져오지 않고서는 어려운 형편이었다. GRAB, POPPY, CORONA 등 경쟁국의 군사정보 수집을 위한 정보위성도 1970년대까지 100kg 내외의 소형위성 범주에서 설계되어 당시의 안보 수요에 적절하게 활용되었다. 최근 20~30년간 감시정찰을 위한 광학위성이나 통신위성은 영상 정밀도 상향을 위한 광학계 규모나 통신탑재체의 용량증가 수요로 인해 위성 플랫폼의 중·대형화 추세가 일반적이었다. 최근 10년 내 많은 스타트업 기업들이 고성능·고용량의 탑재체를 (초)소형위성의 플랫폼에 최적으로 구현하고 군집화를 통한 시대적 요구를 혁신적으로 실현하는 데 잇달아 성공하면서 국방분야의 우주 활용도 새로운 전기를 맞고 있다.

21세기 들어 국방안보를 위한 전략적 자산으로서 (초)소형위성의 가치에 가장 먼저 주목한 나라는 미국이다. 2005년부터 미사일방위청(MDA: Missile Defense Agency)은 단일 중대형급 위성보다 여러 개의 초소형위성 클러스터를 이용, 탄도목표 추적을 시도하는 DSE(Distributed Sensing Experiment) 프로젝트를 스페이스데브(SpaceDev)라는 기업을 통해 위성버스 제작 형태로 지원했다. 2007년에 중단되었던 프로젝트가 2008년에 DSE 개량형인 기술검증형 트레일블레이저(Trailblazer) 위성으로 다시 제작되었으나 발사 후 궤도진입에는 실패했다. 제2절에서 언급되었던 미 국방부 소속기관 NRO도 1970년대까지 소형위성의 활용을 유지해 왔는데, 2000년대 들어 큐브위성이 개발되고 초소형위성이 활성화됨에 따라 2010년 초기부터는 콜로니(Colony) I, II 프로그램을 착수, 초소형위성 플랫폼 활용의 적정성 검증을 시도하게 된다.[15]

15 Bruce Carlson, "NRO's Historical, Current, and Potential Future Use od

초기부터 군에서 소요되는 기술의 혁신적 아이디어를 구체화하기 위해 설립된 미국 DARPA는 우주, 미사일 방위, 핵무기 감지라는 세 가지 임무를 가지고 출발했으나 NASA의 출범과 함께 대부분의 우주분야 프로젝트가 이양됨으로써 나머지 2개 분야와 재료과학, 정보기술 등에 집중하여 유인 달 착륙을 가능하게 했던 새턴 5호의 최초 모델인 새턴 1호를 개발하고 퍼스널 컴퓨팅과 인터넷의 전신인 아르파넷(ARPANET)을 발명하기에 이른다. 1970년대 중반에 이르러 DARPA는 임무 중심의 프로젝트를 기술검증 중심으로 전환하고 1980년대 들어서는 소형 경량화를 지향하는 신개념의 라이트샛(LIGHTSAT) 프로그램을 진행하기도 한다. 최근에 들어서야 DARPA는 뉴 스페이스의 중요성을 주목하게 되어 블랙잭(BlackJack)이나 DARPA 팔콘(FALCON) 프로젝트를 지원하여 기존의 전략적 우주자산을 대체하는 실험적 연구를 지속하고 있다.

(1) 블랙잭

미국의 대표적 정찰위성인 KH-14를 대체할 목적으로, 2018년 DARPA가 착수한 군집형 소형위성 네트워크를 이용하여 2020년 하반기 또는 2021년 상반기에 시험위성 발사를 필두로 2022년까지 20기를 1차적으로 발사할 계획이다. 슈퍼컴급 처리를 위한 전용칩과 광학 기반의 위성 간 통신 방식을 활용한 예정이고, 이를 위해 큐브위성인 맨드레이크(Mandrake) 1, 2호 발사를 통해 기술적 가능성을 확인한 바 있으며 와일드카드(Wildcard)로 명명된 세 번째 초소형위성을 통해 소프트웨어 기반의 라디오 통신링크를 저궤도에서 지상의

Small Satellites", National Reconnaissance Office (2011).

[그림 8-13] 블랙잭 위성군의 네트워크 개념도

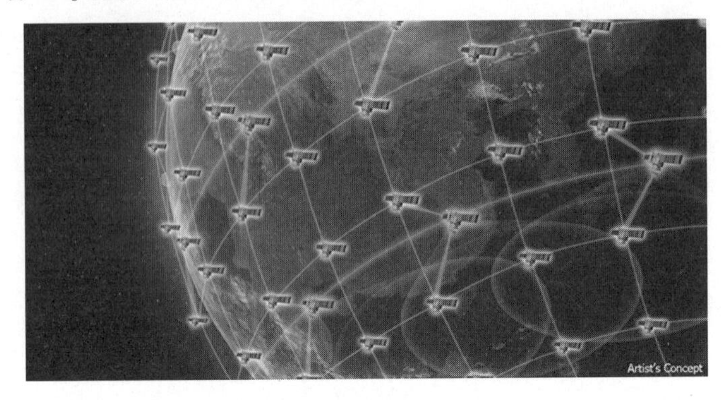

자료: https://www.darpa.mil/program/blackjack

전략적 라디오 통신장비와 연결하는 실험을 수행할 예정이다.

블랙잭 프로그램의 목표 중 하나는 페이로드당 200만 달러 미만의 대량생산 가능한 센서를 사용하여 기존의 군사 우주선보다 저렴한 비용으로 위성을 구축하고 2단계로 자율적인 임무관제 시스템을 건설하여 저비용 고효율의 소형위성 기반 우주감시 체계를 갖추는 것이다.

(2) SMDC-ONE

미 육군 우주 미사일 방어 사령부(SMDC: Space & Missile Defense Command)는 전장에서 유용하게 활용될 수 있는 나노위성과 초소형 위성 개발에 초점을 맞추고 SMDC-ONE(Orbital Nanosatellite Effect)을 개발했으며, 2010년에 4.5kg 미만의 3U 큐브위성을 8기 발사하여 지구에서 약 300km 떨어진 고도의 타원형 궤도에 안착시킨 바 있다. 저궤도위성을 통한 음성 및 데이터 통신을 통해 무인 지상감지기로부터 패킷화된 데이터를 받아 지상국으로 전달하는 것이며, 현장에

배치된 전술무전기 간의 실시간 음성 및 문자메시지 데이터를 전송하는 것이 주요 임무이다.

[그림 8-14] (왼쪽) SMDC-ONE/ (오른쪽) SNap-3

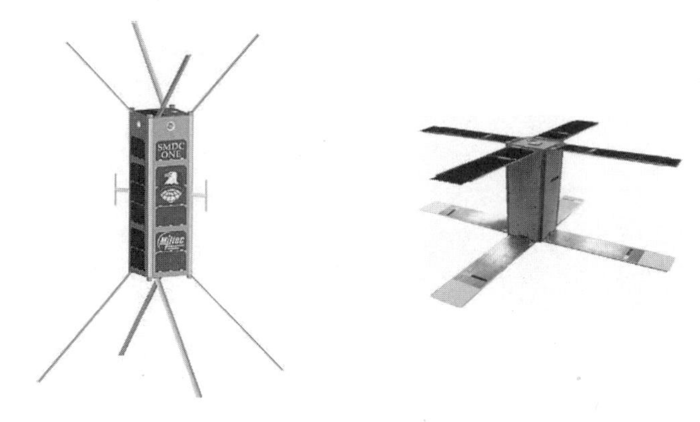

자료: (왼쪽) https://directory.eoportal.org/web/eoportal/satellite-missions/s/smdc-one
(오른쪽) https://space.skyrocket.de/doc_sdat/snap.htm

(3) SNap

SMDC-ONE의 후속 프로그램으로 개발된 통신 나노위성으로서 육군 및 연합군 무전기와의 UHF 통신을 위해 설계된 일종의 이동전화기지국 개념을 갖고 있다. 2015년 8월에 발사되었으며 SMDC-ONE보다 데이터 전송속도가 5배 빠르고, 최초로 3축 자세제어와 추진기능을 갖춘 5kg급의 큐브위성으로 구성되어 있다. 462km 고도의 저궤도에서 운용되어 낮은 주파수의 신호도 전달할 수 있어 새로운 장비가 없는 현장에도 적용 가능하도록 설계되었다.

(4) 캐스트럴 아이

미 육군이 전장에서 적진의 상태를 파악할 수 있는 영상 촬영용

[그림 8-15] 캐스트럴 아이 운영 개념도

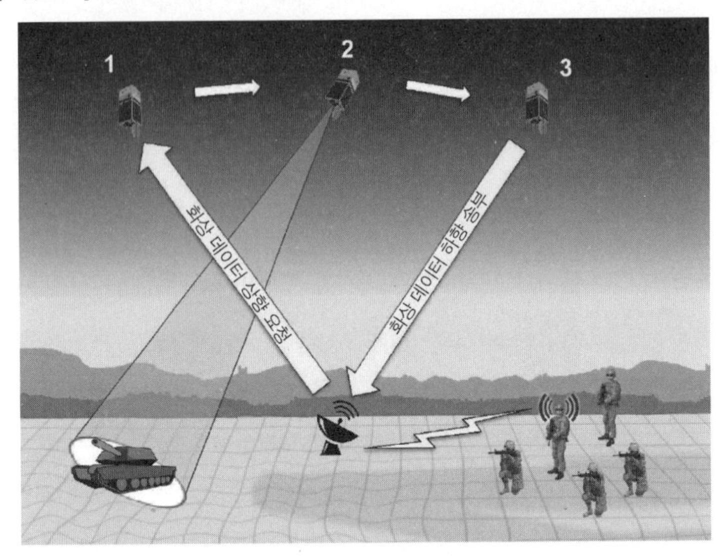

자료: https://www.researchgate.net/figure/Simplified-Kestrel-Eye-Operations-Concept_fig1_327510322

위성을 개발하기 위해 착수되었으며 캐스트럴 아이(Kestrel-Eye 2M)라는 위성으로 2017년 10월 처음 발사되었다. 하와이, 알래스카를 제외한 미국 본토 어느 곳에서든 사용자가 직접 영상을 다운 링크할 수 있는 양산 시 제작비용이 200만 달러 이하 50kg의 군사용 초소형 위성으로 50km 고도에서 1.5m 해상도의 영상을 실시간 제공하는 것을 목표로 하고 있다. 미 육군은 이 위성의 영상을 지상에 따로 설치된 지상국이 아닌 전장에 있는 모든 군인이 GPS 수신기와 같은 휴대용 장치를 이용해 전송받을 수 있도록 개발하고 있는 것으로 알려져 있다.

10여 년이 경과한 요즘 군의 관심이 초소형위성 플랫폼의 현실화에는 크게 성공하지 못해 2020년에는 전체 초소형위성 시장의 약

15%가 군사용으로 발사되는 데 그쳤다는 평가도 있다.[16] 즉, 발사된 군사용 초소형위성의 경우 25% 이하의 위성이 정상적인 임무운영을 수행했으나 나머지 대다수는 기술검증용으로 활용되었다고 한다. 이는 전통적인 군 운영자들의 보수성을 보여주는 통계로 그들은 소형위성의 역량에 대한 신뢰가 부족하며 실제 업무의 수행을 위해서는 크고 복잡한 우주자산을 선호하는 것으로 이해된다. 저가의 비용으로도 중요한 임무를 수행할 수 있는 소형위성의 역량 개발로 기술검증의 굴레에서 벗어나는 것이 뉴 스페이스 시대에 요구되는 군사 활용의 과제라 하겠다.

5. 결언: 뉴 스페이스 기반의 국가우주자산 활용전략 제언

앞에서 (초)소형위성을 중심으로 변화되고 있는 뉴 스페이스 시대의 시장동향, 국방활용 현황 등을 알아보았다. 특히 미국을 중심으로 국가우주자산의 형성 과정과 구성의 재편을 위해 소형위성과 소형 발사체, 민간 주도의 상업적인 우주 인프라 편입 등 뉴 스페이스의 영향력이 민간을 넘어 국방분야에서도 활발하다는 것을 확인했다.

한국의 전략적 우주자산 구성은 통신, 감시관측, 항법 등 위성분야의 주요 세 가지 우주자산 성능과 구축 과정의 진척도에서 차이가 날 뿐 구성 형태는 일본의 전략적 우주자산 및 구성 목표와 상당히 유사하다는 것을 확인했다.

---

16 SpaceWorks, *Nano/MicroSatellite Market Forecast*, 10th Edition (2020).

미국의 경우, 국가 차원의 군사전략적 우주자산을 확보하기 위해 소형위성과 발사체, 그리고 민간 운영요소가 포함된 새로운 우주 아키텍처를 구상하여 이미 본격화된 뉴 스페이스 시대의 흐름에 부응하고 있으며 별도의 우주계획 수립을 통해 국가우주자산 확보를 위한 확고한 정책적 기반도 아울러 마련했다.

뉴 스페이스 시대의 시대적 흐름과 수요에 부응하여 한국 국방분야도 우주자산의 구축과 운용 패러다임 측면에 있어 변해야 하는 당위성을 갖게 되었다. 이러한 종합적인 상황을 감안해 몇 가지 전략을 제안하고자 한다.

첫째, 스페이스웍스의 보고서에서 지적했듯이 군의 우주자산 운영자가 도입비용에 구애받지 않고 실제 운영의 안정성을 내세워 뉴 스페이스형 우주자산으로의 변환에 부정적인 반응을 보이는 것은 당연한 일이다. 우주자산을 구축하기 위해, 획득을 위한 계획 수립, 연구개발, 시제개발, 양산에 이르는 과정에 위치한 군 내부의 정책 결정자들이 4차 산업혁명 시대의 기술발전과 더불어 진화하고 있는 뉴 스페이스의 패러다임 변화를 체감·예측할 수 있는 혜안을 갖출 수 있게 준비되어 있어야 한다. 군 간부진을 양성하는 사관학교를 비롯해 여러 학교에서 관련 수업이나 재교육을 필수화하여 외부 기술환경 변화에 대한 적응력과 판단력을 갖도록 해야 한다.

둘째, 한국은 인공위성 보유 관점에서 미국에 비해 비교가 되지 않을 만큼 적은 규모의 우주자산을 보유하고 있지만 미국의 우주 아키텍처 같은 큰 그림과 이를 뒷받침하는 기본계획을 별도로 수립해야 한다. 한국에서도 우주군의 창설이 꾸준히 거론되고 있는바, 우주군의 창설 가능여부에 앞서 국가안보를 확실하게 담보할 수준의 우주 인프라 구축과 운용의 지속성 확보를 위해 이를 뒷받침할 군 내부의 컨센서스와 탄탄한 계획 수립이 우선 되어야 할 과제이다.

셋째, 인적·물적·재정적 자원이 부족함에도 불구하고 한국에서도 민과 군과 수요를 구분하여 우주개발이 진행되고 있는 실정이다. 민간용으로 개발한 아리랑 위성이 지구관측을 통한 산림관리, 재난관리, 제한지역 및 비상상황 관측 등 유사시 다양한 용도로 활용되고 있다. 독자적 운영권을 별도로 보장하더라도 유사시 (또는 평상시에라도) 국가우주자산을 통합적으로 운영·관리할 수 있는 인프라와 컨트롤 타워가 마련되어야 한다.

넷째, 단기간에 선진국 수준의 우주자산을 확보하기 위해서는 군집형 우주자산의 도입을 통한 뉴 스페이스형 우주 인프라에 투자해야 한다. 미국의 DARPA나 국방부 산하 관계기관이 초소형위성 또는 소형위성으로 다양한 수요를 발굴하기 위해 연구개발에 투자하고 지속성 있는 실전 배치를 위해 꾸준히 우주기술을 검증하고 있는 측면은 우리에게 시사하는 바가 크다. 단번에 자산을 획득하고 배치까지 끝내야 하는 한국의 정책적 구조는 많은 문제를 야기할 수 있으며, 오히려 상대적으로 저렴한 비용이 드는 뉴 스페이스형 우주 인프라 투자를 위해 연구개발 투자와 우주기술 검증 시도를 지속적으로 지원하는 정책 입안자들과 군 수요자들의 혜안과 인내가 필요하다.

결론적으로 소형위성과 초소형위성을 필두로 한 뉴 스페이스형 우주자산 확보 전략은 제한된 국방예산에도 선진국에 비해 질적으로나 수적으로 열세인 한국의 전략적 우주자산 상황을 빠른 시일 내 만회하는 데 크게 기여할 것으로 기대된다.

맺음말

이 책의 시초는 군사혁신의 실현이며, 이를 위한 한국 육군의 노력이다. 모든 군사조직에게 군사혁신은 끝없이 추구해야 하는 숙명이며, 동시에 도전요인이다. 군사조직은 기본 설계에 있어서 외부의 충격에도 쉽게 무너지지 않도록 의도적으로 만들어졌으며, 군사조직이 전략환경의 변화에 —군사기술의 변화와 정치환경의 변화에— 따라서 지속적으로 변화한다는 것은 기본적으로 쉽지 않다. 하지만 군사혁신은 군사조직의 숙명이며, 전략환경에 적응하지 못하는 군사조직은 도태한다. 결국 문제는 군사혁신의 필요성에 대한 것이 아니라 방법론이며, '군사혁신을 할 것인가'의 문제가 아니라 '군사혁신을 어떻게 실행할 것인가'의 문제로 귀결된다. 제6회 육군력 포럼의 핵심 질문이 바로 군사혁신의 방법론에 대한 것이며, 이를 둘러싸고 '무엇이 혁신을 가능하게 하는가'와 '미리 보는 육군의 2030년, 무엇을 할 것인가' 그리고 '2030년, 육군은 국방 우주력 발전에 어떻게 기여할 것인가' 등을 논의했다.

제5회 포럼에서 논의된 바와 같이, 4차 산업혁명 기술의 등장으로 군사기술은 더욱 빠르게 발전하고 있다. 동시에 중국의 성장에서 비롯된 동아시아 정치환경 또한 부정할 수 없는 무게감을 가지고 지난 30년과는 다른 차원으로 움직이고 있다. 때문에 한국군의 그리고 한국 육군의 군사혁신은 반드시 성공해야 하는 과업이며, 한국의 주권과 영토를 유지하는 데 필수적인 사항이다. 그렇다면 군사혁신을 어떻게 실현할 수 있는가? 그리고 군사혁신 과정에서 고려해야 하는 추가 사항은 무엇인가? 이와 같은 질문이 이번 제6회 포럼에서 검토했던 주요 사항이었다.

제6회 포럼에서는 총 8개의 논문이 발표되었으며, 군사혁신 일반과 중국의 군사혁신 노력 그리고 독일의 경험 등이 논의되었다. 이러한 논의 가운데 어떠한 것이 2030년 시점에서 정확한 것으로 판명될지는 2020/21년 시점에서 알 수 없다. 하지만 상황을 분석하면서 다른 국가의 경험 등을 논의하지 않고서는 군사혁신의 성공 및 실현을 기대할 수 없다. 그렇다면 이번 포럼의 결과는 어떻게 정리할 수 있는가? 그리고 향후 연구가 필요한 사안들은 무엇인가?

I. 무엇이 혁신을 가능하게 하는가?

기술혁신의 양상이 항상 점진적인 것은 아니다. 어떤 경우에는 기술혁신이 느리게 진행되지만, 다른 경우에는 그리고 특정 분야에서는 기술혁신이 폭발적으로 진행되기도 한다. 이와 같은 관점에서 최근 상황은 기술혁신의 속도가 폭발적으로 증가하고 있으며, 특히 정보통신기술(ICT) 측면의 기술혁신이 너무나 빨리 진행되고 있다. 때문에 이와 관련된 군사혁신의 속도 또한 빨라져야 하며, 새로운 군사기술을 도입하고 이를 검증하고 사용할 수 있는 유연한 군사조직으로 변모해야 한다. 이러한 주장은 당위적인 것이고, 문제는 이와 같은 당위론을 실천하는 방법이며, 어떻게 기술적인 군사혁신의 잠재력을 현실화하는가이다. 하지만 이 과정에서 너무나 빨리 진행되는 기술혁신이 군사혁신을 압도하여, 군사혁신의 방향성이 상실되고 '군사혁신을 위한 군사혁신'으로 전락할 수 있다.

김동중은 육군비전 2030 자체를 평가하면서, 육군 주도의 군사혁신이 가지는 한계점을 지적하고 있다. 육군비전 2030에 따르면, 한국 육군은 네트워크 및 정보기술의 발전을 적극적으로 수용한 첨단과학기술군으로 재탄생하여 초불확실성 시대를 헤쳐 나가는 데 주도적인 역할을 수행하겠다고 다짐했다. 하지만 이러한 육군의 비전이 과연 적절한가 하는 질문이 가능하며, 육군비전의 한계에 대한 논의가 필요하다. 이에 대해 김동중은 한국 육군이 기술적·사회적 변화에 적극적으로 대응하려는 측면을 높이 평가하면서도, 육군이 왜 변화를 주도해야 하는가 그리고 육군에게 안보환경이 초불확실한가 등의 질문을 던지고 있다. 즉, 왜 육군이 —해군이나 공군 등이 아니라 육군이— 미래의 국방에서 주도적인 역할을 해야 하는지에 대한 논리가 여전히 부족하다고 지적한다. 또한 첨단기술을 도입한다고 해서 미래전장 환경의 모든 문제가 해결되지 않을 수 있으며, 이에 대한 설명이 부족하다고 비판한다. 무엇보다, 국민·국회·언론 등에 대한 '세일즈'가 필요하며, 이를 위해서는 육군이 가지는 한국 민주주의 수호자로의 역할과 육군의 정치사회적 존재 의미를 강조할 필요가 있다고 조언한다. 이것은 군사혁신의 방향성이며, 이와 같은 방향성이 명확하지 않으며 기술발전의 속도가 빠른 현시점에서 군사혁신이 '군사혁신을 위한 군사혁신'으로 전락할 위험이 있다.

부형욱은 군사혁신을 보다 신속하게 진행하기 위한 군 내부의 조직 설계를 강조한다. 최근 기술 변화의 속도가 매우 빨라지고 너무나 많은 기술들이 등장하면서, 개별 기술이 가진 군사혁신적 잠재력을 가능한 한 신속하게 검증해야 하는 상황이다. 기존의 전략기획 방식으로는 폭발적으로 등장하는 기술들을 검증하는 데 너무나 많은 시간이 소요되며, 새로운 방식으로 잠재적인 군사혁신 기술을 검토할 필요가 있다는 것이다. 이에 부형욱은 페일-패스트(Fail-fast) 전략을 제시하면서, 완벽한 군사기술을 만들어 내기보다는 적정 수준에서 만족할 정도(good enough)의 군사기술을 구축하고 이에 대한 일선의 피드백을 받는 방식이 중요하다고 지적한다. 이를 위해서는 '빠르고 안전한 실패'가 용인되어야 하며, 개별적인 실패를 학습의 과정으로 수용하고, 실패를 용인하고 실패로부터 배우겠다는 리더십의 적극적인 태도가 중요하다고 강조한다.

이근욱은 현재 진행 중인 4차 산업혁명 군사기술이 비대칭적으로 발전하고 있다는 점을 강조한다. 즉, 정보통신기술의 발전은 눈부신 수준이며 메모리 용량은 9년간 1000배가 증가할 만큼 폭발적으로 성장하고 있지만, 내연기관 엔진 및 폭약의 폭발력 등에서 그 발전 속도는 매우 제한적이다. 따라서 군사혁신에 대한 환상적인 비전은 많은 경우 정보통신기술 발전이 군사기술에 미치는 영향을 강조하고 있지만, 현실의 군사기술은 엔진 및 폭약 기술의 느린 발전으로 인해 상당 부분 제한될 것이라고 예측한다. 즉, 군사혁신에는 현재 진행되고 있는 기술혁신에 대한 전반적인 이해가 따라야 하며, 부분적으로 이뤄지는 기술혁신의 눈부신 측면에만 집중하는 것은 적절하지 않다고 경고한다.

II. 미리 보는 육군의 2030년, 무엇을 할 것인가?

그렇다면 2030년 한국 육군은 군사혁신을 완수한 상황에서 그 군사혁신의 결과 만들어진 군사력을 어떻게 사용할 수 있는가? 그리고 어떠한 상황에 직면하게 되는가? 군사혁신은 군사력을 폭발적으로 증가시키는 방법이며, 특히 기존과 동일한 자원과 인력으로 5~10배 더 많은 군사력을 만들어 낼 수 있기 때문에 중요하다. 하지만 군사혁신은 그 자체로 의미를 가지기보다 특정 정치적 목표를 달성하기 위한 군사력을 증가시키는 하위 수단이며, 군사혁신에 대한 논의는 그 군사혁신의 결과 만들어진 군사력이 사용될 정치적 환경에 대한 논의와 함께 이뤄져야 한다.

라이너 마이어 줌 펠데 장군은 1990년 이후 독일 육군이 지난 30년 동안 경험했던 전략환경의 변화와 교훈을 정리한다. 통일 이전의 독일 육군은 나토(NATO) 전력의 핵심으로, 소련의 서부유럽 침공을 저지하기 위한 장비와 인력 그리고 교리 등을 가지고 있었다. 1989/90년 독일 통일이 이뤄지고 냉전이 종식되면서, 독일의 전략환경은 근본적 차원에서 개선되었으며 독일은 뚜렷한 외부 위협에 직면하지 않았다. 하지만 2013/14년 러시아가 동부유럽에서 다시 팽창하면서, 독일이 직면하는 전략환경은 —특히 정치적 환경은— 급변했다. 그리고 독일은 자신의 군사력을 —러시아 위협에 대응하는 데 필요한 군사력을— 사실상 제로 베이스에서 재건했다. 이 과정에서 펠데 장군은 상황평가에 대한 정확한 인식, 동맹관계 유지, 군사력 유지에 대한 정치적 기반 유지, 그리고 적절한 국방계획 수립 등이 얼마나 중요한 사항인가를 강조한다.

차정미는 중국의 군사혁신 전략을 분석하면서, 시진핑 시대 중국 육군의 지능화 혁신 전략을 소개한다. 지난 20년 동안 중국의 부상은 동아시아 세력 균형을 근본적인 차원에서 변경했으며, 중국의 군사혁신은 '군사혁신' 그 자체로 흥미롭지만 동시에 '중국'이라는 주변 강대국의 군사혁신이기 때문에 더욱 흥미롭다. 중국 또한 전쟁의 양상 변화에 초점을 맞추면서 네트워크와 지능화된 의사결정 속도의 증가를 강조하고 있으며, 이에 기초하여 '중국 특성의 지능화 전장'을 구축하려고 시도한다는 것이다. 또한 '단일 군종작전의 고정관념'을 버리고 육·해·공 모든 병종의 일체화 연합작전을 강조하며, 이를 실현하는 데 필요한 군사조직의 개편 또한 추진하고 있다. 이러한 중국 군사력의 변화는 2030년 한국 육군의 군사혁신 전략이 고려해야 하는 목표이며 동시에 참고해야 하는 사항이다.

박민형은 2030년 시점의 동아시아 안보환경 변화를 전망한다. 군사혁신은 군사력 증강의 수단이며, 따라서 그 군사력이 사용될 전략환경에 대한 평가가 필수적이다. 즉, 2030년 시점에서 한국 육군이 직면할 전략/안보 환경은 어떠한가에 대한 질문 없이 변화하는 군사기술을 추동하는 것은 적절하지 않다. 이에 2030년 시점에서 나타날 수 있는 미중 간 '지정학 딜레마'는 한국에게 그리고 한국 육군에게 가장 심각한 문제이지만, 현시점에는 뚜렷한 해결책이 존재하지 않는 사항이다. 하지만 한국 입장에서는 —또한 한국 육군 입장에서는— 끝없이 대비해야 하는 사항이다. 그리고 한국의 군사혁신은 바로 이러한 딜레마와 이에 수반되는 위험을 해결하는 데 필요한 군사적 수단을 제공하는 수단이어야 한다.

III. 2030년, 육군은 국방 우주력 발전에 어떻게 기여할 것인가?

현재까지 우주는 군사력을 배치할 수 없는 영역이다. 하지만 우주공간의 군사적 이용 자체는 다른 방식으로 진행되고 있으며, 향후 이러한 경향은 더욱 가속화될 것이다. 이 같은 측면에서 우주기술과 우주자산은 —특히 인공위성을 이용한 통신 및 정찰 능력은— 2030년 시점에서 한국 육군의 능력을 배가시키는 핵심 사안이 될 것이며, 군사혁신을 통해 한국 육군이 반드시 확보해야 하는 능력이다. 그렇다면 육군의 입장에서 우주기술은 어떠한 의미를 가지는가?

김종범은 육군이 사용할 수 있는 우주작전 능력을 전망한다. 한국과 주변 국가들의 우주능력 개발 현황을 검토하고, 미래전장의 변화에서 우주기술과 우주자산이 가져올 다양한 가능성을 제시한다. 특히 감시정찰과 통신, 항법 그리고 무인화 관점에서 한국 육군의 우주능력이 2030년 시점에 가져올 다양한 혜택과 더불어 취약성을 지적했다.

주광혁은 지난 10년간 진행 중인 우주기술의 변화를 뉴 스페이스(New Space)의 관점에서 정리했다. 기존의 대형 인공위성 대신 초소형위성이 등장하고 위성 발사를 국가가 아니라 민간기업에서도 대행하는 상황을 강조하며, 군사위성의 패러다임 변화와 한국 육군이 사용할 수 있는 우주자산의 다양한 가능성을 제시했다.

Ⅳ. 향후 연구과제

군사혁신의 실천/실행이라는 관점에서, 다음 두 가지 사항이 중요하다. 첫째, 미래 육군의 군사력 건설은 어떠한 방향으로 진행되어야 하는가? 군사력 건설에는 항상 명확한 방향성이 필요하며, 이를 위해서는 전략개념이 필수적이다. 이에 육군 군사력 증강은 결국 육군 전략의 문제로 이어진다. 그리고 육군 전략의 문제는 다음과 같은 질문으로 이어진다. 육군 전략이란 무엇인가? 한국의 군사전략과 독립적으로 육군 전략이 필요한가? 그리고 육군 전략의 내용은 무엇이 되어야 하는가?

이 같은 질문에 대해 적절한 답변이 나와야만, 한국 육군의 군사력 건설이 방향성을 상실하지 않고 추진될 수 있다. 특히 한국이 대외 팽창을 시도하지 않는 국가이기 때문에, 2030년 시점에도 한국의 국가목표는 한반도에서 전략적 억지를 달성하는 것이며, 이에 한국의 군사전략은 '한반도에서의 전략적 억지의 달성'을 어떻게 실현하는가에 초점을 맞춰야 한다. 결국 남는 문제는 방법론이다. 즉, '한반도에서의 전략적 억지'를 어떻게 달성하는가? 그리고 이를 달성하는 데 필요한 군사력은 어떠한 것이 있는가? 여기에 한국 육군은 어떻게 기여할 수 있는가? 이를 달성하기 위해 평화 시 군사혁신을 어떻게 추동할 것인가? 이것이 향후 중요한 주제일 것이다.

둘째, 현재 등장하는 기술의 활용 문제이다. 최근 기술발전의 속도는 —특히 정보통신기술의 발전 속도는— 경이적이며 따라서 최근 군사혁신은 이러한 정보통신/4차 산업혁명 기술에 기반하고 있다. 최근 군사혁신은 새로운 군사기술을 제로 베이스로 구축하는 것이 아니라 기존의 민간기술을 차용, 군사적으로 응용하는 방식으로 진행되고 있다. 그렇다면 현재 존재하는 그리고 논의되는 민간기술 가운데 어떠한 사항이 군사적으로 차용/응용될 수 있는가? 민간부분의 기술은 어떠한 방향으로 발전/변화하고 있는가? 그리고 그 군사적 잠재력을 어떻게 평가할 수 있는가?

특히 주목해야 하는 사항은 군사부분의 인공지능(military AI)과 우주기술이다. 인공지능에 대한 많은 공포심이 존재하지만, 인공지능의 군사적 이용이 증가하면서 그 두려움은 더욱 증가할 수 있다. 그렇다면 과연 어떠한 관점에서 인공지능을 군사적으로 사용할 수 있는가? 동시에 우주기술의 변화 관점에서 어떠한 기술들이 새롭게 등장하고 있으며, 그 군사적 차용/응용 가능성은 어떠한가? 이것은 어려운 질문이다. 그리고 확실한 답이 나오기 어려운, 영원히 노력해야 하는 질문이다.

그럼에도 불구하고, 다음과 같은 한 가지 사항은 분명하다. 이러한 문제를 검토하기 위해서는 군과 민간의 대화가 필요하며, 특히 군인과 엔지니어의 대화가 필수적이다. 서로가 상대방을 경원시하고 각자 자신의 영역을 고집해서는 안 된다. 좀 더 개방적으로 그리고 좀 더 열린 태도로 서로에게 접근하고 대화할 필요가 있다.

부록 1

기조연설

군사혁신의 명암

결정요인과 장애물, 그리고 한계

스테판 비들 *Stephen Biddle*

[해설]　이번 포럼의 기조연설은 미국 컬럼비아대학교의 스테판 비들 교수가 담당했다. 처음 계획은 비들 교수를 한국으로 초청하는 것이었지만, 코로나 상황에서 해외 인사의 초청은 불가능했다. 결국 기조연설은 온라인 방식으로 진행되었고, 그 영상은 유튜브를 통해 중계되었다.

기조연설에서 비들 교수는 군사혁신에 대한 두 가지 접근 방법을 대비시키면서, "급진적인 방식으로 혁명적 변화를 추구"하는 것은 "결과적으로 혁신적이지 않다"라고 주장한다. 즉, 군사혁신에서의 문제점은 흔히 거론되는 군사혁신의 비전을 거부하며 "군사혁신을 시도하지 않고 현재 상황을 고수하는 태도"와 함께, 군사혁신의 비전에 압도되어 "혁신 자체를 위한 혁신"을 반복하면서 군사혁신 자체를 무의미하게 하는 행동이라고 지적한다.

지난 모든 시기와 마찬가지로, 현재 시점에서도 새로운 기술이 등장하고 있다. 정보통신기술(ICT)에서 출발한 현재의 기술혁명은 그 범위를 점차 확대하고 있으며, 2020/21년 시점에는 사회경제 전반을 변화시키고 있다. 그리고 이와 같은 기술혁신의 결과 군사부분 또한 변화 가능성에 직면하고 있다. 즉, 현재 시점에서의 화두는 이른바 "4차 산업혁명 기술에 기초한 군사력"을 어떻게 효과적으로 건설하고, 이를 효율적으로 사용할 수 있는 군사조직을 구축하는가이다. 이러한 기술혁신과 변화를 거부하는 것은 패배와 파멸로 가는 지름길이다. 군사혁신의 필요성을 외면한다면 현재 상황에서는 안락하겠지만, 장기적 관점에서는 엄청난 고통과 생존 자체에 대한 위협에 직면할 수 있다. 따라서 변화와 혁신은 필수적이다.

그렇다면 어떻게 혁신해야 하는가? 군사혁신에 대해서는 혁명적 변화의 필요성을 강조하면서 가능한 한 급진적인 아이디어를 제안하는 혁명론자와 새로운 기술과 기존 기술의 통합을 강조하면서 점진적인 관점에서 군사혁신에 접근하는 진화론자의 두 가지 입장이 존재한다. 두 입장 모두 논리적으로 설득력이 있으며, 그 타당성은 결국 경험적인 차원에서 평가되어야 한다. 지난 100~150년의 군사사를 살펴본다면, 새로운 기술을 가장 많이 수용했던 군사조직이 전쟁에서 가장 효과적이지는 않았다. 제1차 세계대전에서의 포병전술 사례, 그리고 1920/30년대 탱크의 집중 사용을 강조했던 영국군의 경험, 제2차 세계대전 이후 미국 육군 및 공군의 경험 등은 급진적 아이디어가 항상 성공적인 군사혁신을 가져온 것은 아니라는 것을 보여 주었다.

문제는 군사혁신의 성공비결이 무엇인지 정확하게 알지 못한다는 사실이며, 그렇다고 해서 군사혁신을 포기하고 현재 상태를 유지하는 것은 패배와 파멸을 보장한다는 사실이다. 여기서 주의해야 하는 사실은 군사혁신의 필요성에 사로잡힌 나머지, 즉 군사혁신의 비전에 압도되어 "혁신을 위한 혁신"에 집중하는 태도이다. 이러한 태도는 정확한 방향성 없이, 조직 차원의 변화와 교리, 훈련, 군 문화 등의 개선은 수반하지 않고 단순히 새로운 군사기술의 도입에만 집중하는 것이다. 이것은 "군사혁신을 하고 있다"는 심리적 안도감을 가져다줄 수는 있지만 제대로 된 군사혁신은 아니다.

현재 시점에서 군사혁신의 필요성을 부정하는 사람은 없다. 다만 군사혁신을 어떻게 성공시킬 것인가에 대한 방법론적 차이가 있을 뿐이다. 이와 같은 방법론에서, 기술 도입에 전향적인 태도는 많은 사람들의 호응을 얻기 쉬우며 정치 지도자들에게 효과적으로 어필하지만, 새로운 기술에 조심스럽고 기존 조직과의 통합을 강조하는 개량적 접근은 '수구적'이라는 비판에 쉽게 노출된다. 그러나 우리는 이 두 가지 접근의 경험적 성과에 대해 보다 정확하게 파악할 필요가 있다.

'전쟁'이라는 인간의 행동은 복잡하고 난해하며, 우리는 여전히 그 성공과 실패의 비결에 대해서 잘 알지 못한다. 때문에 리더십이 중요하다. 군사혁신의 방향성을 설정하고 유지하면서, 동시에 군사혁신에 대해 지속적으로 고민하고 환경의 변화를 —정치적 그리고 기술적 변화를— 파악하고 그 군사적 잠재력을 평가하는 리더십이 필요하다. 이것은 모든 군사조직의 운명이며, 대한민국 육군의 숙명이다.

우선 이렇게 귀중한 자리에 초대해 주시고, 이와 같이 한국 육군 지휘부 앞에서 발표할 수 있어 영광입니다. 저는 이 자리에서 군사기술의 변화와 그에 따른 2030년 전쟁에 대해 몇 가지 말씀을 드리고자 합니다. 오늘 논의할 사안은 매우 중요한 문제입니다.

회의 자체의 맥락은 특이하지만, 적절하다고 생각합니다. "시작된 미래", 아주 멋있는 제목입니다. 이 주제에 대해 생각하는 좋은 방법은 미래전쟁에 대한 논쟁의 역사를 살펴보는 것입니다. 이 문제에 대해서는 매우 오랫동안 많은 군사조직에서 논쟁이 존재했으며, 그 논쟁은 크게 다음과 같이 두 가지 관점으로 나눌 수 있습니다. 첫 번째 관점은 급진론적 사고방식으로 혁명적인 변화가 필요하다고 생각하는 견해이며, 또 다른 관점은 보수적 입장에서 점진적인 개량이 중요하다고 보는 시각입니다.

이러한 급진론과 보수론, 혁명적 변화론자와 점진적 개량론자의 대립은 정책 논쟁에서도 다음과 같은 두 가지 서로 연결되어 있는 믿음이라는 형태로 등장합니다. 첫 번째 믿음은 군사적으로 성공하기 위해서는 군사기술을 절대적인 극한까지 추구해야 한다는 것이며, 미래의 기술적 가능성을 극단적으로 그리고 매우 공격적으로 추구해야 한다는 사고방식입니다. 두 번째 믿음은 혁명적 변화를 추구하는 데 가장 큰 걸림돌은 대규모 군사조직이 가지는 제도적 저항(institutional resistance)이라는 것입니다. 즉, 군사혁명의 장애물은 머릿속은 텅텅 비어 있는 반동적 관료들(head-in-the-sand reactionary bureaucrats), 기관총과 탱크의 시대에 기병 돌격을 고집하는 장군들, 항공모함과 미사일 시대에 전함을 고집하는 제독들, 현실은 모르면서 국방부 높은 자리를 차지하고 펜대나 돌리는 공무원들이라는 믿음입니다. 이러한 관점에서 군사혁신을 실현하려면, 이러한 사람들을 어떻게든지 "움직이도록" 해야 합니다.

무엇이 혁신인지를 파악하는 것은 혁신을 실현시키는 것만큼 어렵지는 않습니다. 혁신의 개념은 결국 변화하지 않는 정태적인 것이 아니라 변화하는 것이라고 합니다. 매력적입니다. 그리고 상당한 영향력을 가지는 주장입니다. 하지만 이러한 두 가지 믿음과 주장 모두 2030년 미래 시점에서 군사기술의 미래를 다루는 데는 별로 도움이 되지 않는다고 생각합니다.

우선 군사적으로 성공하기 위해서는 군사기술을 극단적으로 추구해야 한다는 믿음에 대해 생각해 봅시다. 이러한 믿음은 최근 장거리 미사일과 정밀유도무기, 그리고 네트워크 정보통신기술의 조합으로 나타나는 반접근/지역거부(A2/AD) 능력을 논의하면서 많이 등장합니다. 지난 10년 이상 중국은 A2/AD 능력을 공격적으로 추구했으며, 2030년 또는 그 직후 정도에는 중국 인근 지역에 강력한 A2/AD 네트워크를 구축하여 미국 군사력은 그 지역/해역/공역(airspace)에 접근하기가 어려워질 것이라는 주장이 팽배합니다. 배리 포젠(Barry Posen) 교수가 지적했듯이 미국은 지난 30년간 국제공역을 사실상 지배했으며, 따라서 미국은 1990년 이후 최근까지 미국이 원하는 어느 지점으로도 이동하고 군사력을 전개할 수 있었으며, 어느 해역, 어느 해저, 그리고 1만 5000피트(4500m) 이상의 공중에서 자유롭게 이동할 수 있었습니다.

그러나 국제공역을 지배했던 미국의 능력은 점차 사라지고 있다고 지적됩니다. 중국이 A2/AD 능력을 강화하면서, 미국은 서태평양에서 행동의 자유를 상실하게 될 것이라는 우려가 팽배해 있습니다. 따라서 미국은 중국의 A2/AD 능력을 무력화하고 중국의 지상배치 미사일 전력과 지휘통제시설, 그리고 보급시설을 포착/파괴할 수 있어야 한다고 주장합니다.

이러한 군사작전을 위해 스텔스 능력, 인공지능, 빅데이터, 자율무기체계 등을 적극적으로 개발해야 한다는 결론에 도달합니다. 현재의 기술발전이 공역과 전투지역의 방어를 유리하게 만들고 있으며, 외부의 침입을 더욱 어렵게 하고 있습니다. 따라서 미국 입장에서 현재의 군사혁신을 실현하기 위해서는 군사기술을 더욱 적극적으로 공격적으로 개발해야 한다는 것입니다.

하지만 여기서 논리적인 문제 하나가 등장합니다. 일단 기존 주장이 옳다고 합시다. 즉, 지난 한 세대 동안의 기술발전이 공격이 아니라 방어에 유리하고, 군사기술을 공격적으로 개발하는 것이 여러 이유에서 어렵고, 공격/침투 능력을 사용하는 것이 매우 위험하다고 봅시다. 중국은 이러한 기술적 이점을 이용해 동아시아/서태평양에 강력한 A2/AD 능력을 구축했거나 구축할 것이라고 합시다. 중국의 지상배치 탄도미사일과 지휘통제시설, 그리고 보급시설 등을 마비시키려면, 미국은 중국 영토/영공/영해 깊숙이 침투해야 하고, 수천 제곱킬로미터 지역에서 수천 개의 목표물을 파괴해야 한다고 합시다. 그리고 중국은 공격을 당하는 경우 핵무기를 사용할지 모른다고 가정합시다. 그렇다면 왜 미국은 중국과 같은 방식으로 행동하면 안 될까요? 즉, 우리가 중국을 이길 수 없다면, 우리도 중국처럼 하면 됩니다! 못할 게 뭐가 있을까요?

미국 또한 중국과 같이 그리고 동아시아의 미국 동맹국들도 중국과 같이 강력한 A2/AD 방어망을 구축하고, 중국이 사용하는 군사기술을 그대로 이용해서 미국과 미국 동맹국의 영토/영공/영해를 방어하면 됩니다. 이를 통해 우리는 중국이 일본, 필리핀, 한국 등을 위협하는 경우에 이를 방어하고 억지할 수 있습니다.

우리가 기술발전을 극한으로 추구해야 한다는 주장은 비용 측면에서도 문제가 있습니다. 극한 수준으로 발전된 기술을 획득하는 데 많은 비용이 들어가며, 강력한 파괴력을 가지기 때문에 실제 사용하게 된다면 상황을 악화시킬 수 있습니다.

또 다른 문제는 이것입니다. 군사혁신의 가장 큰 걸림돌이 경직된 사고방식과 조직적 이익 및 저항이라고 합니다. 그렇다면 가장 효과적인 작전개념은 가장 특이하게 생각하는 집단에서 가능할 것입니다. 즉, 군사혁신의 가장 큰 장애물이 소극적인 사고방식이며 변화에 대한 반동적인 저항이라면, 군사혁신의 성공은 변화를 적극적으로 수용하고 급진적인 혁신을 강조하는 경우에만 가능합니다.

그렇다면 이러한 주장은 경험적으로 사실일까요? 지난 100년 또는 150년 동안의 군사사를 살펴봤을 때, 새로운 기술을 잘 받아들였던 군사조직이 전쟁에서 가장 성공적이었을까요? 그렇지 않았습니다. 좀 더 정확하게는 대부분의 경우에서 그렇지 않았습니다.

제1차 세계대전의 사례를 들어 봅시다. 이 전쟁에서 기관총과 철조망, 집중포격 등의 새로운 기술들이 처음으로 집중 사용되었습니다. 1914년 8월 새로운 기술 상황에서 새로운 전투 방식을 찾아야 했던 유럽 장교들은 "보병이 전쟁의 여왕"이었던 군사조직 및 군사문화에서 성장했습니다. 보병이 전쟁 결과를 결정하고, 보병 지휘관이 가장 큰 권위를 차지했으며, 다른 병과는 보병이 전쟁에서 승리하는 것을 지원하는 것이 당연하다고 여겼습니다. 기병의 임무는 보병을 보완하는 것이며, 포병의 임무 또한 보병을 지원하는 것이었습니다. 후일 공군으로 독립되는 항공병과 또한 보병작전을 엄호하는 것이었습니다.

1914년 8월 이와 같은 군사교리는 유럽 군대를 지배했고, 결국 초기 전투에서 모든 국가는 엄청난 사상자를 내고 작전목표를 달성하는 데 실패했습니다. 독일군은 파리를 점령하지 못했고, 독일군을 격퇴하려는 프랑스군의 공격은 독일군 방어진지를 돌파하지 못하고 수만 명의 인명 피해를 내면서 실패했습니다.

이러한 재앙 때문에 변화는 불가피했습니다. 당시 지휘관들은 변화를 시도했습니다. "그냥 이전에 하던 방식대로 공격해야 한다"고 고집했던 장군은 없었습니다. 당시 지휘관들은 자신들이 배웠고 알았던 전쟁/전투에 대한 지식체계 전체를 포기할 준비가 되어 있었습니다. 보병이 전투의 승리와 패배를 결정한다고 배웠고 그렇게 성장했던 지휘관들은 이제 포병 화력에 의존하게 되었습니다. 이전까지 보병을 지원했던 기술병과가 이제 근대 전투의 제왕으로 등극한 것입니다. 프랑스어로는 이 상황을 다음과 같이 설명합니다. "L'artil lerie conquiert, l'infanterie occupe(포병이 정복한다. 보병은 단순히 진주할 뿐이다)."

전쟁 역사에서 이렇게 급진적인 변화는 없었습니다. 단 몇 달 이내에 그 이전의 지식체계는 180도 변화했습니다. 보병의 비중은 줄어들었고, 포병은 지위는 급등했습니다. 하지만 이렇게 급진적이고 혁신적인 아이디어는 정말 나쁜 것이었습니다. 1915년에 들어서도 포병은 정복하지 못했습니다. 유럽 국가들은 엄청난 포병 화력을 집중했지만, 보병이 진주하도록 상대방의 방어진지를 충분히 파괴하지는 못했습니다. 결국 우리가 아는 바로 그 끔찍한 참호전이 진행되었습니다. 즉, 참호전은 앞뒤 꽉 막힌 고루한 장군들이 혁신을 거부했기 때문에 생겨나지 않았습니다. 당시 지휘관들은 매우 독창적이었고, 이전과 다른 생각을 하지 않았던 게 아닙니다. 문제는 당시 지휘관들이 해냈던, 이전과 다른 생각은 그냥 좋은 아이디어가 아니었던 것입니다.

급격하고 혁신적인 아이디어가 그 자체로 반드시 좋은 것은 아닙니다. 급격하고 혁신적이라는 것이 아이디어 자체가 좋다는 것을 보장하지는 않습니다. 그리고 이러한 사정은 1915년에만 국한되지 않습니다. 양차 대전 사이에도 탱크, 항공기, 무선통신과 관련해서 동일한 문제가 발생했습니다. 당시 유럽 국가들은 이러한 기술의 잠재력에 대해서 잘 알고 있었고, 탱크, 항공기, 무선통신을 대대적으로 도입하고 이것을 어떻게 사용할 것인지 파악하기 위해 노력했습니다.

저명 군사이론가인 바실 리델 하트(Basil Liddell Hart), J. F. C. 풀러(J. F. C. Fuller), 퍼시 호바트(Percy Hobart)의 영향을 받은 영국 육군은 매우 급진적인 변화를 통해 새로운 기술을 활용하려고 했습니다. 우리는 보통 탱크를 집중해서 사용하고 독립적으로 편성하여 해전에서 순양함이 작전하듯이 빠른 속도를 이용하여 상대방 진영에 깊게 침투하여 헤집을 수 있는 새로운 군사기술로 생각합니다. 이러한 고속/종심 공격을 통해 1915~1918년의 처참했던 참호전을 회피하고 결전(decisive warfare)을 통해 전쟁에서 승리할 수 있다고 보았습니다.

만약 탱크를 이렇게 사용하려고 했다면, 탱크에 대규모 보병을 함께 편성하고 포병 화력을 집중하거나 공병 및 기타 지원 부대를 배속해서 탱크가 가지는 기동성을 저해해서는 안 됩니다. 따라서 영국 육군의 기갑사단은 탱크 중심으로 편성되었으며, 제2차 세계대전 초기 어떤 국가의 탱크부대에 비해서도 탱크의 비중이 높았습니다.

반면 독일은 반대로 행동했습니다. 많은 경우 독일군은 급격한 혁신을 시도한 것으로 평가되지만, 실제로는 매우 조심스럽고 보수적으로 행동했습니다. 독일 육군은 제1차 세계대전의 경험을 검토하고, 탱크와 항공기 그리고 무선통신의 잠재력을 연구한 다음, 이러한 기술을 적절하게 활용할 수 있는 방안은 1918년 당시 독일군 보병사단과 같이 모든 병과를 하나로 통합하는 것이라는 결론에 도달했습니다. 1939/40년 독일 기갑사단에는 많은 보병과 포병 그리고 공병 및 지원 부대가 같이 편성되어 있었으며, 공군과의 합동작전 또한 중요하게 간주되었습니다. 독일은 1917/18년 탱크를 가지고 있지 않은 상태에서 제병협동(諸兵協同, Combined Arms) 개념을 개발했고, 1930년대 말에는 여기에 탱크를 추가하면서 독일 특유의 기갑사단을 창조해 냈습니다. 즉, 동일한 기갑사단이라고 해도, 1940년 독일 기갑사단은 오히려 1918년 독일 보병사단과 유사했고 1940년 영국 기갑사단과는 상당한 차이가 있었습니다.

1940년 5월 영국과 독일의 기갑부대는 프랑스에서 격돌했습니다. 급진적이고 혁신적이었던 독립된 탱크 중심의 영국군 기갑부대와 제병협동에 기초하여 점진적으로 개량된 독일군 기갑부대의 격돌 결과는 우리 모두가 알고 있습니다. 불과 몇 주 지나지 않아, 프랑스는 패전하고 독일에 항복했습니다. 보병과 포병의 지원을 받지 못하는 탱크만으로 편성된 영국군 기갑부대의 반격은 독일군 대전차포 방어망을 돌파하지 못했습니다. 현재 시점에서 우리는 제병협동이 중요하며, 탱크만으로는 잘 구축된 방어선을 돌파할 수 없다는 사실을 알고 있습니다. 독일 육군은 이 교훈을 1917/18년의 경험에서 잘 파악하고 점진적으로 개선하는 방식으로 혁신을 추구했으나, 영국 육군은 오히려 급진적이고 혁명적인 아이디어를 추구했습니다. 그리고 모두 아시다시피 실패했습니다. 영국의 급진론은 급진적인 실패였습니다.

이와 같은 사례가 제2차 세계대전에 국한된 것일까요? 제2차 세계대전 이후 미국 공군은 미래전쟁에서는 핵무기가 모든 것을 지배할 것이라고 확신했습니다. 때문에 미국 공군은 "이제 육군에 대한 근접항공지원(close air support)이나 제공권 확보를 위한 근접항공전(dog-fight)을 하지 않아도" 되고 핵무기가 존재하는 세계에서 "공군의 임무는 핵폭탄을 가지고 전략폭격을 수행"하는 것이라고 판단, 이에 기초하여 공군을 재조직했습니다. 그 결과 미국 공군은 한국전쟁과 베트남 전쟁에서 핵공격이 아니라, 제2차 세계대전 방식의 핵무기를 사용하지 않는 공중전을 수행해야 했지만, 이에 대한 준비는 부족했습니다. 미국 공군은 상당히 급진적인 비전을 가지고 군사기술과 전쟁의 양상보다 빨리 움직이려고 했습니다. 하지만 그로 인해 상당한 대가를 치렀습니다.

미국 육군 또한 동일한 급진론을 채택했지만, 성과는 좋지 않았습니다. 핵무기가 등장하면서, 미국 육군은 전통적인 대규모 제병협동의 지상전투부대 구조를 포기하고, 소규모 부대가 독립적으로 기동하고 넓은 지역에 분산된 채 작전하면서 필요한 경우에는 핵무기를 사용해 소련의 재래식 군사력을 분쇄하는 펜토믹 사단(Pentomic Division) 개념을 채택했습니다. 하지만 이 개념은 실전에서 검증되지도 못했습니다. 미국 육군은 야전훈련을 통해 펜토믹 사단 개념을 반복적으로 테스트하여, 이것은 "너무나 혁신적이고, 기존 개념과는 많이 다르고, 동시에 실용적이지도 않다"라는 결론에 도달했습니다. 전장에 넓게 퍼져 있는 소규모 전투부대 전체에 보급망을 유지할 방법이 없었으며, 때문에 미국 육군은 펜토믹 사단 체계를 포기했습니다.

지금까지 말씀드린 지난 100년 동안의 역사적 사례에서 우리가 도출할 수 있는 결론은 이것입니다. 새로운 기술이 등장하는 상황에서 가장 혁신적인 해결책이 가장 훌륭한 해결책이며, 기존 방식과 가장 다른 아이디어가 가장 좋은 아이디어이며, 기술 변화를 극단으로 추구하는 방식이 가장 뛰어난 방안이라는 생각은 사실과 다르다는 것입니다. 즉, 너무나 많이 혁신(over-innovate)하는 것이 가능한 만큼 너무나 적게 혁신(under-innovate)하는 것 또한 가능합니다.

하지만 그렇다고 해서 우리가 혁신을 하지 않고 가만히 있을 수는 없습니다. 변화를 거부하는 것은 파멸로 가는 지름길입니다. 인간의 모든 행동은 변화를 수반하기 때문에, 결국 문제는 어떠한 변화이냐 하는 것입니다. 낮은 수준이며 점진적으로 늘 하던 방식을 유지하는가, 아니면 급진적인 방식으로 혁명적 변화를 추구하는가의 문제입니다. 지난 150년 동안의 역사가 알려 주는 것은 급진적 방법이 사실 별로 혁신적이지는 않다는 사실입니다. 즉, 군사혁신에서 문제점은 혁신을 너무 적게 하는 것이 아니라 혁신을 너무 많이 하는 것일 수도 있습니다.

2030년의 군사기술을 예측하고 이에 정확히 대비하기 위해서는 우리가 추구하는 군사기술을 올바르게 예측하고 동시에 그 군사기술을 사용하기 위해 필요한 작전개념과 조직 그리고 교리를 구상해야 합니다. 군사혁신 문제에 있어서 대충 행동할 수는 없습니다. 이를 위해서는 전쟁에서의 인과관계를 파악하는 데 집중해야 하고, 지속적으로 문제를 조사하고 연구해야 하며, 전쟁이라는 인간의 행동이 매우 복잡하고 난해하다는 사실을 우선 인정해야 합니다.

여기 자리한 여러분은 한국 육군의 지휘부로서 2030년 시점의 군사기술의 미래를 파악하고 대비하는 데 책임을 지는 분들일 것입니다. 따라서 군사혁신 문제를 추진하는 데 그리고 전쟁수행에서의 인과관계를 검토하는 데 있어 최고의 집단이기도 합니다.

다시 한번 이번 회의에 초청해 주시고, 이렇게 제 의견을 말씀드릴 기회를 주셔서 감사합니다. 군사혁신은 어렵고 동시에 매우 중요한 문제입니다. 군사혁신을 위한 여러분의 여정에 행운이 깃들기를 기원합니다. 감사합니다.

부록 2

육군력 포럼 육군참모총장 환영사

육군은 '내일이 더 강한 육군,
내일이 더 좋은 육군'을 만들어
'한계를 넘어서는 초일류 육군'을
건설할 것입니다

기관총은 현재 분대급 지원 화기로 운용되고 있지만, 이러한 뛰어난 능력에도 불구하고 개발 이후 정식 채택되는 데까지 40년이라는 시간이 소요되었습니다. 제1차 세계대전 당시 전차에 대한 개념을 세우고 처음 전투에 투입한 나라는 영국이었지만, 정작 더 강한 전차와 교리를 만들어 제2차 세계대전에서 활용한 나라는 독일이었습니다.

역사적으로 군사혁신은 쉽지 않은 길이었고, 혁신을 이루지 못한 나라는 큰 대가를 치러야 했습니다.

지금 우리 육군은 4차 산업혁명 기술을 통한 첨단과학기술군 건설, 국방개혁 2.0 추진, 전작전 전환 이후의 국방 태세의 근본적인 변화, 코로나-19와 같은 비전통적 안보위협으로 인해 뼈를 깎는 혁신의 필요성을 절감하고 있습니다.

이러한 엄중한 인식 속에서 육군은 전방위적 안보위협에 대응하고 미래전장을 주도할 수 있도록 작년에 육군비전 2030을 선포하고

'한계를 넘어서는 초일류 육군'을 건설하기 위한 도약적 변혁에 매진하고 있습니다.

벌써 6회를 맞은 육군력 포럼은 미래로 향하는 육군의 역할을 재조명하고 발전을 위한 이론적 바탕을 제시하는 소중한 자리입니다. 특히 올해는 '시작된 미래, 비전을 현실로'라는 주제로 육군비전 2030 구현을 위한 조직과 제도의 변화, 외국 군의 군사혁신 사례, 국방 우주력 발전을 위한 역할 등 미래 육군의 방향을 제시하고자 합니다.

오늘의 포럼을 통해 '내일이 더 강하고, 내일이 더 좋은 육군'을 실현하기 위한 다양한 의견이 제시되고 서로 영감을 주어, 장차 실효성 있는 정책으로 발전될 수 있기를 기대합니다.

온라인을 비롯해 직접 참석하고 함께해 주신 모든 분들께 다시 한번 진심으로 감사의 말씀을 드리며, 앞으로도 육군에 대한 여러분의 변함없는 성원을 부탁드립니다. 감사합니다.

2020.10.29.

남영신

육군참모총장 대장 남영신

참고문헌

제1장

대한민국 육군. 2019.8.9. 「육군 2030년을 향하여! 한계를 넘어서는 초일류 육군」. 육군본부.

_____. 2019.5.31. 「육군비전 2030: 국방일보 연재 모음」. 육군본부.

Allison, Graham T. 2017. *Destined for War: Can American and China Escape Thucydides Trap?* Boston: Houghton Mifflin Harcourt.

Andres, Richard B., Craig Wills, and Thomas Griffith, Jr. 2005/06. "Winning with Allies: The Strategic Value of the Afghan Model." *International Security*, Vol. 30, No. 3 (Winter), pp. 124~160.

Arreguin-Toft, Ivan M. 2001. "How the Weak Win Wars: A Theory of Asymmetric Conflict." *International Security*, Vol. 26, No. 1 (Summer), pp. 93~128.

Buzan, Barry. 2004. *The United States and the Great Powers*. Cambridge: Polity Press.

Cohen, Eliot. 1996. "A Revolution in Warfare." *Foreign Affairs*, Vol. 75, No. 2 (March/April), pp. 37~54

Feaver, Peter D. 1998. "Blowback: Information Warfare and the Dynamics of Coercion." *Security Studies*, Vol. 7, No. 4 (Summer), pp. 88~120.

Gilpin, Robert. 1981. *War and Change in World Politics*. New York: Cambridge University Press.

Hirschman, Albert O. 1970. *Exit, Voice, and Loyalty: Responses to Decline in*

Firms, Organizations, and States. Cambridge, MA: Harvard University Press.
Horowitz, Michael. 2010. *The Diffusion of Military Power: Causes and Consequences for International Politics*. Princeton: Princeton University Press.
Krepinevich, Andrew F. 1994. "Calvary to Computer: The Pattern of Military Revolutions." *The National Interest*, No. 37 (Fall), pp. 30~42.
Lyall, Jason and Isiah Wilson. 2009. "Rage Against the Machines: Explaining Outcomes in Counterinsurgency Wars." *International Organization*, Vol. 63, No. 1 (January), pp. 67~106.
Mack, Andrew. 1975. "Why Big Nations Lose Small Wars: The Politics of Asymmetric Conflict." *World Politics*, Vol. 27, No. 2 (January), pp. 175~200
Marshall, Monty G. and Keith Jaggers. POLITY IV Project Data User's Manual, p. 13. (https://home.bi.no/a0110709/PolityIV_manual.pdf)
Mearsheimer, John J. 2010. "The Gathering Storm: China's Challenge to U.S. Power in Asia." *Chinese Journal of International Politics*, Vol. 3, No. 4 (Winter), pp. 381~396.
Mir, Asfandyar. 2018. "What Explains Counterterrorism Effectiveness? Evidence from the U.S. Drone War in Pakistan." *International Security*, Vol. 43, No. 2 (Fall), pp. 45~83.
Schneider, Barry R. and Lawrence E. Grinter (eds.). 1998. *Battlefield of the Future: 21st Century Warfare Issues*. Maxwell Air Force Base: Air University Press.
Sloan, Elinor C. 2002. *Revolution in Military Affairs*. Montreal: McGill University Press.
Suri, Jeremi. 2017. "How 9/11 Triggered Democracy's Decline." The Washington Post, September 11, 2017.
Waltz, Kenneth N. 1979. *Theory of International Politics*. New York: McGraw Hill.

제2장

구혜정. 2019. 「4차 산업혁명 시대 한국군의 군사혁신 발전방향」. ≪군사연구≫, 제148집.

권혁철·이창원. 2013. 「한국군의 조직문화 차이에 관한 실증적 연구」. ≪한국 사회와 행정연구≫, 제23권 제4호.

김동식 외. 2003. 「미래전 수행을 위한 육군문화 발전방안」. ≪전투발전≫, 한국전략문제연구소.

부형욱. 2011. 「전략기획의 이론적 논의와 실무적 효용성 논의 간의 부정합에 관한 고찰」. ≪국방정책연구≫, 제27권 제2호.

_____. 2015. 「창조국방과 북한 핵·미사일 대응」. ≪항공우주력연구≫, 제3집.

신인호·김용삼. 2019. 「한국 육군의 드론봇 발전과 전술개념 혁신방향」. ≪국방과 기술≫, 제486호.

정연봉. 2019. 「베트남전 이후 미 육군의 군사혁신이 한국 육군의 군사혁신에 주는 함의」. ≪군사연구≫, 제147집.

정용석. 2019. 「국방개혁 2.0 시대 군조직의 혁신성에 대한 고찰」. ≪국방정책연구≫, 제35권 제3호.

최병욱. 2019. 「국방개혁 추진, 어떻게 해야 하나?」. ≪국방정책연구≫, 제35권 제2호.

한희. 2014. 「창조국방의 개념과 방향」. 제1회 창조국방 대토론회 발표자료.

Durant, R. 2008. "Sharpening a Knife Cleverly: Organizational Change, Policy Paradox, and the Weaponizing of Administrative Reforms." *Public Administration Review*, Vol. 68, No. 2.

English, A. 2004. *Understanding Military Culture*. Montreal: McGill University Press.

Garicano, L. and L. Rayo. 2016. "Why Organizations Fail." *Journal of Economics Literature*, Vol. 54. No. 1.

Giles, Sunnies. 2018. *The New Science of Radical Innovation*. Benbella Books; Dallas TX.

Greve, H. 2011. "Fast and Expensive: The Defusion of a Disappointing Innovation." *Strategic Management Journal*, Vol. 32, No. 9.

James Burk (ed.) 1998. *Adaptive Military: Armed Forces in a Turbulent World*. New Brunswick, NJ: Transaction.

Lendrem, Dennis W. 2013. "Torching the Haystack: Modelling fas-fail strategies in drug development." *Drug Discovery Today*, Vol. 18.

Lewis, M. 2004. "Army Transformation and Junior Officer Exodus." *Armed Forces & Society*, Vol. 31, No. 1.

Record, J. 2005. "Why the Strong Lose." *Parameters*, Vol.35 No.4.

Vego, Milan. 2013. "On Military Creativity." *Joint Force Quarterly*, Iss. 70.

Virk, R. 2020. *Fail Fast, Pivot Quickly, Startup Myths and Models*. Columbia University Press.

제3장

대통령 국군의 날 기념사. 2020.9. https://www1.president.go.kr/articles/9234

대통령 국방과학연구소 방문 발언. 2020.7. https://www1.president.go.kr/articles/8923

엔테비, 리란(Liran Antebi). 2020.「무인항공기를 50년간 개발하고 운용하면서 이스라엘이 얻은 교훈들」. 이근욱 엮음.『도전과 응전, 그리고 한국 육군의 선택』. 한울아카데미.

이근욱. 2017.「전쟁과 군사력, 그리고 과거와 미래」. 이근욱 엮음.『미래 전쟁과 육군력』. 한울아카데미.

_____. 2020.「붉은 여왕과 민주주의 그리고 비전 2030: 한국 육군의 도약적 발전과 미래」. 이근욱 엮음.『도전과 응전, 그리고 한국 육군의 선택』. 한울아카데미.

이장욱. 2019.「육군의 첨단 전력과 21세기 육군의 역할: 5대 게임체인저를 중심으로」. 이근욱 엮음.『전략환경 변화에 따른 한국 국방과 미래 육군의 역할』. 한울아카데미.

Biddle, Stephen. 2004. *Military Power: Explaining Victory and Defeat in Modern Battle*. Princeton, NJ: Princeton University Press.

Biddle, Stephen and Ivan Oelrich. 2016. "Future Warfare in the Western Pacific: Chinese Antiaccess/Area Denial, U.S. AirSea Battle, and Command of the

Commons in East Asia." *International Security*, Vol. 41, No. 1 (Summer), pp. 7~48.

Brose, Christian. 2019. "The New Revolution in Military Affairs." *Foreign Affairs*, Vol. 98, No. 3 (May/June), pp. 122~134.

_____. 2020. *The Kill Chain: Defending America in the Future of High-Tech Warfare*. New York: Hachette Book Group.

Clausewitz, Carl von. 1984. *On War, edited and translated y Michael Howard and Peter Paret*. Princeton, NJ: Princeton University Press.

Congressional Research Service. 2020.8.27. Hypersonic Weapons: Background and Issues for Congress. Washington, DC.

Harvey, Benjamin. 2019. "Weakened Iran Shows It Can Still Hold the Global Economy Hostage." *Bloomberg*, September 19.

Lieber, Keir A. and Daryl G. Press. 2017. "The New Era of Counterforce: Technological Change and the Future of Nuclear Deterrence." *International Security*, Vol. 41, No. 4 (Spring), pp. 9~49.

O'Hanlon, Michael. 2019. *A Retrospective on the So-Called Revolution in Military Affairs, 2000-2020*. Brookings Institute Press.

_____. 2019. *Forecasting Change in Military Technology, 2020-2040*. Brookings Institute Press.

Owens, William. 2002. *Lifting the Fog of War*. Baltimore, MD: Johns Hopkins University Press.

Scharre, Paul. 2019. *Army of None: Autonomous Weapons and the Future of War*. New York: W. W. Norton & Company.

The Economist. 2019. "Gliding Missiles that Fly Faster than Mach 5 Are Coming." *The Economist*, April 6th.

Waldrop, M. Mitchell. 2016. "The Chips are Down for Moore's Law." *Nature*, February 9. http://www.nature.com/news/the-chips-are-down-for-moore-s-law-1.19338

Wolf, Martin. 2015. "Same As It Ever Was." *Foreign Affairs*, Vol. 94, No. 4 (July/August), pp. 15~22.

제5장

설인효. 2012. 「군사혁신(RMA)의 전파와 미중 군사혁신 경쟁: 19세기 후반 프러시아-독일 모델의 전파와 21세기 동북아 군사질서」. ≪국제정치논총≫, 52 (3).

이장욱. 2018. 「육군의 첨단전력과 21세기 육군의 역할: 5대 게임체인저를 중심으로」. 이근욱 엮음. 『전략환경 변화에 따른 한국 국방과 미래 육군의 역할』. 한울아카데미.

이홍석. 2020. 「중국 강군몽 추진동향과 전략」. ≪중소연구≫, 44 (2).

차정미. 2019. 「북중관계의 지정학: 중국 지정학 전략 변화와 대북 지정학 인식의 지속을 중심으로」. ≪동서연구≫, 31 (2).

_____. 2020. 「4차 산업혁명 시대 중국의 군사혁신: 군사지능화와 군민융합(CMI) 강화를 중심으로」. ≪국가안보와 전략≫, 20 (1).

Blasko, Dennis J. 2011. "'Technology Determines Tactics': The Relationship between Technology and Doctrine in Chinese Military Thinking." *The Journal of Strategic Studies*, 34 (3).

_____. 2017. "What is Known and Unknown about Changes to the PLA's Ground Combat Units." *China Brief*, 17 (7).

Burmaoglu, Serhat and Ozcan Saritas. 2017. "Changing characteristics of warfare and the future of Military R&D." *Technological Forecasting & Social Change*, 116.

China Military Online. 2020.3.11. "PLA Army to host 'Crossing Obstacles 2020' land-based unmanned system competition".

Clark, Bryan, Dan Patt, and Harrison Schramn. 2020. "Mosaic Warfare: Exploiting Artificial Intelligence and Autonomous System to Implement Decision-Centric Operations." Center for Strategic and Budgetary Assessments.

CRS. 2019. "U.S. Ground Forces Robotics and Autonomous Systems (RAS) and Artificial Intelligence (AI): Considerations for Congress." 2018.11.20.

Dahm, Michael. 2020.6.5. "Chinese Debates on the Military Utility of Artificial Intelligence".

Gady, Franz-Stefan. 2020.4.8. "Interview: Ben Lowsen on Chinese PLA Ground

Forces." *The Diplomat*.

Kania, B. Elsa. 2019. "Chinese Military Innovation in Artificial Intelligence." *Center for New American Security*.

Liao, Kai. 2020. "The Future War Studies Community and the Chinese Revolution in Military Affairs." *International Affairs*, 96 (5).

Lye, Harry. 2020.1.20. "Could China dominate the AI arms race?" *Army Technology*.

Maizland, Lindsay. 2020.2.5. "China's Modernizing Military." CFR.

McGleenon, Brian. 2020.4.26. "China's military developing 6G internet to power AI army of the future." *Express*.

Nathan, Andrew J. and Andrew Scobell. 2012. *China's Search for Security*. Columbia University Press.

Newmyer, Jacqueline. 2010. "The Revolution in Military Affairs with Chinese Characteristics." *Journal of Strategic Studies*, 33 (4).

Office of Sectretary Defense of US. 2020. "Annual Report to Congress — Military and Security Developments Involving the People's Republic of China 2020".

Panda, Jagannath P. 2009. "Debating China's 'RMA-Driven Military Modernization': Implications for India." *Strategic Analysis*, 33 (2).

Pillsbury, Michael. 2000. *China debates the future security environment*. Washington, DC : National Defense University Press.

The Economic Times. 2019.1.22. "China reduces army by half ", "increases size of navy, air force in big way".

The White House. 2020.5. "United States Strategic Approach to the People's Republic of China".

Wang, Baocun and James Mulvenon. 2000. "China and the RMA." *Korea Journal of Defense Analysis*, 12 (2), pp. 275~303.

科技日报. 2019.7.10. "'陆上智能-2019'陆军无人化智能化建设运用论坛在京召开".

口立文. 2019. "改革开放四十年中国陆军武器装备建设回顾." ≪中国经贸导刊≫, 2019年第3期.

唐向东. 2020. “加强新时代陆军军事科技人才队伍建设的思考.” ≪军事交通学院学报≫, 第22卷 第1期.
大公报. 2020.6.8. “‘锐爪’无人战车 增步兵杀伤力”.
腾讯新闻. 2020.5.16. “中国军工取得重大成就、无人战车正式服役、外形小巧但杀伤力惊人”.
吕晓勇. 2018. “新时代国防和军队建设的科学指南: 习近平新时代强军思想解读.” ≪当代中国史研究≫, 25 (1).
廖可铎. 2016. “加快建设强大的现代化新型陆军.” 中国军网, 2016.3.29.
刘炳峰. 2019. “毛泽东完整提出‘四个现代化’目标的前前后后.” ≪中华魂≫, 2019年10期.
刘晗茵. 2019. “新时代习近平强军思想研究.” 贵州师范大学 硕士论文.
刘华清. 1993. “坚定不移地沿着建设有中国特色现代化军队的道路前进.” 人民网, 1993.5.20.
李风雷·卢昊. 2018. “智能化战争与无人系统技术的发展.” ≪无人系统技术≫, 2018.10.25.
林娟娟·张元涛. 2019. “军事智能化正深刻影响未来作战.” 中国国防部, 2019.9.10.
山峰. “国产蜂群系统再次亮相、坦克搭配无人机群、致命缺陷被弥补.” 腾讯新闻, 2020.10.5.
新浪军事. 2019.1.14. “国产一发动机技术取得突破 我陆军将试用彩虹无人机”.
______. 2019.8.20. “中国陆军已列装无人战车 可由99A坦克遥控作战”.
新浪网. 2014.8.31. “习近平在中共中央政治局集体学习时强调 准确把握发展新趋势”.
______. 2020.9.2. “中国首款无人作战平台曝光！中国陆军的进攻将是机器人钢铁洪流”.
新华社. 2016.1.1. “中央军委关于深化国防和军队改革的意见”.
______. 2016.7.27. “习近平: 努力建设一支强大的现代化新型陆军”.
______. 2019.3.11. “发动强军兴军的创新引擎——军队代表委员热议科技兴军”.
岳贵云. 2017. “加速推进陆军智能化作战.” 中国军网, 2017.10.25.
杨 健·柏祥华. 2020. “美军人工智能技术动态研究.” ≪航天电子对抗≫, 2020年第1期.
杨耀辉. 2019. “为新型作战体系画个像.” 解放军报, 2019.6.29.
闫 波. 2020. “加强陆军船艇通信装备建设对策.” ≪军事交通学院学报≫, 第22卷第7期.
吴敏文. 2020. “视野丨美军提出的‘马赛克战’究竟是什么?” ≪环球≫, 2020年第12期.
王彤·李志·王轶鹏. 2020. “自主系统与人工智能对美国陆军多域作战的影响分析.” ≪飞

航导弹≫. 2020年第5期.

人民网-军事频道. 2018.10.25. "专家: 人工智能是推动新一轮军事革命的核心驱动力".

人民日报政文. 2017.4.9. "中国陆军90年:'大陆军'终结、现代化新型陆军登场." 上观新闻.

张 辉. 2018. "新时代国防和军队建设的科学指南: 习近平新时代强军思想解读." ≪广西师范学院学报≫, 39 (6).

张玉乾·宗宝超. 2020. "美国陆军未来司令部管理与运行模式分析." ≪军事文摘≫, 2020年第11期.

赤桦·高杨·吴天天. 2008. "20世纪六七十年代中国战备指导思想浅析." ≪军事历史≫, 2008年5期.

赵 辉. 2014. "我国积极防御战略发展阐析." ≪法制与社会≫, 10 (下).

赵万须. 2019. "毛泽东对我国国防现代化的战略谋划和实践." ≪党的文献≫, 2019年3期.

中国国务院新闻办公室. 2013.4.16. "国防白皮书:中国武装力量的多样化运用".

______. 2015.5.26. "2015中国国防白皮书〈中国的军事战略〉".

______. 2019.7.24. ≪新时代的中国国防≫白皮书全文.

中国国防报. 2016.6.16. "'五个更加注重':军队建设发展的战略指导".

______. 2016.1.1. "中央军委关于深化国防和军队改革的意见".

中国军网综合. 2018.1.9. "陆军对'十三五'装备建设规划进行完善".

______. 2019.3.18. "陆军贯彻转型建设要求奋进新时代纪实".

中国产业信息网. 2019.7.25. "2018年中国空军、海军、陆军及军队武器装备信息化发展趋势分析".

中央军委装备发展部. 2019.11.11. "习近平在中央军委基层建设会议上强调 发扬优良传统 强化改革创新 推动我军基层建设全面进步全面过硬".

智能巅峰. 2020.3.1. "'跨越险阻2020'陆上无人系统挑战赛系列活动(地面部分)预发布信息公告".

澎湃新闻. 2016.12.16. "陆军下发≪十大创新工程总体方案≫、聚焦主建为战".

夏明星·刘红峰. 2015. "积极防御军事战略方针的确立." ≪钟山风雨≫, 2015年6期.

解放军报. 2017.1.1. "阔步强军征程 建设新型陆军—陆军领导机构成立一周年回望".

______. 2017.11.23. "军报: 未来"飞行化无人化"的陆军将主导战场".

许恒兵·翟松峰. 2019. "善于'捉住'主要矛盾." 中国军网. 2019.5.13.

姬文波. 2019. "改革开放以来中国军事战略方针的调整与完善." ≪政治研究≫, 2018年1期.

제6장

국가안전보장회의. 2004.『평화번영과 국가안보』. 서울: 국가안전보장회의 사무처.

김태호. 2019.3.12. "중국 국방개혁: '해양강국' 노림수… 실제 전투력 수준은". ≪중앙일보≫.

_____. 2019.3.9. "중국 국방개혁: 지상군, 정보화 중점… 헬기부대 능력도 키워". ≪중앙일보≫.

_____. 2019.4.3. "중국 국방개혁: 걸프전 충격 빠졌던 중국 공군… F-35스텔스 감당할 수 있나". ≪중앙일보≫.

앨리슨, 그래엄(Graham Allison). 2018.『예정된 전쟁: 미국과 중국의 패권 경쟁, 그리고 한반도의 운명』. 정혜윤 옮김. 서울: 세종서적.

온창일. 2013.『전략론』. 서울: 지문당.

육군. 2019.『육군기본정책서』. 계룡: 육군본부.

한준규. 2019.6.9. "장기전 돌입한 미중 패권경쟁, 한국의 선택은". ≪서울신문≫.

Daniel S. Roper and Jessica Grassetti. 2018. "Seizing the High Ground: United States Army Futures Command." ILW SPOTLIGHT 18-4.

Hass, Richard. 2020. "The Pandemic Will Accelerate History Rather Than Reshape it: Not Every Crisis is a Turning Point." *Foreign Affairs*, April.

IISS. 2019. *The Military Balance 2020*. London: IISS.

Park, M. H. and Chun K. H. 2015. "An Alternative to the Autonomy-Security Trade-off Model: The Case of the ROK-U.S. Alliance." *The Korean Journal of Defense Analysis*, Vol. 27, No. 1.

The White House. 2015. *National Security Strategy of the United States of America*. Washington D.C.: The White House.

_____. 2017. *National Security Strategy of the United States of America*. Washington D.C.: The White House.

Thomas Wright. 2010. "The Point of No Return: The 2020 Election and The Crisis of America Foreign Policy." *Lowy Institute Report*, October.

U.S. Army Training & Doctrine Command. 2017a. "Multi-Domain Battle: Evolution of Combined Arms for the 21st Century, 2025-2040".

_____. 2017b. *The Operational Environment and the Changing Character of Future Warfare*. Washington D.C.: TRADOC.

U.S. Department of Defense. 2018. *Summary of the 2018 National Defense Strategy of the United States of America*. US DoD: Washington D.C.

_____. 2019a. Annual Report to Congress.

_____. 2019b. *Indo-Pacific Strategy Report: Preparedness, Partnerships, and Promoting a Networked Region*. Washington D.C.: US DOD.

제7장

과학기술정보통신부. 2018.「제3차우주개발진흥기본계획」.

_____. 2019.「2019년 우주산업 실태조사」.

_____. 2019.8.「미래국방가교기술개발사업 기획보고서」.

_____. 2020.「2020년도 우주개발진흥시행계획」.

김종범. 2006.6.「우주개발 혁신체제 특성과 영향요인에 관한 국가 간 비교연구」. 고려대학교 박사학위논문.

_____. 2020.6.「국제사회에서의 우주군사력 동향과 한국의 우주전략」. ≪항공우주력연구≫, 제8집.

스즈키 가즈토(鈴木一人). 2011.『우주개발과 국제정치』. 한울아카데미.

이승주. 2019.12.「우주 공간 국제정치의 새로운 동향」. ≪우주정책연구≫, vol.1.

최성환. 2019.『주변국 우주위협 평가』. 한국항공우주학회 2019 추계학술대회 논문집.

Euroconsult. 2019. Government Space Programs.

The Space Report. 2019. Space Foundation.

제8장

고다이 도이후미(五代富文)·나가노 후지오(中野不二男). 2009.『일본과 중국의 우주개발』. 김경민 옮김. 서울: 엔북.

모리, 장-피에르(Jean-Pierre Maury). 1999. 시공디스커버리 총서 『갈릴레오』. 변지현 옮김. 서울: 시공사.
바칼, 사피(Safi Bhacall). 2019. 『룬샷: 전쟁, 질병, 불황의 위기를 승리로 이끄는 설계의 힘』. 이지연 옮김. 서울: 흐름출판.
채연석. 1995. 『눈으로 보는 우주개발이야기』. 서울: 나경문화.
_____. 2002. 『로켓이야기』. 서울: 도서출판 승산.
클라크, 아서(Arthur Clarke). 1980. 라이프/인간과 과학 시리즈 『우주에의 도전』. 서울: 한국일보타임-라이프.
클루거, 제프리(Jeffrey Kluger). 2017. 『인류의 가장 위대한 모험: 아폴로 8』. 제효영 옮김. 서울: RH Korea.
BRYCE Space and Technology. 2018. Start-up Space: Update on Investment in Commercial Space Venture. BRYCE report.
Carlson, Bruce. 2011. "NRO's Historical, Current, and Potential Future Use of Small Satellites." National Reconnaissance Office presentation.
Eenmaa, Sven. 2019.2.14 "Investment Perspectives: Smallsats Focus on Business Execution." ISS360: The ISS National Lab Blog (http://www.issnationallab.org/blog/)
Erwin, Sandra. 2020.8.5. "U.S. military space architecture to bring in commercial systems, small satellites." SpaceNews article.
Euroconsult. 2020. *Prospects for the Small Satellite Market: An Extract*. Euroconsult.
Figliola, Patricia M. 2006. "U.S. Military Space Programs: An Overview of Appropriations and Current Issues." CRS Report for Congress.
Ray, Mark. 2018.9. "Kestrel Eye Block II." Conference Paper (http://www.reearchgate.com/)
Smith, Marcia S. 2006. "Military Space Programs: Issues Concerning DOD's SBIRS and STSS Programs." CRS Report for Congress.
Space Development Agency. 2019. Next Generation Space Architecture, Request for Information. SDA-SN-19-0001.
SpaceWorks. 2020. *Nano/MicroSatellite Market Forecast*, 10th Edition.

Starzyk, Junice et al. 2020.10.12~14. “Smallsats by the Numbers: Growing Smallsat Activitiy and its Implications for the Small Launch Market.” 71st International Astronautical Congress(IAC)-The CyberSpace Edition.

The National Air and Space Intelligence Center. 2018. Competing in Space. The National Air and Space Intelligence Center.

U.S. Department Of Defense. 2018.12.21. Summary of the 2018 National Defense Strategy of the United States of America: Sharpening the American Military's Competitive Edge.

http://www.blacksky.com

http://www.planet.com

http://www.starlink.com

http://www.wikipedia.com

https://directory.eoportal.org/web/eoportal/satellite-missions/s/smdc-one

https://space.skyrocket.de/doc_sdat/snap.htm

https://www.darpa.mil/program/blackjack

찾아보기

ㅈ

ㅊ

지은이 (가나다순)

■ **김동중**

현 서강대학교 교수

고려대학교 학·석사, 시카고대학교 석·박사

하버드대학교 케네디스쿨 연구원, 싱가포르 국립대학교 조교수 역임

주요 연구실적: "Choosing the Right Sidekick: Economic Complements to US Military Grand Strategies" 등

■ **김종범**

현 한국항공우주연구원 정책연구부장

서울대학교 학·석사, 고려대학교 박사

주요 연구실적: 「한국의 항공 정책과 행정의 변천사」 등

■ **라이너 마이어 줌 펠데 (Rainer Meyer zum Felde)**

현 ISPK(Institute for Security Policy at Kiel University) 책임연구원

독일 General Staff 과정 수료

독일 육군 (예) 준장, 나토 연합군 최고사령부 정책부서장 및 선임자문위원 역임

주요 연구실적: "Was bedeutet strategische Autonomie Europas?" 등

■ **부형욱**

현 한국국방연구원 책임연구원

서울대학교 학·석사, 버지니아텍 박사

청와대 안보실 선임행정관, 고려대학교 아세안문제연구소 전문위원 역임

주요 연구실적: 「안보위협의 진화와 우리 군의 임무」 등

■ **박민형**

전 국방대학교 교수

육군사관학교 학사, 국방대학교 석사, 리즈대학교 박사

국방대 안보문제연구소 군사전략연구센터장 역임

주요 연구실적: 「대북 군사전략 개념의 확장: 소진전략을 중심으로」 등

■ **스테판 비들** (Stephen Biddle)

현 컬럼비아대학교 교수

하버드대학교 학·석·박사

미 국방부 정책연구위원, 합동전략평가팀 역임

주요 연구실적: *Military Power* 등

■ **이근욱**

현 서강대학교 교수
서울대학교 학·석사, 하버드대학교 박사
서강대학교 육군력연구소 소장, 육군발전 자문위원
주요 연구실적: 『이라크 전쟁』(개정판), 『왈츠 이후』, 『냉전』, 『쿠바 미사일 위기』 등

■ **주광혁**

현 한국항공우주연구원 기술연구본부장
서울대학교 학·석사, 텍사스 A&M 대학교 박사
주요 연구실적: 「항공우주용 빅데이터 처리 및 분석기술 개발 현황」 등

■ **차정미**

현 국회미래연구원 부연구위원
연세대학교 통일연구원 연구원
연세대학교 학·석·박사
대통령비서실 외교안보/정무수석실 선임행정관, 국가안보전략연구소 선임연구원 역임
주요 연구실적: 「4차 산업혁명 시대 중국의 군사혁신: 군사지능화와 군민융합(CMI) 강화를 중심으로」 등

한울아카데미 2334
서강 육군력 총서 6

시작된 미래, 비전을 현실로

기획 서강대학교 육군력연구소
엮은이 이근욱
지은이 김동중·김종범·라이너 마이어 줌 펠데·부형욱·박민형·스테판 비들·이근욱·주광혁·차정미
펴낸이 김종수
펴낸곳 한울엠플러스(주)
편집 배소영

초판 1쇄 인쇄 2021년 11월 5일
초판 1쇄 발행 2021년 11월 15일

주소 10881 경기도 파주시 광인사길 153 한울시소빌딩 3층
전화 031-955-0655
팩스 031-955-0656
홈페이지 www.hanulmplus.kr
등록번호 제406-2015-000143호

ISBN 978-89-460-7334-0 93390

Printed in Korea.
※ 책값은 겉표지에 표시되어 있습니다.

도전과 응전, 그리고 한국 육군의 선택

- 서강대학교 육군력연구소 기획 | 이근욱 엮음 | 남보람·리란 앤테비·설인효·신성호·엠마 스카이·이근욱·존 브라운·최현진 지음
- 2020년 10월 15일 발행 | 신국판 | 272면

한국 육군의 군사혁신, '도전과 응전'

'도전과 응전'이라는 관점에서 군사혁신, 특히 한국 육군의 군사혁신을 분석하는 것은 상당한 장점을 가진다. 모든 군사조직은 항상 도전에 직면한다. 한국 육군을 비롯한 모든 군사조직은 전쟁에서는 아군을 섬멸하려는 적과의 대결이라는 생명을 건 도전에 직면하며, 평화 시에는 정치상황의 변화와 군사기술의 발전에 따라 군사력 구성을 계속 변화시켜야 하는 도전에 직면한다.

이 가운데 군사혁신은 평화 시 정치변화 및 기술발전이라는 도전에 응전하는 과정이며, '도전과 응전' 과정에서 성공하기 위해서는 군사조직의 수뇌부가 창조적으로 조직 전체의 응전을 효과적으로 선도해야 한다.

전략환경 변화에 따른 한국 국방과 미래 육군의 역할

- 서강대학교 육군력연구소 기획 | 이근욱 엮음 | 그래엄 앨리슨·김진아·김태형·브렌단 그린·이근욱·이장욱·황지환 지음
- 2019년 4월 1일 발행 | 신국판 | 294면

2017/18년 한반도 전략환경은 급변했다. 이러한 변화를 어떻게 파악할 것인가? 그리고 변화한 전략환경에서 대한민국 육군은 어떻게 행동해야 하는가?

군사적 부분에서 내생적으로 발생하지 않고 외부에서 주어지는 정치환경 및 군사기술 등을 전략환경으로 정의한다면, 2017/18년 한반도 전략환경은 급변했다. 2017년 북한의 지속적인 핵실험과 탄도 미사일 실험으로 위기가 고조되었다면, 2018년 남북정상회담과 북미정상회담 등으로 위기 해소와 협상을 통한 비핵화 가능성이 본격적으로 논의되었다.

이 책은 바로 이러한 상황에서 한반도 전략환경의 변화에 따른 한국의 국방과 대한민국 육군의 역할을 다루었다. 전략환경의 변화는 쉽게 파악하기 어렵다. 하지만 변화를 파악하는 것 자체는 피할 수 없으며, 그 변화를 적절하게 파악하지 못한다면 국방과 안보는 심각한 위험에 빠지게 된다. 또한 전략환경의 변화를 소극적으로 수용하고 적응하는 것을 넘어, 보다 적극적으로 전략환경 자체를 조성하도록 노력해야 한다.

민군관계와 대한민국 육군

- 서강대학교 육군력연구소 기획 | 이근욱 엮음 | 공진성·김보미·니브 파라고·리처드 베츠·수잰 닐슨·이근욱·최아진 지음
- 2018년 6월 20일 발행 | 신국판 | 240면

'건전한 민군관계'는 결국 대화와 소통에 기초해야 한다

'건전한 민군관계'는 결국 대화와 소통에 기초해야 한다. 정치 지도자들과 군 지휘부는 국방 및 안보 관련 사안에 대해 지속적으로 대화하고 의견을 교환해야 한다. 많은 경우에 이야기되는 '인력과 자원을 제공하고 권한을 위임'하는 방식에서는 대화가 존재하지 않는다. 정치적인 신뢰를 얻어 강력한 권한을 위임받았다고 하더라도, 정치 지도자와 군 지휘부는 많은 문제에 대해 의견을 교환하고 대화를 통해 상대방의 의도를 파악해야 한다.

어떠한 경우에서도 최종 결정권한은 정치 지도자에게 있고 군 지휘부는 정치 지도자의 최종 결정을 수용해야 하기 때문에, 결정이 이루어지는 과정에서 민군(民軍) 간의 대화는 불평등하다. 그러나 이러한 불평등한 대화(unequal dialogue)는 권한에 대한 것이며, 대화 자체는 평등해야 한다. 평등하지 않은 대화는 비효율적이고 경우에 따라서는 위험할 수 있다. 즉 불평등한 권한에 기초한 평등한 대화(equal dialogue, unequal authority)를 유지하는 것이 핵심이다.

미래 전쟁과 육군력

- 서강대학교 육군력연구소 기획 | 이근욱 엮음 | 고봉준·마틴 반 크레벨드·이근욱·이수형·이장욱·케이틀린 탈매지 지음
- 2017년 6월 20일 발행 | 신국판 | 208면

한국 육군은 변화하는 미래를 어떻게 예측해야 할까
그리고 전쟁의 방어·공격 능력은 어떻게 구축해야 할까

'미래 전쟁'은 모든 군사조직이 직면하게 되는 핵심 문제이다. 미래 전쟁에 대한 분석은 매우 어려우며, 많은 군사조직이 이를 예측하는 데 실패하였다. 한국 육군 또한 이러한 '미래 전쟁'의 문제를 해결해야 한다. 우리에게는 전쟁이 수행되는 미래 세계의 정치적 환경 변화와 관련된 예측이 필요하다. 또한 정치적 환경 변화와는 무관하게 군사기술적 수준에서 결정되는 전쟁의 양상도 있다.

한국 육군은 전쟁이 일어나기 이전에는 전쟁을 억지/억제하기 위해 응징 능력을 갖추고, 최악의 경우 전쟁이 발발하였을 때 사용할 수 있는 방어와 공격 능력을 구축해야 한다. 그렇다면 한국 육군은 지금까지 이러한 임무를 어떻게 수행하였는가? 그리고 이를 위해서는 어떠한 노력이 필요한가? 이 책은 이에 대한 심도 있는 연구를 담고 있다.

21세기 한국과 육군력

역할과 전망

- 서강대학교 육군력연구소 기획 | 이근욱 엮음 | 니브 파라고·설인효·오스틴 롱·이근욱·이장욱·황지환 지음
- 2016년 6월 21일 발행 | 신국판 | 280면

핵과 탄도미사일을 가진 북한에 맞서야 하는 시대
대한민국 육군은 어떤 전쟁을 준비해야 하는가

전쟁과 군사력은 국가의 생존과 직결되며, 따라서 이를 둘러싼 환경은 매우 빠른 속도로 변화한다. 하지만 "지휘관들은 항상 지난번 전쟁을 싸운다"라는 경구가 말해주듯이 많은 국가와 군사조직이 그러한 변화에 적응하는 데 실패했다. 그렇다면 지금 현재 한국은 어떠한가? 21세기 전쟁과 그 전쟁을 규정하는 안보 환경의 특성은 무엇인가? 그리고 이러한 상황에서 한국은, 특히 한국 육군은 어떠한 역할을 수행해야 하며, 그 전망은 어떠한가?

이 책은 이런 질문에 답하고자, 그동안 미국과 이스라엘의 육군이 실전에서 경험한 성공과 실패의 원인을 분석하고, 거기서 한국 육군이 취해야 할 교훈을 찾는다. 또한 그동안 한국 육군이 변화하는 환경에 발맞춰 어떻게 변화해왔는지, 그러한 변화는 적절했는지 살펴보며, 무인 병기 등 첨단무기와 관련한 국내외 동향과 앞으로 해결해야 할 과제도 알아본다.